甘肃省

现代草食畜牧业的理论和实践

郎 侠 王彩莲 编

中国农业科学技术出版社

图书在版编目（CIP）数据

甘肃省现代草食畜牧业的理论和实践／郎侠，王彩莲编．--北京：中国农业科学技术出版社，2021.9

ISBN 978-7-5116-5453-3

Ⅰ.①甘…　Ⅱ.①郎…　②王…　Ⅲ.①草原-畜牧业-研究-甘肃　Ⅳ.①F326.3

中国版本图书馆 CIP 数据核字（2021）第 167834 号

责任编辑　申　艳　姚　欢
责任校对　贾海霞
责任印制　姜义伟　王思文

出 版 者　中国农业科学技术出版社
北京市中关村南大街 12 号　邮编：100081
电　　话　（010）82106636（编辑室）（010）82109702（发行部）
（010）82109709（读者服务部）
传　　真　（010）82106631
网　　址　http://www.castp.cn
经 销 者　各地新华书店
印 刷 者　北京建宏印刷有限公司
开　　本　185 mm×260 mm　1/16
印　　张　14.75
字　　数　335 千字
版　　次　2021 年 9 月第 1 版　2021 年 9 月第 1 次印刷
定　　价　68.00 元

资助项目

1. 甘肃省牛羊种质与秸秆饲料化重点实验室（18JR2RA032）

2. 国家自然科学基金-地区科学基金项目：冷季补饲对欧拉型藏羊瘤胃发酵及瘤胃微生物区系的调控（31760683）

3. 甘肃省重点研发计划：甘南藏羊复壮改良及高原生态健康养羊业配套技术试验示范（18YF1NA091）

前　言

畜牧业发展水平是农业发达程度的重要标志。大力发展畜牧业，可以更科学地配置农业资源，有效地转化粮食和其他副产品，带动种植业和相关产业发展，实现农产品多次增值，促进农业向深度和广度进军；大力发展畜牧业，可大量吸纳农村富余劳动力，广开生产门路，增加农民收入；大力发展畜牧业，可以改善人们的食物结构和营养结构，提高人民生活水平。因此，发展畜牧业是推进农业现代化、全面建设小康社会和建设社会主义新农村的必然要求。

在现代畜牧业蓬勃发展的今天，传统的散养模式受到冲击，并且正在发生深刻的变革。随着畜牧业的快速发展和规模化水平的迅速提高，地方品种资源消失、畜产品质量安全存在隐患、资源消耗大和环境污染严重等问题也随之出现，对畜牧业又好又快发展带来潜在的不利影响。这就要求我们必须用科学发展理念指导畜牧经济发展，加快标准化、产业化、组织化建设进程，实现畜牧业优质、安全、高效和可持续发展。

甘肃地处青藏、蒙新、黄土三大高原的交会地带，自寒带到亚热带的气候特征和复杂多样的地理垂直性地形地貌孕育了丰富的草地农业资源。甘肃自然条件特殊，生态环境复杂，草地类型多样，牧草资源丰富，是我国的六大牧区之一。河西走廊和陇中、陇东地区垦殖历史久远，农耕发达，种植技术先进，农作物副产品充足。天然草原和农作物副产品为甘肃草食畜牧业生产提供了坚实的物质基础。发展草食畜牧业是我国农业产业结构和畜牧业结构战略性调整的重要组成部分，节粮、高效、优质、环保、安全的生态养羊模式，符合我国国情，具有良好的发展前景。因此，只有发展草食畜牧业，才能保证经济效益、社会效益和生态效益同步发展，真正提高我国畜产品的质量和档次，促进我国畜牧业的可持续发展。草食畜牧业不但顺应当前退耕还林、还草和农业产业结构调整的形势，而且也是现代草食畜优质高效生产的根本出路。

甘肃牛存栏量在全国排第七位，羊存栏量在全国排第三位，以牛羊为主体的草食畜牧业已成为甘肃大农业经济的朝阳产业。大力发展牛羊产业，可以更科学地配置农业资源，有效地转化粮食和其他副产品，带动种植业和相关产业发展，实现农产品多次增值，促进农业向深度和广度进军；大力发展牛羊产业，可大量吸纳农村富余劳动力，广开生产门路，增加农民收入；大力发展牛羊产业，可以改善人们的食物结构和营养结构，提高人民生活水平。因此，发展牛羊产业是推进农业现代化、全面建设小康社会和建设社会主义新农村的必然要求，更是新形势下产业助力乡村振兴的抓手和突破口。

全书包括11章内容：第一章为现代畜牧业概论，第二章介绍了甘肃省草地农业与草食畜牧业发展概况，第三章介绍了甘肃省草食畜牧业的生态环境，第四章介绍了人工饲草种植技术，第五章介绍了饲草的加工与贮藏技术，第六章介绍了饲料的加工贮存与饲喂技术，第七章介绍了肉牛饲养管理技术，第八章介绍了绵羊饲养管理技术，第九章介绍了甘肃省草食畜牧业种质资源保护的原理，第十章介绍了甘肃省现代畜牧业发展实践，第十一章介绍了甘肃省现代畜牧业发展建议等。本书从甘肃省草食畜产业技术现状、技术原理、发展实践、发展对策等方面为甘肃省草食畜产业持续、健康发展提出了合理化建议。

本书引用了许多专家、学者的研究成果，鉴于文献庞杂，未一一列出，恳请谅解。在此谨致以诚挚的谢意！

由于作者水平有限，书中难免存在不妥之处，敬请广大读者批评指正。

编　者

2021年4月于兰州

目　　录

第一章　现代畜牧业概论

畜牧业发展水平是农业发达程度的重要标志。在现代畜牧业蓬勃发展的今天，传统的散养模式受到冲击，并且正在发生深刻的变革。随着畜牧业的快速发展，规模化水平的迅速提高，地方品种资源消失、畜产品质量安全存在隐患、资源消耗大和环境污染严重等问题也随之出现，对畜牧业又好又快发展带来潜在的不利影响。这就要求我们必须用科学发展理念指导畜牧经济发展，加快标准化、产业化、组织化建设进程，实现畜禽品质优质、安全、高效和畜牧业可持续发展。

要发展现代畜牧业，促进畜牧业持续稳定健康发展，就必须摒弃传统的、落后的养殖方式，依靠科技的力量推动现代畜牧业，靠科技创新引领现代畜牧业，靠支撑体系保障现代畜牧业。只有这样，才能增强畜牧业综合生产能力，提高畜产品市场竞争能力，促进广大农牧民尽快脱贫致富，实现乡村振兴。

一、相关概念

1. 现代畜牧业的概念

现代畜牧业是一个相对于传统畜牧业，代表当代畜牧业发展先进水平的综合的、发展的概念。它以商品性生产为主要特征，以获取最大经济利益，实现经济、社会、生态协调发展为目标，以科学技术和高效管理为基本动力，是高度商品化、高效益、高科技含量、集约化和可持续发展的畜牧业。

现代畜牧业以发展和创新为基本理念，以现代的思想、观点和方法、手段改造传统畜牧业，促使我国畜牧业生产力水平达到或接近发达国家同一时代的水平，完善畜牧业生产关系，确保畜产品的数量安全、可持续安全、质量安全和营养安全，全面提升畜牧业市场竞争力和经济效益、生态效益、社会效益。现代畜牧业是在传统畜牧业基础上发展起来的，立足于当今世界先进的畜牧兽医科技，完善的基础设施，健全的营销体系，是管理科学、资源节约、环境友好的高效产业。现代畜牧业主要包括完整创新的育种体系、优质安全的饲料生产体系、规范健康的养殖体系、健全高效的动物防疫体系、先进快捷的加工流通体系等。畜牧业现代化的过程实际上就是用现代工业装备畜牧业，用现代科学技术改造畜牧业，用现代管理方式管理畜牧业，用现代科学文化知识提高农民素质，从而使畜牧业生产技术、生产手段和生产组织向当今世界先进水平靠拢，逐步发展为劳动生产率、资源利用率、运行质量和效益较高，可持续发展的强势产业。

现代畜牧业就是用现代科学技术和现代工业装备畜牧业，用现代经济管理科学来管理畜牧业，把传统的畜牧业转变为现代畜牧业。通俗地讲，现代畜牧业是在原始和传统畜牧业长期发展的基础上产生和发展起来的，立足于当今世界上最先进的生物遗传学原理，运用先进的家畜育种繁育技术、饲养管理技术、种植饲草饲料技术，先进的兽医防病灭病技术，先进的肉、乳、皮、毛等畜产品加工技术，在现代基础设施建设的保障下，在服务到位的营销网络和健全的法制管理体系的支撑下，在现代经济管理科学的管理和指导下，获得最佳经济效益的大产业。现代畜牧业是面向国际国内大市场、全面运用现代科技和市场营销方法的市场化畜牧业，其生产经营的根本目的是使产品大量进入市场流通，从而获取最大的经济效益。

2. 产业升级的概念

对于产业结构变化与升级的研究十分重要，对于某一产业自身的发展和成长过程的研究也十分重要。关于产业升级的研究最早开始于 20 世纪 90 年代中期的东亚服装产业研究。格雷菲的研究贡献在于将产业经济的研究从产业间结构的变化深入到了产业内部的发展过程，明确地提出了产业升级的概念，揭示了产业内部升级的具体过程和规律。根据格雷菲等人的研究，可以把产业升级定义为：在产业内部，产业由低技术水平、低附加值状态向高新技术、高附加值状态的演变趋势和过程。具体来说，包括了在同一产业内的流程升级、产品升级和功能升级 3 种方式。产业升级的过程也是产业发展的过程，流程升级、产品升级和功能升级，每一次产业升级，都会把产业带到一个新的高度。

根据产业升级的概念，基于甘肃各地区、各生产单位不同的自然条件和经济条件以及生产结构的差异，加上畜牧业的生产结构本身具有多层次性，因此，必须对畜牧业生产结构进行优化与调整，实行科学组织与管理畜牧业生产。充分合理利用各地的自然资源，发挥各地单位的优势，使畜牧业生产与其他生产部门及其内部生产部门合理配合，协调发展，建立一个良性循环的生态系统，并使畜牧业内部结构合理，从而促进农业和畜牧业的全面发展，共同进步，不断提高其经济效益。

3. 龙头企业的概念

龙头企业是指依托主导产业和农产品生产基地建立的规模较大、辐射带动作用较强，具有引导生产、深化加工、服务基地和开拓市场等综合功能，与农户结成“风险共担、利益共享”的利益共同体，并和生产、加工、销售有机结合，相互促进的农产品加工和流通企业、中介组织或专业批发市场。

龙头企业的种类多样，基本类型有 4 种：一是加工企业作龙头，即农产品加工企业按合同收购农户的农产品，经加工后销售；二是流通企业作龙头，由商贸公司代购或收购农户的农产品，经检验、储藏、包装后销售；三是专业批发市场作龙头，以专业批发市场为龙头，以专业协会为纽带，带动农户发展专业生产；四是中介组织作龙头，由专业协会、专业合作社、科技服务组织在组织服务农业生产的基础上，逐步发展联合加工、销售，发挥龙头带动作用。

二、现代畜牧业的理论基础

1. 比较优势理论

18 世纪中叶，亚当·斯密提出了绝对优势理论，他认为各国能够在具有本地优势的产品上进行低成本的生产，据以进行的专业化分工和贸易将有利于各国经济。分工和贸易的原因、动力来自产品的价格差异，同质产品的优势区位取决于各国的价格比较。依据亚当·斯密的理论，所谓绝对优势就是同质产品的低价格。

大卫·李嘉图完善和发展了绝对优势理论，提出了比较优势理论。他认为在国际分工和国际贸易中起决定作用的不是绝对成本，而是比较成本，每个国家都应该生产并出口具有比较优势的产品，进口具有比较劣势的产品。20 世纪初，赫克歇尔和俄林进一步提出了要素禀赋理论，从要素禀赋结构差异以及这种差异所导致的要素相对价格来揭示比较优势。他认为在不同国家、地区生产同一种商品，之所以会出现不同的价格，原因是生产要素的丰裕程度不同，即生产要素的禀赋差异。一个国家应出口那些密集使用其丰富要素的产品，进口那些密集使用其稀缺要素的产品。比较优势理论虽然是针对一个国家提出的，但是也适用于一个区域。

2. 边际收益递减规律

边际收益递减规律是指在技术和其他生产要素的投入量固定不变的条件下，连续地把某一生产要素的投入量增加到一定数量之后，总产量的增量即边际产量将会出现递减现象。

在任何产品的生产过程中，可变生产要素与不变生产要素之间在数量上都存在一个最佳配合比例。开始时可变要素投入量小于最佳组合比例所需要的数量，随着可变要素投入量的逐渐增加，可变要素和不变要素的配合比例越来越接近最佳比例，当达到最佳配合比例后，收益递减规律就会发生作用，再增加可变要素的投入，可变要素的边际产量就呈现递减趋势了。

在畜牧业的生产中，边际收益递减规律表明了一个最基本的关系。本文将用边际收益递减规律来解释在畜牧业生产中过多投入某种生产要素，可能会带来畜牧业边际收益递减现象。

舒尔茨的改造传统农业理论认为，在传统农业中，原有生产要素的配置已经达到很高的效率了。他运用收入流价格理论解释传统农业停滞、落后，不能成为经济增长源泉的原因。在此基础上他提出，改造传统农业的关键在于引进新的现代农业的生产要素，这些要素可以使农业收入流的价格下降，从而使农业最终成为经济增长源泉。所以，改造传统农业的根本途径是对农业进行技术引进，包括引进技术本身和借鉴外国的农业制度。他还认为，发展中国家应当向农民投资，发展农村的教育事业。

三、现代畜牧业的特征

尽管世界各国畜牧业因受到各自的资源禀赋状况和所处的经济社会发展程度以及技术水平的影响而呈现各种不同的发展模式，但总体来看，都呈现如下特征。

1. 区域化布局

区域化布局是现代畜牧业的重要特征，也是发挥区域资源禀赋的比较优势、增强产业竞争力的重要措施。传统畜牧业大都表现出产品种类全、生产规模小、区域间产业结构雷同等特点，畜牧业布局缺乏专业分工和区域化，由此导致畜牧业整体资源配置效率低下，这些都直接制约了畜牧业的可持续发展。而现代畜牧业生产摒弃了传统畜牧业的缺点，在市场机制和政府政策的作用下，充分发挥地区独特的区位和资源优势，促使生产向优势产区集中。

2. 规模化养殖

畜牧养殖只有通过规模化水平的不断扩大才能获得规模经济效果，这是经济发展客观规律的要求，也是畜牧业现代化的主要标志。传统畜牧业主要采取“一家一户”的农户分散经营模式，养殖规模普遍较小，生产成本特别是单位生产成本居高不下，难以获得规模经济效益；而现代畜牧业强调生产经营上的集约化和专业化以及规模经济效益的获取，进而提高资源的综合利用率，这些必须通过规模化养殖来实现。

3. 标准化生产

纵观世界，各国畜牧业的发展进程都以健康、安全为准则，制定相应的饲养管理技术规范、兽药生产标准、饲料生产标准、防疫程序标准以及相应的法律法规体系，逐步形成畜牧业生产的标准化生产模式，这也往往为我国畜产品出口设置了一定的技术性贸易壁垒。但是，我们在发展现代畜牧业过程中进行标准化的生产，不仅可以提高畜产品质量，减少畜产品交易成本，而且能够突破畜产品对外贸易中面临的绿色壁垒，提升畜产品国际竞争力。

4. 产业化经营

产业化经营是以市场为导向，将畜产品的生产、加工、销售以及包括科研环节整合为一个完整的供应链系统，即包括完整的产业链条，这样才能保障现代畜牧产业发展的顺畅与利益均衡。从各国的畜牧业发展实践来看，虽然畜牧业产业化的具体经营形式有所差异，但生产、加工、销售以及科研的一体化趋势则是一个共同的特征。

5. 社会化服务

社会化的服务体系是现代畜牧业全面发展的必要条件，是产业化经营的必然要求。社会化服务的内容主要包括：一是对畜牧业有关产业主体的技术指导，如对养殖专业户和畜产品加工企业的产前、产中和产后的业务指导等；二是对畜牧业有关信息的收集、整理和发布，最好加上分析参考；三是畜牧业生产所需相关物品、设备的供给；四是畜牧业生产设施的建设；五是畜产品市场的开发；六是畜产品的监督检测体系的建设与完善等。

四、现代畜牧业的含义

现代畜牧业作为一个历史性的概念，包括两方面含义：一方面，它是指畜牧业生产力发展到一定的历史阶段才出现的，即在现代科学和现代工业技术应用于畜牧业之后才出现的；另一方面，它是指现代畜牧业不是静止的，而是在不断发展变化的，随着科学技术的进步和生产力的发展，其内容和标准将会发生一定的变化。随着时间的推移和社会的进步，现代畜牧业的内涵也会不断扩大。可见，它是一个相对的历史性概念和发展的概念。现代畜牧业也是一个世界性的概念，衡量一个国家是否实现了现代畜牧业，不应该拿该国已经达到的经济技术水平同该国过去的水平相比较，而应当同当时在经济上和技术上已经实现了现代畜牧业的国家相比较。只有在经济上和技术上赶上或者接近当时的世界先进水平，才是实现了或者基本上实现了现代畜牧业。畜牧业产值在农业总产值中所占比例的高低，客观地反映了一个国家和地区的社会发展与经济发达程度。世界上大多数发达国家的畜牧业生产水平都较高，其畜牧业产值平均占到农业总产值的50%以上。我国人口众多，人均日摄取的肉、蛋、奶量仍低于发达国家平均水平，因此，我国要跻身于世界畜牧业强国之列，就必须发展现代畜牧业。

五、发展现代畜牧业的重大意义

1. 发展现代畜牧业，是加快我国国民经济发展的必然要求

畜牧业是国民经济中的一个重要产业部门。仅以庆阳市为例，“十一五”末，畜牧业总产值就达 11. 8 亿元，占庆阳市农业总产值的 12. 8%。畜牧业已成为农业经济中产业化程度最高、市场化特征最明显的最有活力的支柱产业。可以说，发展现代畜牧业，是推进国民经济快速发展的最现实的巨大力量。

2. 发展现代畜牧业，是现代农业发展的成功之道

世界各国农业发展的实践已经充分证明了这一点。在许多发达国家，畜牧业已经成为现代农业的主导产业，畜牧业产值在农业总产值中的比重高达 70%～80%。发达国家的畜牧业，已由传统畜牧业转变为现代畜牧业，形成了从养殖场到屠宰加工到餐桌的畜牧业经济体系。畜牧业在农业经济中所占比重的大小，是衡量一个国家或地区现代农业发展程度的重要标志。

3. 发展现代畜牧业，是推进农业产业结构调整的重要举措

只有加速发展畜牧业，才能有效地转化粮食和其他农副产品，同时带动种植业和相关产业的更大发展，实现农产品的不断增值。加速发展畜牧业，可以更多地吸纳农村剩

余劳动力，拓展农村产业内涵，广开农业发展门路，使农业资源得到更合理有效的配置，形成生产能力，创造物质财富。

4. 发展现代畜牧业，是提升农业综合生产力的必要手段

现代农业的发展，必然走农业循环经济之路。畜牧业正是实现资源重复利用、循环利用的核心。发展现代畜牧业，能够有效地促进粮食转化，实现粮食产业的增值，使种植业和畜牧业良性循环。同时，利用农作物秸秆发展牛、羊等草食动物，既可节约粮食，又能增加食物供应。畜牧业的发展，可以提供大量有机肥，既可以培肥地力，提高耕地质量，又可用畜禽粪便发展沼气，解决农村能源供应问题。

5. 发展现代畜牧业，是促进工业经济发展的重要途径

据资料介绍，发达国家食品工业的原料80%来自畜牧业，15%来自水果和蔬菜，5%来自谷物。发展现代畜牧业，可以带动农产品加工业的大发展，同时还可以带动饲料、兽药、兽用器械等相关工业产业的发展，拓展工业产业领域。

六、传统畜牧业向现代畜牧业转变的任务

随着改革开放的推进，我国畜牧业已得到持续快速发展，畜牧业经济的专业化、规模化、产业化、现代化水平迅速提高。当前，畜牧业正处于从传统畜牧业向现代畜牧业转变的关键时期。加快传统畜牧业的改造，大力推进现代畜牧业发展过程，显得非常紧迫，任务也十分艰巨。

1. 急需加快畜禽饲养方式的转变

在当前我国农村畜牧业生产中，农民分户小规模饲养、混放混养、粗放经营等仍是畜禽生产的主要方式。农户饲养畜禽规模太小，组织化程度太低，这不仅影响了畜牧业经济效益的提高，而且导致养殖环境差，管理水平低，畜禽发病率高。因此，发展现代畜牧业，需要各级政府从政策和经济调控的手段上积极引导广大农户实行科学养殖，转变畜牧业生产方式。

2. 急需大力加强动物疾病的防控

尽管近年来各级政府对重大动物疫病的防控工作有所重视，但仍然存在领导认识不到位，防控工作时紧时松的问题。加强对动物疾病的防控工作，是确保畜牧业持续健康发展、推进现代畜牧业进程的根本性保障。对重大动物疫病防控工作，各级各部门必须高度重视，抓紧抓好，确保认识到位、投入到位和工作到位。

3. 急需大力提高畜牧业科技水平

由于农户发展畜牧业生产的组织化程度低，我国畜牧业科技推广进程缓慢，先进的科技成果难以得到转化，加上畜禽良种繁育推广体系不健全和不配套，难以适应现代畜牧业发展的需要。

4. 急需加强畜禽品种资源的保护

在当前我国畜牧业生产中，对畜禽优良品种资源的保护未得到高度重视，许多地方优良品种资源正处于濒危境况。如庆阳驴虽已被列为全国地方优良品种资源，但近年来由于保护不力，已有退化变质的迹象。因而，国家应对畜禽品种资源保护建立一系列法规制度，重视优良品种资源保护工作。

5. 急需加强畜产品质量安全监管

一些地方的畜禽饲养者受利益的驱使，已出现使用违禁药物添加剂的现象。这不仅不利于畜牧业的健康发展，还危及人民群众的身体健康。畜产品质量安全已成为社会关注的热点问题。因此，各级各有关部门应当高度重视畜禽产品质量安全监管，建立健全畜产品质量安全监管体系。

6. 急需加强畜禽饲养污染环境的治理

发展畜牧业，必须与生态环境相协调。在规模养殖场和养殖集中的地区应用先进的环保技术和措施，切实抓好环境污染的治理。

七、现代畜牧业的重点建设内容

大力发展现代畜牧业，重点建设内容主要包括以下几个方面。

第一，发挥区位和资源禀赋优势，优化畜牧业资源配置。配置畜牧业资源禀赋时，应结合各地区所处的区位，发挥其区位优势，同时考虑各地区的资源禀赋状况，建设各地区的特色畜牧业。基于比较优势，在政府宏观调控推动和市场需求机制拉动的综合作用下，使畜牧业资源向优势产区集中，从而使资源得以充分利用，提高畜牧业资源配置效率，并取得较高的畜牧产业经济和社会效益。我国地域辽阔，不同地区间在经济发展水平、区域资源禀赋特点、畜牧业发展程度等方面都有很大差异，建设现代畜牧业必须结合不同区域的具体实际，合理进行布局，以发挥区域优势。

第二，扩大养殖规模，获取规模经济效益。政府通过宏观调控政策，如利用财政政策或金融支持去引导、促进畜牧业生产的规模化，中后期则利用市场需求机制，通过市场机制的运行去拉动畜牧业生产的规模化进程，发展养殖小区和适度规模养殖场，稳步推进畜牧业生产的规模化程度，促使畜牧业从传统的散养向专业化规模饲养转变。畜牧业发展只有通过规模化养殖才能实现生产经营上的集约化和专业化，从而提高资源的综合利用率并获得规模经济效益。

第三，建立健全畜牧业生产标准的法规体系，提高畜产品国际竞争力。我国畜产品在国际市场上面临的主要贸易壁垒就是绿色贸易壁垒和技术性贸易壁垒。因此，我国现代畜牧业建设一定要密切跟踪国际加工技术前沿，提高畜牧加工企业科技创新能力，建立健全畜牧业生产标准的法规体系，大力推进畜牧业生产标准化，提高畜牧业生产标准化水平；加强无公害畜产品示范基地，优势、特色畜产品示范基地的建设，进一步增加标准化示范区和基地的数量以及规模，扩大标准示范区的影响力和辐射范围，进而提高农民应用技术、质量标准的自觉性。其结果既能够突破我国畜产品出口当前面临的主要贸易壁垒，又能够提高畜产品质量，提升我国畜产品的国际市场竞争能力，使我国畜牧业生产得以持续发展。

第四，畜牧业生产环节合理分工，提高畜牧业生产效率。“经济学之父”亚当·斯密指出，分工能够提高劳动生产效率，这对于现代畜牧业建设而言，同样适用。将整个畜牧业生产过程分解，形成畜牧业生产链条，在此基础上纳入畜产品加工、销售，延长产业链；基于比较优势原理进行专业化分工，以提高畜牧业生产效率。

第五，培育加工龙头企业和专业合作组织，推进畜牧业产业化经营。要把培育加工龙头企业和专业合作组织作为现代畜牧业建设的重要载体，通过畜牧业经营的产业化来推动生产方式的转变。一方面，如果没有畜牧业产业化龙头的建立和壮大，转变生产方式就缺乏市场动力，光靠领导认识和政府倡导是行不通的；另一方面，农民专业合作组织既是基地建设的重要组织形式，又是培育和支持龙头企业的重要生长点和支撑点。因此，建设现代畜牧业必须培育龙头企业和专业合作组织，在龙头企业的带动下和农民专业合作组织的支撑下推进畜牧业产业化经营。

第六，建立完善的畜牧业社会化服务体系，解除农牧民的后顾之忧。随着畜牧业规模化、产业化进程的逐步加快，广大农牧民和企业对畜牧业社会化服务的需求会越来越迫切。他们不但需要畜牧业生产过程中的技术业务指导，还要求提供畜产品生产前有关产品需求预测方面的信息，畜产品生产之后的产品营销，甚至市场需求发展趋势和产业转型等方面的信息，而这些实时有效服务的提供必须依赖完善的社会化服务体系来完成。

现代畜牧业是一个历史的、动态的概念，现代畜牧业建设也不是一个一蹴而就的过程。因此，现代畜牧业的发展应该是分阶段的，在不同的阶段，现代畜牧业的发展水平是不同的。

八、现代畜牧业的发展阶段

现代畜牧业的发展并不是一蹴而就的，是一个积累的过程，是一个渐进的过程。现代畜牧业的发展进程大体上可以分为 3 个阶段。

1. 现代畜牧业建设起步阶段

在现代畜牧业的起步阶段，政府和农牧民（牧场主）大多已经对畜牧业的可持续发展问题有了一定的认识：认识到粗放型畜牧业的弊端，初步有了建设生态型牧业、畜牧业集约经营的意识；认识到科学技术在畜牧业生产中的重要性，开始有意识地将科学技术运用于畜牧业育种、生产、加工等环节；开始意识到畜牧业专业化经营的益处，尝试建立畜牧业社会化服务体系。

2. 现代畜牧业建设初级阶段

在现代畜牧业建设的初级阶段，也就是基本实现畜牧业现代化阶段，政府和农牧民对畜牧业的可持续发展问题已经有了很全面的认识，对现代畜牧业的内涵有了比较充分的理解，并实施财政政策或者金融支持进行政策引导或者金融扶持；生态型、环境友好型畜牧业得以快速发展；初步建立了畜牧业科技创新体系，并开始形成产学研合作中心，将科研成果运用于畜牧业育种、生产、加工等各个环节，提高畜产品的科技含量，进而提高其产品竞争力；对于畜牧业管理，已经开始采取现代化科学管理方法，并采用专业化、集约方式经营畜牧业；畜牧业布局考虑到了区域优势和资源特色；对于畜禽的疫病防治开始重视；初步建立了畜牧业社会化服务体系，为现代畜牧业建设的各个环节提供专业化服务；建立并且不断健全和完善有关现代畜牧业建设的法律法规，对现代畜牧业的发展实行法制规范化管理。

3. 现代畜牧业建设高级阶段

在现代畜牧业建设的高级阶段，也就是完全实现畜牧业现代化阶段，政府重视畜牧业的可持续发展及其在国民经济中的重要作用，在运用财政和货币政策进行宏观调控的基础上，充分利用市场机制加以调节；现代畜牧业的内涵和特征已经得到充分诠释；畜牧业科技创新体系不断的健全和完善，畜牧业科技水平大幅度提高，实现了畜禽良种化、畜舍设施设计科学合理化、畜产品优质化；建立、健全了畜禽疫病防治体系，并且疫病防治以预防为主；全面采用现代管理方法对畜牧业进行科学管理；畜牧业经营集约化、规范化，其布局充分考虑到区域优势和资源特色，实现了区域化布局；畜牧业社会化服务体系不断健全和完善，充分满足现代畜牧业建设各环节的需要；现代畜牧业发展的各个环节都制定有相应的法律和规范，整个畜牧业得以科学、规范、有序地持续发展，畜产品质量不断提高，整个畜牧业的竞争力不断提升。

总之，现代畜牧业建设是一个渐行渐进的过程。各区域要根据自身的经济发展水平、资源优势和特色以及对现代畜牧业的认识程度开展现代畜牧业建设，逐步推动现代畜牧业建设由起步向初级乃至高级阶段发展。

九、国内外现代畜牧业研究现状

（一）国外研究现状

1. 荷兰畜牧业

荷兰国土面积 415 万 hm^2，人口 1 550 万，人均耕地不足 0. 1 hm^2。荷兰人口占整个欧盟总人口的 4%左右，但其国家贸易额则占欧盟贸易总额的 10%，其中绝大部分是农产品。全国仅有 5%的人从事农业生产，其农产品出口额排在世界前三位。草地面积占土地面积的 42%，畜牧业产值占农业总产值的 58. 2%，荷兰畜牧业以优质、高产、高效闻名于世界。荷兰草地畜牧业经济很发达，草地占到农业用地的 50%以上，其中一半是山耕地改种为优质的放牧和打草草地。家庭牧场的高度集约化、科学化、专业化经营，使草地畜牧业产值占到了畜牧业总产值的 90%以上，并且成为荷兰畜牧业经济发展的重要基础支撑。2004 年荷兰1~29 头规模的奶牛场有 4 155 个，占总数的 17.1%，30~69 头规模的奶牛场有12 073个，占总数的49.6%，大于 70 头规模的奶牛场有8 104个，占总数的 33.3%。荷兰农业、畜牧业的生产、加工和销售的主要组织形式是农业合作社，即联合体，是以大的加工销售企业为龙头，将农民结成一体。荷兰的农业合作社已有 100 多年历史，从过去的购买饲料、销售产品、贷款和保险为主要目的的合作社，已发展到现在的专业化大规模联合体。科学技术的研究和普及是荷兰畜牧生产发展的重要原因。在荷兰有很多畜禽生产培训中心，培训来自学院的学生和农户。培训中心设有实习农场，可将大学研究出的新理论转化为可操作的实用技术传授给农民，使农民尽快掌握现代养殖技术，并应用于畜牧业生产，使畜禽在产量和质量方面有很大提高。

2. 德国畜牧业

德国位于中欧西部，北临北海和波罗的海。全德总人口8 100多万，总面积35.7 万 km^2。德国农业以畜牧业为主，多饲养乳用、肉用牲畜，主要分布在北部平原地区，南部平原和山地也有发展。德国土地 2/3 为农业用地，1/3 为林业用地。农业用地中 2/3 为农田，1/3 是绿地。农民收入近 2/3 来源于畜牧养殖，1/3 来源于种植业。德国的畜牧业产值占农业总产值的61%。在畜牧业产值中，又以养牛业所占比重最大，约占 65%，养猪业次之，约占 24%，禽类产品约占 9.4%。德国畜牧业在养猪、家禽、养羊等中小动物方面完全靠市场调节，政府不予干预；而在其主导产业养牛业特别是奶牛业方面，因受欧洲联盟配额限制，政府实行宏观调控，实行配额管理。政府根据农户的土地面积，规定养牛（配额）头数，对配额内的肉牛或奶牛产品政府按照计划收购并给予补贴。德国种用畜牧企业以私有制为主，广泛应用现代生产、检验技术。在德国，BLUP 育种值估计方法普遍应用于养牛、养猪。政府实行间接管理，主要靠农业学会和动物养殖协会进行管理。农业学会属于政府机构，协会则是完全独立于政府的民间组织。协会的主要任务是：代表养殖者的利益，与政府沟通，争取政府对畜牧业的支持；与国外沟通，组织种畜和产品出口；与会员沟通，组织联合育种，科学饲养，提供技术服务等。德国动物养殖协会下有 6 个主要分支：牛养殖协会（又分奶牛和肉牛养殖协会）、马养殖协会、猪养殖共同体、羊（绵羊、山羊）养殖协会、家禽经济中心协会和蜜蜂联盟。畜牧养殖协会、联盟、共同体、合作社、质量检测协会等组织，行政管理和经济独立，自主经营，自负盈亏。

3. 日本畜牧业

日本是一个以家庭经营为主体的国家，在畜牧业生产、加工、流通与贸易的各个环节和部门以及各个地区都分别成立了为数众多的互助组织以及行业协作组织，全国畜牧业生产者合作组织就有 30 多个，加工部门以及流通部门的全国性合作组织有 40 多个。这些协会保护了畜主的权益，同时维护了市场畜产品价格的基本稳定。此外，协会为畜牧生产者提供各种服务，包括饲料供应、种畜（禽）繁殖、牛配种、畜产品收购、疾病防治及选育种等，90%以上的农户都自愿加入了相关的协会。近十几年来，日本在保持主要家畜数量基本稳定的前提下，养畜户户数逐步减少，畜牧生产规模逐渐增大。日本畜禽饲养一般以户养为主，也有联合经营形式。日本是一个人多地少的岛国，畜牧业又是一个排污型的产业。因此，日本政府相继出台了同畜禽环保相关的法律、法规及其实施细则，同时积极地开展各种畜禽粪尿治理技术和有关处理设备的研究工作。对于畜禽场治污设施的投入资金，政府给予一定的经济补贴。政府的有关职能部门定期和不定期地对畜禽饲养场进行排污达标等抽样检查工作，对那些抽样不合格的饲养场依法罚款或对法人代表判刑。畜禽场的所有粪便都要经过3个月左右的发酵才能向外出售。日本畜牧业生产注重资源的再利用，主要包括豆腐渣、乌梅渣、泔水等，使原来的废弃物变成了饲料。为此，政府的科研机构、养殖场都在积极地开展各种研究工作，一些有价值的成果纷纷应用于生产。日本十分注重优质畜产品的生产，因此国民恩格尔系数早已大大低于20%的发达水平。同时，优质食品的需求也大大增加，对优质食品的生产也提出了更高的要求。为此，在政府和市场的引导下，畜牧业非常注重优质畜产品的开发和研究，一般通过品种改良、饲料饲喂方式的改变或通过转基因、克隆等新手段进一步提高原来品种的产量和质量。

（二）国内研究现状

1. 现代畜牧业的内涵和特征

现代畜牧业是一个相对于传统畜牧业而言的，代表当代畜牧业发展先进水平的综合的、发展的概念。它是以商品性生产为主要特征，以获取最大经济利益，实现经济、社会、生态协调发展为目标，以科学技术和高效管理为基本动力，高度商品化、高效益、高科技含量、集约化和可持续发展的畜牧业。现代畜牧业以发展和创新为基本理念，以现代思想、观点和方法、手段改造传统畜牧业，促使我国畜牧业生产力水平达到或接近发达国家同一时代的水平，完善畜牧业生产关系，确保畜产品的数量安全、可持续安全、质量安全和营养安全，全面提升畜牧业市场竞争力和经济效益、生态效益、社会效益。现代畜牧业是在传统畜牧业基础上发展起来的，畜牧兽医科技先进、基础设施完善、营销体系健全、管理科学、资源节约、环境友好的高效产业。现代畜牧业主要包括完整创新的育种体系、优质安全的饲料生产体系、规范健康的养殖体系、健全高效的动物防疫体系、先进快捷的加工流通体系等。现代畜牧业的基本特征可以概括为：牲畜品种优良化，牲畜饲养集约化，生产经营产业化，防疫体系网络化，产品营销市场化。

2. 发展现代畜牧业的必要性和意义

随着农村社会改革和社会主义经济体制的不断发展和完善，传统的畜牧业生产逐渐暴露出一些新矛盾、新问题，已不适应客观形势的发展。小生产与大市场、分散饲养与规模经营的矛盾，以及畜产品的养殖与产品加工、流通环节相脱节，缺乏自我发展能力等问题突出，严重制约着畜牧业向高层次发展。要从根本上解决这些问题，实现畜牧业经济体制和增长方式的根本转变，最好走发展现代畜牧业之路。发展现代畜牧业是提高畜产品竞争力、增加农民收入、保护生态环境的战略举措。现代畜牧业既是促进农村生产发展的朝阳产业，又是实现农民生活宽裕的优势产业。

3. 发展现代畜牧业的对策和建议

金海等（2005）指出内蒙古要以建立无规定动物疫病区为依托，按照发达国家市场准入标准，发展有国际竞争力的优质高效畜牧业。他们还特别指出畜牧业不能搞成“一奶独大”，一定要坚持理性发展、科学发展、统筹发展。钟旭等（2007）认为需要进一步优化种植业结构、调整养殖业结构。根据生态效益优先的原则，家畜养殖由全放牧向半舍饲、舍饲的集约化经营转变，优化轮牧系统，发展农区畜牧业，实现农村与牧区优势互补。加强社会化服务体系建设，不断加强送市场信息、科技信息和法律服务下乡的工作力度。标准化生产是现代畜牧业发展的必由之路。实现养殖设施与环境标准化以及管理水平的标准化是新形势下畜牧业的一项重中之重的工作。荣威恒等（1999）指出农业的根本出路在于推进农业科技革命，畜牧业是农业的主产业之一，其出路只有通过大力推进畜牧业科技革命才能实现。他们提出了以畜牧业可持续发展关键技术的攻关，科技转化体系的建设完善和跨世纪学科带头人的培养为重点，推进畜牧业科技革命的进程，从而推动现代畜牧业的发展。

（三）城郊畜牧业分析

城郊畜牧业是按畜牧业资源、牲畜构成及畜牧业经营方式等的地区差异划分的畜牧业类型之一，指在城市郊区和大型工矿区周围地区，为满足城市和工矿区居民对肉、禽、蛋、乳等畜产品的需要而发展起来的一种畜牧业。其特点是：畜牧业生产条件较优越，饲料来源广且丰富，劳动力充足，科学技术力量雄厚；以肉、禽、蛋、乳等商品性生产为主，经营方式多样；畜牧业经营集约化、专门化程度比较高，商品量大，商品率高；距离消费市场近，运输方便易保鲜，大大降低了损耗和生产成本等。城市、工矿区人口稠密，对肉、禽、蛋、乳的需求量很大，质量要求和消费水平均较高，为适应城市和工矿区的发展及其人口日益增长的需要，城郊畜牧业的发展必须与城镇、工矿区的发展速度和规模相适应，大力加强城郊畜牧业基地建设，提高自给水平，以利生产和方便生活。在城乡接合部或近郊，不少养殖场靠近居民区，甚至有的就建在居民密集区，畜禽排泄物大量排放，引起蚊虫寄生，异臭散发，给环境造成极大的污染，特别是大城市郊区畜禽养殖业畜禽粪便中的磷对水质的影响，这在城郊畜牧业发展中应给予足够的重视并加大研究和开发的力度。

十、国外现代畜牧业的发展模式和基本做法

现代畜牧业建设是一个系统工程，它涉及畜牧业基础设施更新、生产组织方式转变、经营主体素质提升、管理方式改进等多个方面，以及政府、畜牧企业、农牧民等多个主体层次，受资源、资本、劳动力和技术等因素的影响。世界各国自然经济条件差异较大，在畜牧业现代化过程中逐步形成了不同的模式和道路。

（一）国外现代畜牧业的发展模式

1. 现代草地畜牧业

主要是指以天然草地为基础，以围栏放牧为主，资源、生产和生态协调发展的畜牧

业类型。在这种发展模式中，草地是基本的生产资料，饲草是畜牧业发展的主要投入要素，草地资源相对丰富是现代草地畜牧业发展的关键因素，其典型代表主要有澳大利亚和新西兰。实行现代草地畜牧业的国家和地区，大都草地资源丰富、自然环境优越，澳大利亚和新西兰就素有“草地畜牧业王国”之称。澳大利亚国土面积770多万 km^2，其中宜牧（农）草地就占国土面积的60%以上，其四周环海，气候温和，是牛、羊等草地畜牧业发展的天然区域。新西兰由南北两岛构成，土地面积26万 km^2，其中草地面积14万 km^2，包括改良草场9.4万 km^2，天然草地4.6万 km^2，以亚热带气候为主，降水量500~2 400 mm，降水量受地形地貌影响很大，是草地畜牧业发展的天然区域。澳大利亚、新西兰两国充分利用当地丰富的草地资源，大力发展现代草地畜牧业，使当地畜牧业逐步进入了规范化、低成本、高效益发展的现代化轨道。

2. 大规模工厂化畜牧业

主要是指以规模化、机械化、设备化为主要特征，精饲料、资本和技术密集投入的高投入、高产出、高效益畜牧业类型。典型代表主要以美国为主。地域广阔、土地资源丰富、劳动力资源紧缺和资金技术实力雄厚是发展大规模工厂化畜牧业的基本条件。土地资源丰富及劳动力资源紧缺共同构成了规模化、机械化和设备化大生产的充分和必要条件，规模化、机械化和设备化大生产为丰富的土地资源提供了高效的土地产出率，有效提高了稀缺劳动力资源的劳动生产率，同时也大大提高了资金和技术的使用效益。以美国和加拿大为例，土地资源丰富、劳动力资源紧缺是其基本国情，同时，又具有雄厚的资金和技术实力，畜牧养殖场规模呈现越来越大的趋势。美国每个奶牛农场的养殖规模都达到100头以上，生猪养殖场年出栏2 000头以上，养鸡场平均饲养只数已超过1 000万只。在养牛方面，从拌料、投料、挤奶到牛舍冲洗各环节几乎全部机械化、设备化；在养猪方面，从种猪、仔猪、饲料、育肥到销售各个环节，机械化和设备化水平也都很高；养鸡方面的机械化和设备化程度就更高了。目前，美国畜牧业正向智能化、信息化的方向不断发展。

3. 适度规模经营畜牧业

主要是指规模适度、农牧结合、环境友好的畜牧产业模式，其典型代表主要有荷兰、德国和法国等畜牧业发达国家。这些国家地形以平原为主，气候为温带海洋性气候，比较适合畜牧业发展。大部分国家草地资源虽然比较丰富，但与澳大利亚、新西兰等国家相比仍显得比较贫乏；耕地资源也相对丰富，但与美国相比，规模仍然偏小；同时也受到劳动力资源的限制。因此，受其自身土地、劳动力等资源因素的影响，大部分欧洲国家畜牧业没有走类似澳大利亚、新西兰以发展草地畜牧业为主的道路，也没有走类似美国的大规模工厂化畜牧业为主的道路，而是走了一条适度规模经营、种植业与畜牧业相结合、环境友好的道路。在荷兰，大部分畜牧业农场的饲养规模，奶牛主要以50~100头为主，生猪以700头为主，蛋鸡以3 000只左右为主。为了防止由于规模化养殖带来的畜禽粪便污染，政府逐步规定畜禽粪便需送到大田或草地，施入土壤中。对于过剩粪肥，政府制定了粪肥运输补贴计划和脱水加工成颗粒状肥料方案，有的加入部分元素，成为专用性很强的肥料。

4. 集约化经营畜牧业

主要是指针对土地资源稀缺，以资金和技术集约为主要特征的畜牧业发展类型，日本、韩国及我国台湾地区的畜牧业是最为典型的案例。这些国家或地区的共同特点：人多地少，经济和科技水平较高，畜牧业资源相对贫乏，畜牧业发展受自然资源约束比较明显，畜牧业发展主要以家庭农场饲养为主，发展适度规模，进行集约化经营。以日本为例，随着经济的快速发展，其畜牧业也逐步走向规模化集约经营。具体表现是从事畜牧业的农户数逐年减少，经营规模适度扩大。如在北海道，奶牛户由 1991 年的 1.46 万户下降到 1997 年的 1.10 万户，肉牛户由 4 630 户下降到 3 920 户，养猪户由 1 590 户下降到 730 户，养羊户由 820 户下降到 310 户。而每户的饲养规模却相应扩大，奶牛由 59.6 头增加到 80.8 头，肉牛由 72.1 头增加到 105.2 头，猪由 395.8 头增加到 745 头，肉用绵羊由 17 只增加到 27 只。畜牧业发展的资金和技术集约度不断提高。

（二）国外现代畜牧业建设的主要做法

1. 大力推进规模化、工厂化饲养

大力推进规模化、工厂化饲养，是国外现代化畜牧业建设最主要也是最直接的做法。国外畜牧业比较发达的国家都十分注重推进畜禽养殖的规模化和工厂化，以此来加速传统畜牧业向现代畜牧业的转变。以美国为例，在政府的极力推进下，美国畜牧业养殖规模和养殖方式对畜产品直接价格补贴率较低，一般为 2%~6%，而间接价格补贴率则较高，一般为 4%~30%。后者可通过向消费者征税（如 2000 年 7 月 1 日实施的 CST，即消费税），建立产业基金来补贴出口商，这样就大大增加了美国畜产品的国际竞争力。欧盟国家也对畜牧业采取了直接补贴政策，对畜牧业的支持主要集中在奶牛、肉牛上。丹麦对每头奶牛或小母牛补贴 200 欧元，对每头肉牛补贴 150~300 欧元，肉牛屠宰每头补贴 50~80 欧元。这些补贴政策都大大推动了本国畜牧业现代化的进程。

2. 高度重视畜牧科技推广

畜牧业发展的动力有市场的拉动，也有政策的引导，但关键是科技的推动。高度重视畜牧科技的推广工作是发达国家加强畜牧产业发展的核心环节和主要经验。他们通过逐步建立起相对完善的科研推广体系，向农民提供实用的技术和信息，提高农民畜产品的生产力和竞争力。科研机构和推广部门有机结合，相互配合，形成了一个“农业知识产生-推广网络”，通过这个网络，农业科学研究的最新知识和技术成果能够迅速传播到每个农户。以荷兰为例，其农业推广组织结构十分完整并且有多方面的互动性，如图 1-1 所示。

3. 充分发挥生产者组织的作用

在发展现代畜牧业过程中，发达国家十分注重发挥生产者组织的作用。实践证明，这些生产者组织在促进畜牧业产业化经营方面发挥着重要的作用。荷兰的农民合作组织体系十分发达和完备，主要可分为两类：一是各种各样为农场服务的合作社，主要包括信用合作社、供应合作社、农产品加工合作社、销售合作社、服务合

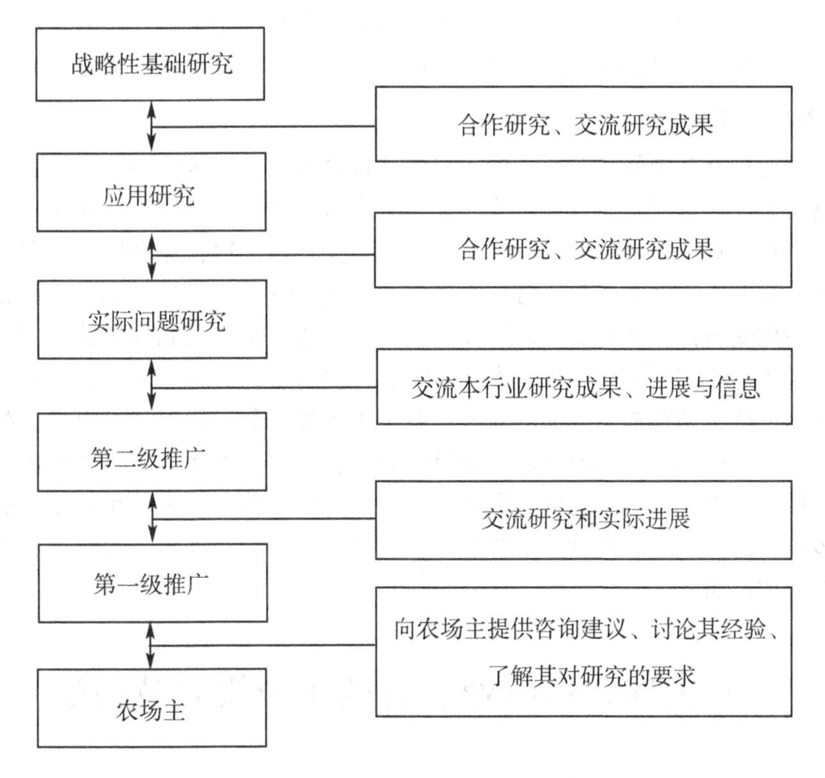

图 1-1　荷兰农业研究和推广系统

作社等，目的是为了加强生产者的市场力量，减少市场风险，增强产品竞争力；二是法定产业组织，可分为行业协会和商品协会，目的是通过联合各分散的农场主，提高他们的政治和社会地位。行业协会是在一个产业链中以专门环节相连的横向组织，包括活跃在该部门的所有公司；而商品协会是纵向组织，包括特定生产链中的所有公司，从原材料供应商到最终产品零售商都包括在该链条之中。完整的合作组织体系在维护生产者权益、引导生产方向、组织产品加工销售的过程中发挥着巨大的作用。日本仅九州地区就有 50 多个与畜牧业生产相关的协会，如畜产会、家畜登记协会、家畜改良协会、养猪（牛、鸡等）协会、兽医协会、生乳检查协会，各种奶酪协会，畜产价格安定协会等。

4. 强化产品质量安全和环境保护

在发展现代畜牧业的过程中，发达国家都十分重视畜产品质量安全和环境保护。为了保证畜产品质量安全，一些国家对畜产品质量安全管理与控制都制定有一套各具特色的管理系统。美国通过健全畜产品质量安全法律、法规、标准体系，对畜产品生产、加工、贮运、销售过程进行全程控制。其通过建立畜产品质量安全管理组织机构体系，强化生产源头控制和进出口检验检疫等，从而建立起了有效的畜产品安全综合管理机制。欧盟则通过完善质量控制管理机构，实施严格而统一的质量安全标准，建立食品信息的可追踪系统等，逐步形成了以统一标准为中心的畜产品质量安全配套管理体系。在环境保护方面，为了保护环境，实现畜牧业生产与环境保护的协调，这些国家都相继出台了一系列法律法规，通过法制手段来规范生产经营者行为，以保证畜牧业的可持续发展。

5. 关注动物福利

关注动物福利是国外诸多发达国家发展现代畜牧产业的重要特征。所谓动物福利就是使动物在无任何痛苦、无任何疾病、无行为异常、无心理紧张压抑的安适、康乐状态下生活和生长发育，保证动物享有免受饥渴，免受环境不适，免受痛苦、伤害，免受惊吓和恐惧，能够表现绝大多数正常行为的自由。英国早在1822年就以法律条文的形式来保护动物免受虐待，并在20世纪20年代初陆续通过了《动物保护法》《野生动物保护法》《实验动物管理条例》等一系列法律来保护动物的利益。欧美国家在20世纪80年代也分别进行了动物福利方面的立法，甚至不少经济欠发达国家如印度、泰国、尼泊尔等也通过了保护动物福利的立法。到目前为止，已经有100多个国家建立了完善的动物福利法规，要求在饲养、运输、屠杀、加工等过程中善待动物。在国际贸易中，也有越来越多的发达国家要求供货方必须能提供畜禽或水产品在饲养、运输、宰杀过程中没有受到虐待的证明。

十一、我国现代畜牧业发展的主要模式及做法

我国各地畜牧业生产条件和发展水平有很大差异，现代畜牧业发展模式和实现形式也必须根据不同地域采取不同的形式。

（一）农区现代畜牧业建设模式

农区是我国重要的商品粮生产基地，农作物副产品及秸秆资源非常丰富，为发展畜牧业提高了丰富的饲料资源，饲养畜禽种类繁多且数量巨大，是我国现代畜牧业建设的主体。我国农区面积很大，不同饲养方式并存，中、东、西部地区间畜牧业发展极不平衡。各地现代畜牧业建设模式也有所区别。

1. 东部“外向型”现代化畜牧业

东部地区地理位置优越，畜牧业生产组织化、规模化、标准化程度比较高，一直是我国主要的畜产品出口基地，但该地区劳动力和土地资源相对紧张，饲料资源相对缺乏，应大力发展外向型畜牧业，充分利用地区优势，努力提高畜产品质量，扩大出口规模，率先实现畜牧业现代化。

大力发展外向型畜牧业，一要继续加快无规定动物疫病区建设，完善无规定疫病区管理规定及技术规范，尽快完成对无规定疫病示范区国家评估，争取国际认证，引导和带动其他有条件的东部地区按照标准建立无规定疫病区。二要加强对兽药、饲料添加剂等投入品的管理，尽快完善畜产品兽药及有害化学物质残留检测方法，建立与国际标准接轨的畜产品生产标准体系，加大标准的推广应用力度，提高生产者的质量标准意识和

应用能力。三要大力推行畜产品全程质量控制生产模式，积极建立质量可追溯制度，提高畜产品质量，大幅度提高无公害、绿色和有机畜产品认证率，饲料生产、畜产品加工和畜禽水产养殖企业要尽快通过危害分析和关键控制点（HACCP）、国际标准化组织（ISO）等质量管理体系认证，并积极开展饲料作物种植生产过程的良好农业规范（GAP）认证。四要充分发挥龙头企业、农民合作组织与行业协会的作用，提高组织化水平和政府、企业、生产者和行业协会之间的协调能力，政府职能部门要积极为出口企业提供信息和咨询等相关服务，建立畜产品出口“绿色通道”。

2. 中部“农牧有机结合型”现代畜牧业

中部地区是我国主要的粮食主产区，同时还有大量的草山和草坡，饲料资源比较丰富，是我国重要的畜产品生产和加工基地，是满足国内畜产品需求的主力军，但在转变畜牧业生产方式和提高产业化发展水平等方面还亟待提高，应大力发展“农牧有机结合型”畜牧业，充分发挥资源禀赋优势，逐步实现畜牧业现代化。

发展“农牧有机结合型”现代畜牧业，一要充分利用丰富的农作物秸秆和饲草资源，积极推动从以生猪饲养为主的耗粮型传统畜牧业向猪、禽、牛、羊并重的节粮型畜牧业的转变，同时大力发展以秸秆养畜、畜禽粪便资源化利用为核心的循环经济，推动农民生活和畜牧业生产方式的转变。二要结合社会主义新农村建设，加大对散养农户养殖设施的改造以及饲养小区和大型规模化养殖场的污染治理力度。重点推进散养农户的改圈、改厕工作，大力扶持和规范养殖小区发展，妥善处理畜禽粪便和污水，积极发展沼气，净化养殖环境。三是重点抓好农户散养中疫病防疫问题，强化基层动物防疫基础设施和队伍建设，大力提高基层兽医从业人员的专业能力和水平，加强重大动物疫病的强制免疫和定期检测工作，提高免疫密度，降低畜禽死亡率。四是针对我国中部农区畜禽养殖以农户分散养殖为主体的实际情况，大力扶持农民合作经济组织，推广“龙头企业+农户”等产业化模式，充分发挥龙头企业的带动作用，提高畜牧业生产的组织化、产业化水平。

3. 西部“特色型”现代畜牧业

西部农区地域辽阔，资源丰富，但畜牧业发展相对落后，随着我国西部大开发战略的实施，畜牧业发展环境得到很大改善，特色畜牧业发展态势逐步显现。

发展西部农区“特色型”现代畜牧业，一要积极利用地区资源，充分发挥地区优势，加快畜种改良，实施舍饲圈养和集中育肥，大力发展奶牛、肉牛和肉羊养殖。二要加强优质牧草育种，尽快筛选适宜大面积推广的优良品种，满足生产需求；充分利用丰富的自然条件，开展人工种植优质牧草；推广“公司+合作组织+农户”等产业化经营模式，探索草业产业化发展模式，满足畜牧业发展对饲料资源的需求。三要积极开展西部特色畜产品的无公害、有机、绿色认证，同时借鉴国际先进管理经验，建立特色畜产品原产地保护制度，保证质量和特色，提高附加值。四要积极开展倡导特色畜产品的生产基地建设，抓好基地标准化示范和技术推广，以标准化推动优质化、规模化、产业化、市场化。

（二）城郊现代畜牧业建设模式

城郊畜牧业指在城市郊区和大型工矿区周围地区，主要为满足城市和工矿区居民对肉、蛋、奶等畜产品需要而发展起来的畜牧业。城郊畜牧业生产条件较优越，饲料来源广且丰富，劳动力充足，科学技术力量雄厚，以肉、禽、蛋、乳等商品性生产为主，集约化、专门化经营程度比较高，商品量大，商品率高，但饲料和人力成本较高，随着城市郊区的开发，城郊畜牧业提出更高的环保要求，土地成本和环保费用大幅提高，所以应稳步推进优质鲜活畜产品生产的现代化，大力发展资本技术密集型的畜牧业，同时结合城市化推进，积极发展景观畜牧业。

1. 优质鲜活型现代畜牧业

发展优质鲜活型现代畜牧业，主要是为了充分满足城市居民日益增长的对某些鲜活畜产品需求的一种高投入、高产出、高效益环保型畜牧业。发展优质鲜活型现代畜牧业，一要根据城市功能分区和城市居民对鲜活畜产品的需求，制定严格的畜产品区域布局规划，突出发展节粮型优质高产奶业，适度发展猪、禽、牛、羊养殖，尽量满足城市居民对于肉类、禽蛋、鲜奶等畜产品的需求。二要大力发展绿色和有机畜产品生产，加强饲养管理和疫病监测，加强屠宰管理和冷链体系建设，确保为城市居民提供丰富的优质安全畜产品。三要加强养殖场环境治理工作，实行畜禽粪污的无害化处理。

2. 高科技现代畜牧业

各城市郊区要充分发挥城市资金和科技的优势，积极发展畜禽良种繁育、新型兽药、饲料添加剂和畜牧生产加工设备，对全国现代畜牧业发展起支撑、引领作用。

3. 都市型现代畜牧业

发展都市型现代畜牧业，主要是为城市居民提供休闲旅游的场所，为中小学生提供教育基地，满足城市居民的精神文化需要。发展都市型现代畜牧业，一要突出特色，明确都市型现代畜牧业在都市农业中的功能定位和发展方向。二要因地制宜，充分发挥各地的自然资源良好、文化独特、特色畜牧业发达等优势，与城市化进程相结合，开展各具特色的景观观光旅游。三要以丰富的畜牧业科研、教育和技术推广资源为依托，积极展示国内外优质畜禽品种和现代畜牧业科技。

（三）牧区现代畜牧业建设模式

我国牧区多为海拔1 000~5 000 m的高原和山地，一般冬春枯草期长，夏秋青草期短。冬春牧草缺乏，造成牲畜冬瘦春死亡，严重影响牧业的稳定发展，草场产草量和载畜能力也存在着地区差异，且丰年和歉年变化很大，同时我国牧区多地处偏远，经济文化发展落后，交通运输、水电等基础设施薄弱，畜牧业产业化发展受到极大限制。由于超载过牧和环境恶化，草原“三化”日益严重，而我国牧区的地理位置非常重要，多处于大江大河的源头，如果继续恶化，将影响我国的生态安全，为此各地必须大力发展生态型草地畜牧业，适度发展经营型草地畜牧业。

1. 生态型草地畜牧业

对于草地生态环境严重恶化的牧区，其草地畜牧业必须要尽快从由经济功能型向生态功能型转变。所谓生态型畜牧业主要是指生态效益优先型畜牧业，其主要特点是以加强草原保护和合理使用草原为目标，以实施以草定畜、舍饲圈养等手段，以追求生态效益为主、经济效益为辅的畜牧业。

建设生态型草地畜牧业，一要树立草原生态效益优先意识，加大退牧还草等生态工程建设，积极探索生态效益补偿机制，大力提高牧民从草原生态保护和建设中所获收入的份额。二要积极落实草原保护制度、草畜平衡制度和禁休牧制度，实施减畜、以草定畜制度。三要实施品种选育和良种引进繁育，推广舍饲、半舍饲养殖，减少家畜饲养年限，加快出栏。四要对居住在海拔高、环境恶劣的草原牧民实施生态移民工程，对定居点合理规划，健全社会化服务体系，解除牧民的后顾之忧。

2. 经营型草地畜牧业

在草原保护和建设有一定基础，草地资源比较丰富，生态环境相对较好的地区，则要适度发展经营型草地畜牧业。经营型草地畜牧业是指龙头企业以畜产品加工产业链为纽带，向牧民提供资金、技术和营销等服务，进而带动草地畜牧业生产，尽快实现由粗放经营向集约经营转变，由数量型牧业向质量效益型牧业转变的一种发展模式。

发展经营型草地畜牧业，一要加强草原基础设施建设，大力发展饲草料基地、草场围栏封育、家畜越冬棚圈建设。二要大力发展高效舍饲畜牧业，建立无公害畜产品生产基地。三要大力发展以农畜产品精深加工为重点的龙头企业，带动草原畜牧业组织化、产业化发展。四要加快建立肉食、皮毛、畜禽等系列加工体系，搞好畜产品的延伸加工，全方位推进产业化发展。

十二、我国现代畜牧业的发展进程

在我国，畜牧业现代化是农业现代化的重要组成部分。改革开放以来，我国畜牧业迅猛发展，在推动农业产业结构调整、满足市场需求、改善人民生活、增加农民收入、推动国民经济增长等方面起到了不可替代的作用。从我国现代农业的建设历程来看，在20世纪70年代农业现代化初步提出之时，畜牧业正处于集体饲养状态，发展缓慢，但自从改革开放以来，伴随着农业现代化的步伐，畜牧业现代化则逐步走上了一条快速发展的道路。从1978年到现在，我国畜牧业现代化发展过程大体经历了以下阶段。

1. 20世纪80年代商品化、专业化、企业化发展阶段：农户家庭庭院养殖为主，专业户不断涌现，涉足畜牧业的企业出现

从中华人民共和国成立至1978年，尽管国家将部分资金投向了基层畜牧兽医站、家畜改良站、草原工作站、种畜场、畜牧兽医科研所的建设以及牧区人工种草等项目，但由于受计划经济、粮食短缺和集体经营管理弊端的影响，畜牧业生产一直增长缓慢。1978年以来，随着家庭联产承包责任制的逐步推行，我国粮食生产取得了

历史最高产量，一举解决了全国人民的温饱问题。1985年，国家采取了放开畜产品价格，取消畜产品统派购制度，极大调动了农牧民的积极性，使畜牧业生产呈现蓬勃发展的势头。

一是畜产品商品化程度不断提高。在畜产品流通体制放开的情况下，各地农户充分利用农村各种自然资源和富余的劳动力，在有限的居住环境条件下，以市场经济为导向，大力发展商品性庭院养殖，畜产品商品化程度不断提高，畜产品产量也大幅度增长，畜牧业逐步成为广大农民脱贫致富的重要手段。到1990年，我国畜牧业产值占农业产值的比重，已由1980年的14%上升为26%。继1985年我国禽蛋总产量跃居世界首位之后，1990年我国又成为世界第一产肉大国，长期困扰我国肉蛋奶供给紧缺的局面得到根本扭转。

二是专业化养殖不断涌现。随着畜禽饲养量、存栏量逐年增加，由于良种畜禽的引进，科学饲养方式的大面积推广，从20世纪80年代初起，广大农村涌现出一大批畜禽饲养专业户。1983年，农业部首次统计了353.43万户畜禽生产专业户，其中养牛户44.80万户，养猪户147.60万户，养羊户30.32万户，养禽户103.70万户，养兔户15.31万户，养蜂户8.2万户，其他畜禽养殖户3.5万户。此后，专业户养殖更是得到快速发展，并逐步向企业化方向转变。

三是畜牧企业开始诞生。为更快地提高畜牧业的经营效益，适应和推进畜牧业商品生产和牧工商一体化经营的发展，1982年底农业部组建了中国牧工商总公司，到20世纪80年代末，全国各级畜牧系统共组建牧工商公司500多家。各地也相继与港台、外商合资合作兴办了大批畜牧业合资企业、引入外商独资企业等，例如广东光明华侨牧场、北京华安肉类有限公司、上海大江有限公司、瑞士雀巢等。国外先进的生产技术和经营管理方法，对我国各地畜牧业现代化建设，起到了显著的示范和推动作用，畜牧业生产的商品化、专业化、企业化开始蓬勃兴起。

畜牧业现代化的建设和发展打破了原有的以单一种植业农业为主的产业结构，种植业结构由以粮食为主转变为粮食作物与经济作物、饲料作物全面发展，农业内部结构由以种植业为主转变为种植业和林牧渔业共同发展，逐步形成了比较完整的农业产业体系，促进了现代农业的建设。

2. 20世纪90年代规模化、企业化、产业化发展阶段：大型企业不断涌现，产业化经营迅猛发展

进入20世纪90年代以后，在市场机制的持续作用下，我国畜牧业出现规模化、企业化和产业化加速发展的趋势。到20世纪90年代末，生猪饲养资源逐步集中，规模化生产发展趋势明显，全国规模养猪的养殖场（户）约93万个，比1983年养猪专业户数（1 475 949个）减少近37%，但饲养规模不断扩大，生猪饲养资源逐步呈现集中化、规模化的趋势；全国蛋鸡规模养殖场（户）约63万个，农户和专业户千只养殖规模是我国蛋禽规模化生产的主要模式，万只养禽场存栏蛋鸡和鸡蛋产量发展势头良好；肉禽规模生产虽然以专业户饲养为主，但大型肉禽养殖规模生产量占全国肉禽规模养殖场（户）出栏肉禽总量的比重却逐步上升，达到12.35%。

畜牧企业参与发展的程度不断提高。以“公司+农户”为主要经营形式的畜牧产业

化组织得到了快速的发展，畜牧业龙头企业大量涌现，例如河南双汇、吉林德大、广东温氏、山东诸城外贸、山东凤祥、青岛九联、大成集团等企业。同时，产业化经营成为新的增长点，我国的农业产业化经营组织总数6.6万个，带动农户数5 900万户，约占全国农户总数的25%。在这些农业产业化组织中，畜牧业产业化组织占到50%以上，畜牧业成为农业中产业化程度较高的行业。

3. 21世纪区域化、规模化、标准化发展阶段：区域化布局初步形成，规模化养殖持续增加，标准化生产力度加大

2001年我国加入了世界贸易组织，为了发挥我国优势农产品的作用，应对加入世界贸易组织对我国畜牧业的冲击，农业部先后发布了优势牛羊肉、奶业区域规划，大大推进了畜产品区域化生产的优化布局。目前，我国畜牧业生产区域化布局已初步形成，主要有：以长江中下游为中心产区并向南北两侧逐步扩散的生猪生产带，以中原肉牛带和东北肉牛带为主的肉牛生产带，以西北牧区及中原和西南地区为主的羊肉生产带，以东部省份为主的肉禽生产带，以中原省份为主的蛋禽生产带，以东北、华北及京津沪等城市郊区为主的奶业优势生产带。2012年全国的肉、蛋、奶产量达到8 220万t、2 835万t和3 870万t，分别比上年增长3.3%、0.8%和1.5%，畜牧业产值占农业总产值的比重大约是1/3。

规模化进程也呈现加快发展的趋势，养殖小区和适度规模养殖场蓬勃发展。2012年，全国各类畜禽规模化养殖小区已达4万多个，生猪、肉鸡和蛋鸡规模化饲养水平（年生猪出栏50头以上、肉鸡出栏2 000只以上、蛋鸡存栏500只以上）分别达到32.9%、73.0%和60.3%，奶牛、肉牛和肉羊的规模饲养水平（奶牛存栏6头以上、肉牛出栏11头以上、肉羊出栏31只以上）分别达到58.2%、33.7%和39.8%。畜牧产业化经营发展较快，规模进一步扩大。规模化养殖比重稳步提高，畜禽养殖已从农户散养为主进入散养与规模化饲养并重的阶段，规模化饲养将逐步占据主导地位。

标准化生产被高度重视。随着我国国民经济的高速稳定发展，人民生活水平继续提高，在稳定产量的同时，畜产品的品质和安全性问题成为关注的焦点，尤其是2003年的"非典"、2005年的禽流感等引起了国际国内对畜牧业发展、畜产品安全的反思。把通过标准化生产提升畜牧业质量摆在了议事日程上，先后制定并颁布了一系列畜牧业生产标准和产品质量标准，极大地推动了我国畜牧业标准化生产的发展，对提高畜产品质量和效益起到了十分积极的作用。

十三、我国现代畜牧业发展过程中存在的问题

经过近20多年的发展，目前，我国畜牧业进入了一个新的阶段和新的起点。畜牧业发展一方面对现代农业建设、推动经济社会发展的贡献在逐步加大，但另一方面却仍然面临一系列十分棘手的矛盾和问题，严重阻碍着现代畜牧业的建设步伐。

1. 基础设施薄弱，生产方式落后

尽管我国畜牧业规模化进程不断加快，但整体看，散养方式仍是我国畜牧业生产的

主要形式。家庭小规模分散饲养仍然占养殖总量的2/3，其中肉羊占60%，奶牛和蛋鸡占40%。这些大比例、小规模分散饲养的群体，很多仍停留在传统养殖状态。大多数散养农户生产设施差，饲养管理粗放，畜禽养殖环境恶劣。就是一些规模化程度较高的养殖场也存在设施不配套、环保建设落后的严重问题。在畜牧业支撑体系方面，许多畜禽场建场时间早，基础设施超期使用，大部分种畜禽场畜舍、饲养设备破损严重；动物疫病防治，重大动物疫病及新型疫病诊断、防治所需技术和设备落后；畜牧业信息化体系不完善，市场、技术及政策信息不畅通。畜牧业基础设施薄弱、生产方式落后已经成为制约现代畜牧业发展的主要因素和瓶颈。

2. 增长方式粗放，整体效益不高

从改革开放到20世纪90年代末期，我国肉蛋产量一直维持10%左右的高速增长。进入“九五”末期，我国畜牧业增长速度虽然有所放缓，但肉类和蛋类仍然保持了4%左右的增长速度，而奶业增长率更是连续几年达到20%以上。总体上看，我国畜牧业增长方式仍然停留在数量增长的粗放模式状态，科技进步对畜牧业增长的贡献停留在50%左右，畜产品质量不高、效益不高的问题依然十分突出。与发达国家相比，我国畜禽头数虽然增长很快，但个体生产能力却存在很大差距。美国2011年屠宰的每头猪、牛和绵羊的平均胴体重分别达到88 kg、329 kg和30 kg；每头奶牛平均年产奶量达8 413 kg。而我国的上述指标分别为77 kg、143 kg、14 kg和1 574 kg。目前，我国牛、猪、羊和奶牛的个体生产能力不仅大大低于美国等畜牧业发达国家，也显著低于世界平均水平。

3. 防疫体系不健全，疫病防控能力弱

我国防疫形势空前严峻，自2004年高致病性禽流感暴发后，又陆续发生了亚洲I型口蹄疫、猪链球菌病和炭疽等，不仅使畜牧业遭受重大冲击，而且危及公共卫生安全，已经成为世界性的难题。首先，目前我国大部分农村基层动物防疫体系机构不健全、队伍不稳、人才匮乏、经费短缺、疾病诊断及化验设备等基础设施短缺落后，防疫措施难以落实。其次，很多基层防疫部门虽然身在一线，却缺乏风险预警意识，缺乏科学的防控预案，面对疫情不知所措。最后，在畜牧业迅速走向产业化、市场化和国际化的形势下，从中央到地方没有建立完善的动物疫病防控体系，往往县之间、省之间疫情信息沟通不畅，人医和兽医相互隔离，遇到突发动物疫情很难做出快速协调的反应。

4. 科技创新能力弱，支撑引领能力不强

技术进步是畜牧业发展的原动力，目前科技发展对畜牧业的贡献在49%左右。但是在畜牧业科技发展中仍存在一些问题，创新能力还亟需提高。一是畜牧业科技投入与产值不适应，2012年畜牧业占农业总产值的比重在1/3以上，但是国家对畜牧业的科技投入只占畜牧业总产值的0. 047%，低于农业的0. 12%的水平。二是畜牧科技供给结构与需求结构不适应，表现在“三多三少”，即提高产量的技术多、外来引进技术（品种）多、一般性科技成果多，而改善质量、生态和环境保护的技术少、自主知识产权技术少、重大突破性成果少，甚至许多地方将“良种化等同于洋种化”。三是科技研究与推广不适应，整体创新系统中企业的研发能力十分薄弱，“科技两张皮”的状况没有

得到根本改变，解决畜牧业发展中问题的能力不强，依靠畜牧业的科技创新促进畜牧业产业转型和技术升级的任务十分繁重。

5. 生产者科学文化素质差，组织化程度低

从受教育的程度看，即使在农村劳动力文化程度相对较高的东部地区，高中文化程度也仅占13%，初中文化程度占50%，小学文化程度占30%，文盲和半文盲占7%。由于文化水平的限制，农民信息获取渠道少，缺乏科学的养殖知识，例如在疫病防治上，大部分人缺乏科学的疫病防治知识和自我防护意识，有时还对政府的防疫工作抱不合作态度。

据粗略估计，我国目前共有各种农民合作组织约15万个，参加各种合作组织的农户仅占全国农户总数的2.5%左右。我国畜牧业组织化程度虽然在农业产业化程度中算是较高的，但是畜牧业组织化程度依然很低。在畜牧合作经济组织发展较好的畜牧业大省山东，近年来通过积极发展畜牧合作经济组织，建立了比较规范的畜牧合作社400余个、联系农户20多万户，但与一些发达国家80%以上的农户都是合作社社员，每个农户平均要参加4~5个合作社的情况相比，有着天壤之别。

6. 饲料供给长期偏紧，质量安全体系有待强化

我国发展现代畜牧业，饲料供给偏紧的状况将在一个较长时期存在，尤其蛋白饲料原料缺口较大，我国鱼粉进口量占世界进口总量的30%左右，大豆进口量则占到国内需求总量的50%以上、氨基酸进口量达到需求总量的60%以上。在面临饲料总量短缺的同时，还面临饲料质量安全生产和监管体系不完善的问题：一是没有建立严格的生产和市场准入机制，缺乏与国际接轨的质量追溯制度；二是监管手段薄弱且投入不足，执法中常常出现无法可依、有法不依或执法不严等现象。

7. 环境保护意识不强，环境污染日趋严重

环境污染与生态环境恶化是现代畜牧业建设面临的严重问题。长期以来，大多数养殖户普遍缺乏环保意识，大量养殖专业村和养殖小区的畜禽粪便多堆放在乡村街道和道路两旁。一些大型养殖场也往往重视养殖生产设施建设，而忽视排污设施建设，污染治理设施简陋，治理手段落后，大量排泄物基本都是冲洗排放。

在养殖过程中，为促进畜禽生长，不少养殖户大剂量使用高铜、锌及其他金属元素矿物质添加剂，造成排泄物中矿物质含量超标而影响土壤生态。在很多养殖集中的地区，养殖场环境污染的控制难度和治理成本不断加大，对人畜健康、自然环境及畜牧生产造成严重危害。草原生态“局部改善，总体恶化”的趋势依然没有得到有效遏制，90%的可利用草原不同程度的退化，草原超载过牧严重。所有这些问题不仅对畜禽产品质量、畜禽健康造成影响，而且危害到人类的健康和行业发展。

8. 流通加工发展滞后，消费观念急需更新

近几年来我国畜产品加工有了长足的发展，但是总体而言我国畜产品加工能力不足，例如：发达国家肉转化为肉制品的比例一般为30%~40%，而我国仅为3%~4%；发达国家的蛋加工量占产量的20%以上，而我国不到1%。在流通领域，集贸市场是我国畜产品流通的主要形式，活畜交易和跨区域活畜调运十分频繁，由此直接带来的是流

通环节的防疫监管任务十分繁重。据有关流行病学调查，80%的疫病发生都与流通环节有关。而我国就地屠宰、冷链运输等现代物流体系尚处于培育之中。此外，我国大多数居民仍然习惯于活畜禽消费，冷鲜肉等消费形式仍处于发展之中，直接制约了畜产品流通和加工的现代化。

十四、我国现代畜牧业发展中应采取的措施

1. 各级政府要为现代畜牧业营造良好的发展环境

为推进现代畜牧业发展制定法律法规，明确产业政策，营造发展环境，是政府义不容辞的责任。各级政府要把发展现代畜牧业作为我国农业现代化的一个重要组成部分，高度重视，积极推进，要把发展现代畜牧业作为一项农业发展战略和一件事关经济发展、农民增收和参与国际市场竞争的大事纳入议事日程和工作日程，研究制定“大力推进现代畜牧业发展，促进牧业生产方式变革”的政策措施和发展规划，不断增强发展现代畜牧业的意识和紧迫感，为现代畜牧业营造良好的发展环境，切实有效地推进现代畜牧业的发展。

2. 千方百计提高畜产品质量

为了使我国畜产品更多进入国际市场，发展现代畜牧业必须着眼于千方百计提高畜产品质量，特别是卫生安全质量。在具体做法上，要加强畜产品生产加工的标准化建设，按照国际市场要求进行标准化生产加工；要积极建设畜产品生产加工基地，对生产加工基地进行严格的检验监管；要积极发展有机、绿色、生态、无公害畜产品，以适应国际市场的需求；要努力提高检验检疫检测监测服务的能力和水平，加强对畜产品卫生安全质量的检验检测；要积极培育发展品牌畜产品，以品牌畜产品参与国际市场竞争；要严格市场准入制度，将不符合卫生安全质量的畜产品拒之于市场门外，保证进入国内外市场的畜产品都符合卫生安全质量的要求。

3. 尽快建立动物疫病防制长效机制

不发生世界动物卫生组织规定的动物疫病是动物及动物产品进入国际市场的前提条件。近几年来，我国在一些地方实施了无规定动物疫病区建设工程，取得了比较明显的成效，动物疫病的发生传播与危害程度大大减轻。但是，在防治高致病性禽流感疫情中也暴露出许多薄弱环节，仍存在着不少漏洞，一些规定的动物疫病还没有得到完全有效的控制。要认真总结防治禽流感疫情的经验教训，进一步加大无规定动物疫病区建设力度，把无规定动物疫病区建设的各项具体措施真正落到实处，通过无规定动物疫病区建设，改变畜牧业的落后生产方式，改善动物防疫条件，理顺动物防疫管理体制，完善动物防疫体系，增加动物防疫经费，加强基层动物防疫机构建设，建立动物防疫长效机制，确保动物及动物产品能够顺利走出国门。

4. 积极发展生产加工龙头企业

目前，我国畜产品生产加工龙头企业多数规模不大，水平不高，出口数量不多，还

起不到“龙头”作用。确保畜产品卫生安全质量，扩大畜产品出口，必须积极发展龙头生产加工企业，充分发挥龙头企业的作用。实践证明，加大招商引资力度，吸引国内外大型畜产品生产加工企业到我国投资建设生产基地和加工厂，是一条简便快捷、行之有效的途径。应当依托我国对日本、韩国、俄罗斯的区位、自然资源和劳动力等优势，从国内外引进资金、引进先进技术和先进管理制度，建设一批与国际接轨产业化发展的生产加工出口企业，把畜产品生产加工出口做大做强做优。

5. 积极推进畜禽现代化养殖方式

近几年来，特别是我国发生高致病性禽流感疫情以来，人们对畜禽养殖方式倍加关注，推进畜禽现代化养殖方式的呼声越来越高。农业部2004年制定了《关于推进畜禽现代化养殖方式的指导意见》，明确提出要积极推进畜禽现代化养殖方式。从发展看，规范城乡畜禽养殖、推进现代化养殖方式正在成为一种趋势和发展现代畜牧业的客观要求。发展现代畜牧业，要限制、淘汰落后的畜禽养殖方式，保护、支持、促进可以保证畜产品卫生安全质量的现代化养殖方式。

6. 加大认证卫生注册工作力度

认证和卫生注册是畜产品进入国际市场的“通行证”。近几年来，国际标准日益成为我国畜产品出口的一道门槛，特别是国际标准认证不断增加，成为畜产品出口面临的技术壁垒。目前，与畜产品有关的认证注册主要有ISO 9000质量管理认证、ISO 14000环境管理认证、HACCP卫生质量管理认证和出口食品企业卫生注册。除此之外，SA 8000社会责任认证也已经被提上日程，ISO 22000《食品安全管理体系》也将实施。从发展趋势看，“国际标准+认证注册”作为国际贸易中保证产品质量的一种通行做法被普遍接受，也将成为畜产品进入国际市场的桥梁和捷径。目前，我国开展的国际标准和认证注册工作与提高畜产品国际市场竞争力、扩大畜产品出口还很不适应，主要表现在国际标准或国外先进标准采用率低，认证注册企业少，每年复查时还有不少企业因为已经不符合注册要求被取消认证注册。我们必须在发展畜产品生产加工企业的同时，加大采用国际标准与认证和卫生注册工作力度，使更多企业拿到产品进入国际市场的“通行证”，使更多的畜产品通过“国际标准+认证注册”这座桥梁进入国际市场。

7. 及时了解国外技术壁垒动态

日本是设置技术壁垒比较多的国家，对我国出口包括畜产品在内的农产品设置的技术壁垒名目越来越多，要求也越来越严，除了不断增加药物残留检测项目、提高药物残留含量标准、扩大动物疫病要求，对农产品实行加严检验，对肉类、蔬菜等生鲜商品采取标识原产地制度外，又建立优良农产品认证制度，对进入日本市场的农产品必须进行“身份”认证，申请“身份”认证的农产品必须正确地标明该产品的生产者、产地、收获和上市的日期以及使用农药和化肥的名称、数量和日期等。如果通过弄虚作假等非法手段取得认证证书，或取得认证证书后不能完全履行规定的义务，相关单位和人员的名单将被公布，并被处以最高达1亿日元的罚款。如果生产加工出口企业不了解这些要求，事先取得认证，盲目生产，势必会增加出口的风险。近几年来，随着动物福利意识的增强，对动物福利的要求日益严格。世界上已有100多个国家制定了完善的动物福利法规，一些国家已经将动物福利与动物及动物产品国际贸易紧密挂钩，将动物福利作为进口动物和动物产品的一个重要标准，这正在成为我国动物及动物产品出口的一道新的技术壁垒。应当密切关注并详细了解国外对动物福利的要求，结合我国动物和动物产品生产加工的实际情况，采取应对措施，防止遭遇动物福利壁垒。

8. 努力开拓畜产品多元化市场

我国畜产品出口市场比较狭窄。目前，鸡肉产品主要出口到日本，牛肉产品主要出口到中东、阿拉伯国家，活牛主要供应香港市场。虽然这些国家和地区对畜产品需求数量大，也有很大的开拓潜力，但是，单一市场风险比较大，回旋余地小，出口数量也难以大幅度增加，一旦出口受阻就要遭受重大的损失。例如，吉林德大公司以及山东一些规模较大的企业出口的鸡肉产品都以日本市场为主，日本每次对我国禽肉产品封关都使这些公司遭受重创。为了使我国畜产品更多地进入国际市场，减少市场变化带来的风险，必须努力开拓多元化市场。除了日本、韩国市场，俄罗斯、东南亚、欧美、中国香港等国家和地区也有很大的开拓潜力，应当注意开拓。山东出口农产品数量大，多年来一直居全国之首，市场多元化起了重要作用。近几年来，山东实施了市场多元化战略，仅鸡肉产品就从单纯依靠日本市场扩大到20多个国家。

9. 推进畜牧业产业化发展进程

国内许多畜牧业生产加工龙头企业都是实行产业化发展。这些龙头企业把畜禽养殖这个传统生产项目做成了工业化发展格局，主要特点是基地化生产、标准化管理、工厂化加工、市场化营销和一体化经营。但是，在我国，像德大公司、皓月公司、华正公司这样的龙头企业还太少，畜牧业产业化发展的步伐还不快。在加快不同形式的畜牧业产业化发展时，特别要围绕畜产品加工业进行积极鼓励、支持、培植、扶持，促成一批像德大公司、皓月公司、华正公司这样集养殖、加工和销售等多种功能于一体的能够参与国际市场竞争的企业集团，尽快提高我国畜牧业产业化发展的水平。

10. 充分发挥畜牧业行业协会的作用

近几年来，我国一些行业协会已经在市场竞争中发挥了越来越重要的作用。如产业化程度比较高的肉鸡生产加工企业行业协会——食品土畜进出口商会禽肉分会，在日本每次对我禽肉产品出口封关时，不仅在政策上为企业奔走呼号，在行业内部加强统一协调，而且为争取早日恢复出口积极进行交涉，使企业渡过难关。各级政府要高度重视和支持畜牧业行业协会的发展，遵循市场经济的客观规律，积极发展畜牧业行业协会，充分发挥畜牧业行业协会服务、自律、代表和协调的职能作用，提高企业和生产者生产经营的组织化程度，增强畜产品的市场竞争力。

11. 加快畜牧业诚信体系建设步伐

不讲诚信、不守规则、违规违法给畜产品带来的卫生安全问题直接制约了现代畜牧业的发展。目前，食品安全特别是生产、加工、销售失信问题已经成为我国公众普遍关注的问题。要借我国目前正在建设食品安全信用体系之机，加强畜产品卫生安全诚信体系的建设。在积极建立畜牧业诚信体系的同时，要努力建立严厉的惩罚性赔偿制度，加大监督执法力度，对不讲诚信及蓄意生产、加工、销售有卫生安全问题畜产品的企业和生产者给予使其倾家荡产的惩罚，改变目前对失信甚至欺诈行为不疼不痒的处罚，以有效的震慑力遏制欺诈行为。

12. 提高从业人员的素质

我国畜牧业多数是以农民饲养为主，大多数生产者科技文化素质不高。生产者的低素质导致畜牧业的生产水平难以提高，动物疫病难以防治，卫生安全难以保证，诚信践约难以恪守。在发达国家，只有受过一定教育、具备相应素质并获得相应证书的人才有资格从事畜牧业，成为合法的饲养场主。必须努力提高从事畜牧业人员的素质，在进一步加强科技教育和科技推广提高现有人员素质的同时，要提高畜牧业的准入门槛，对饲养场进行合格评定认证；要鼓励支持大专院校畜牧兽医专业的毕业生以及硕士、博士创办畜牧饲养场或畜产品加工厂。

13. 积极发展现代畜牧业物流业

虽然近几年来在许多地方经纪人应运而生，但是，这些经纪人的作用主要是衔接产销，或联系外地客户，或帮助外地客户在本地组织货源，还不能算是物流业。一些大型畜产品生产加工企业还建立了“公司+农户”或“公司+基地+农户”的生产经营模式，对农户统一供应鸡雏（仔猪）、统一供应饲料、统一供应药品、统一收购产品、统一加工销售等，虽然有了物流业的成分，但是，这只是一种企业行为，还不能称为现代畜牧业的物流业。现代畜牧业的物流业是现代畜牧业产业链中的一个重要组成部分，不仅仅是单纯的货物运输、供应问题，而是用最经济有效的方法将畜牧业生产、加工、销售过程中涉及的饲料、兽药、饲养用具和设备、活畜、屠宰体、分割肉、加工品、副产品和废弃物等物资及产品从生产供应方送到需求方的一个产业，一般分为运输、储存、通运和配送 4 个大行业。发展现代畜牧业物流业，可以提高畜牧业的产业化程度和商品生产的市场反应速度，提高生产效率，降低库存数量，缩短生产周期，节约物流成本，增加产后销售利润，吸纳就业，扩大消费，最大限度地满足社会需要。现代物流业在国民经济中的地位和作用日益突出。据估算，日本在近 20 年中，物流业每增长 2. 6 个百分点，经济总量可以增加 1%。

14. 大力宣传我国畜产品优势

提高国际市场竞争力的关键是要提高我国畜产品的质量和知名度。目前，我国许多畜产品的国际市场知名度还不高，我国畜产品质量的被信任度还不高，这极大地制约了我国畜产品更多地进入国内市场和国际市场。一个主要原因是我国对畜产品的优势宣传还不够，外界认为中国的畜产品质量低，不能满足他们的要求。我国要扩大畜产品出口，除了要不断提高畜产品质量，还必须要进一步加大宣传力度，通过各种渠道和形式广泛宣传我国畜产品的优势，特别是在各类网站上增加宣传我国畜产品生产、加工、销售的内容，使国内外客商能够方便快捷地了解到我国畜产品的信息。近几年来，虽然一些出口产品交易会、农博会等展会对宣传我国畜产品优势发挥了很好的作用，但是，国外客商还不多，国际影响还没有充分发挥出来。

15. 发挥检验检疫把关服务作用

通过检验监管防止不合格畜产品走出企业大门，维护国家信誉和企业利益；发挥职能作用帮助生产加工出口企业采用国际标准并获得认证注册，使企业拿到产品进入国际市场的“通行证”；发挥人才技术优势帮助生产加工出口企业提高生产管理水平，增强产品的国际市场竞争力；发挥信息优势向企业通报国际市场动态和国外技术壁垒变化，使企业减少和避免不必要的损失；帮助生产加工出口企业搞好生产基地建设，提高生产基地管理水平；帮助生产加工出口企业获得在口岸享受免验的“绿色通道”待遇，加快货物通关速度；帮助生产加工出口企业充分利用普惠制享受关税优惠，提高企业经济效益；帮助地方和企业开展原产地标记注册工作，打造具有地方特色、受知识产权保护的名优产品；为生产加工出口企业开拓国际市场牵线搭桥，扩大出口；帮助生产加工出口企业引进国外优良品种，提高畜产品质量，培育优质名牌畜产品，提高畜产品国际市场竞争力。

十五、现代畜牧业发展的趋势

第一，畜牧业生产日益科技化。科学技术已成为现代畜牧业发展的强大动力，现代畜牧业与传统畜牧业不同，它是建立在全面应用科学技术基础上的高效畜牧业，现代畜牧科技正迅速地向宏观和微观两个领域全面发展，生物技术的应用将会使畜禽育种及疫病防控发生根本性的变化。规模化、产业化发展是我国现代畜牧业发展的主要方向。

第二，运用科学技术对传统畜牧业实行技术改造，推动现代畜牧业的发展，将会有效提升我国畜牧业的整体生产水平，使其生产更加科学化、规范化、标准化、信息化。专业化生产和规模化经营的畜牧企业将成为市场竞争的主体。

第三，畜牧业将会向“高效、低耗、生态、持续”的模式发展。由数量型向质量型发展，由粗放型向集约型发展，重视畜牧业发展的生态和可持续，增强畜牧业发展的后劲。

第二章　甘肃省草地农业与草食畜牧业发展概况

草地农业是一种强调禾本科牧草和豆科牧草对于牲畜和土地经营的重要性的农业系统。草食畜牧业是以牛羊生产为主的畜牧业，主要产品包括肉、奶、毛、皮等。草食畜牧业是草地农业的具体组织和运作模式。甘肃地域宽广，气候类型多样，饲草料资源丰富，牛羊品种资源丰富、存栏量大，具有发展草食畜牧业的良好条件。“十二五”以来，甘肃草食畜牧业发展迅速，产业结构多元化，农区、牧区及半农半牧区草食畜牧业并重，并取得了长足的发展，生产规模显著扩大，区域布局更加合理，草食畜牧业向集约化、规模化、产业化快速发展。

一、草地农业与草食畜牧业科技发展动态

（一）草地农业与草食畜牧业的发展概况

1. 草地农业与草食畜牧业的内涵及其重要作用

草地农业是一种强调禾本科牧草和豆科牧草对于牲畜和土地经营的重要性的农业系统。草地农业高度依赖于作为反刍家畜食物基础的最初牧草来源。草食畜牧业是以牛羊生产为主的畜牧业，主要产品包括肉、奶、毛、皮等。草食畜牧业是畜牧业乃至农业的主要组成部分。草食畜牧业是草地农业的具体组织和运作模式。草食畜牧业具有资源效应、收入效应、消费效应、生态效应等重要作用。

草食畜牧业属于节粮型畜牧业，能够充分利用农业资源。受耕地减少、资源短缺等因素制约，我国粮食需求将呈现刚性增长，粮食的供求将长期处于紧平衡状态，保障粮食安全的任务艰巨。因此，发展草食畜牧业可以发挥缓解粮食供求矛盾、保障畜产品有效供给的资源效应。牛羊肉、牛奶等草食畜产品蛋白质含量较高，脂肪、胆固醇含量相对较低，在人类的膳食结构中占有重要地位。伴随人们收入水平的提高，草食畜产品的消费需求将显著增长。在我国边疆、少数民族地区，尤其是穆斯林民族地区，牛羊肉的消费需求更大，且具有不可替代性。因此，发展草食畜牧业具有满足人们日益增长的营养需求、丰富膳食结构的消费效应。我国牧区面积占国土面积的40%以上，且多位于边疆、少数民族地区。草食畜牧业是牧区经济发展的基础产业，是牧民收入的主要来

源。在加强草原生态保护建设的同时，发展草食畜牧业对促进牛羊养殖方式的转变、建设现代草食畜牧业具有重要的收入效应和战略意义。草食畜牧业可以大量利用农作物秸秆资源，从而可减少因焚烧秸秆造成的环境污染和降低火灾隐患；草食动物生产过程中产生大量的有机粪肥，经处理后作为有机肥料施撒还田，可有效提高土壤肥力；实行草田轮作、间作和套作等耕作措施，可以极大地提高粮田生产能力；通过种植牧草、开展草地建设，发展草食畜牧业，能够治理生态退化、缓解农牧区贫困，这些都是发展草食畜牧业重要的生态效应。

2. 草地农业与草食畜牧业的发展

改革开放以来，我国草食畜牧业发展取得了长足进步，养殖规模不断扩大，技术水平不断提高，区域布局不断优化，产品供给能力不断提高。从1980年到2013年，牛肉产量从26.9万t增加到673.2万t，羊肉产量从44.5万t增加到408.1万t，牛奶产量从114.1万t增加到3 531.4万t，羊毛产量从18.7万t增加到45.3万t（郎侠等，2017）。牛肉和牛奶的年均增长率均超过10%，羊肉的年均增长率也达到6.9%，明显高于猪肉等畜产品的产量增长速度。牛羊肉在肉类产量的比重从6%增加到12.7%，翻了一番。另外，兔肉、兔毛、牛皮、羊皮、鹅肉、鹅绒等草食畜产品的生产也都出现快速发展。

我国是草食畜牧业生产大国，羊肉产量居世界第一位，牛肉和牛奶产量居世界第三位。2013年，我国草食大牲畜接近1.1亿头，其中，肉牛6 838.6万头、奶牛1 441万头、牦牛1 200万头，马602.7万匹、驴603.4万匹、骡230.4万匹、骆驼31.6万峰；羊存栏2.9亿只，其中山羊1.4亿只、绵羊1.5亿只；兔2.2亿只。2013年草食畜产品产量，牛肉673.2万t、牛奶3 531.4万t、羊肉408.1万t、兔肉78.5万t、羊毛45.3万t（郎侠等，2018）。草食畜牧业的发展为优化畜牧业产业结构、增加农牧民收入、满足城乡居民多样化消费需求做出了积极贡献。

（二）全国、甘肃草食畜牧业发展现状及市场研究

1. 肉牛产业发展现状与市场

统计数据表明，中国牛饲养量在1986—1999年持续增长，之后缓慢下降（图2-1）。其中，中部和西南部的牛饲养量下降更为明显，牛产业向西部的转移明显且速度加快。

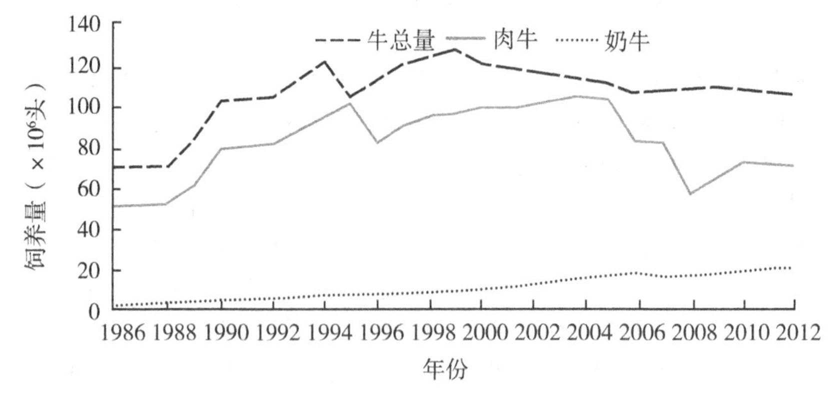

图2-1 中国肉牛屠宰头数

（资料来源：《中国统计年鉴》《中国畜牧业年鉴》）

从1980年到2012年，中国牛肉生产总量持续上升，到2012年，中国牛肉的总产量为651万t（图2-2）。牛肉生产水平不断提高，从图2-3可以看出，我国肉牛存栏量虽然从1999年开始持续下降，但牛肉的总产量却持续上升至2010年，肉牛胴体重显著提高，每头牛产肉量显著提高。从2010年开始，全国牛肉生产总量保持在650万t左右，市场需求量超过供给并在持续上升，牛肉的市场价格上扬明显，可以预计在今后一段时期，牛肉价格还会在高位运行，甚至继续上涨。

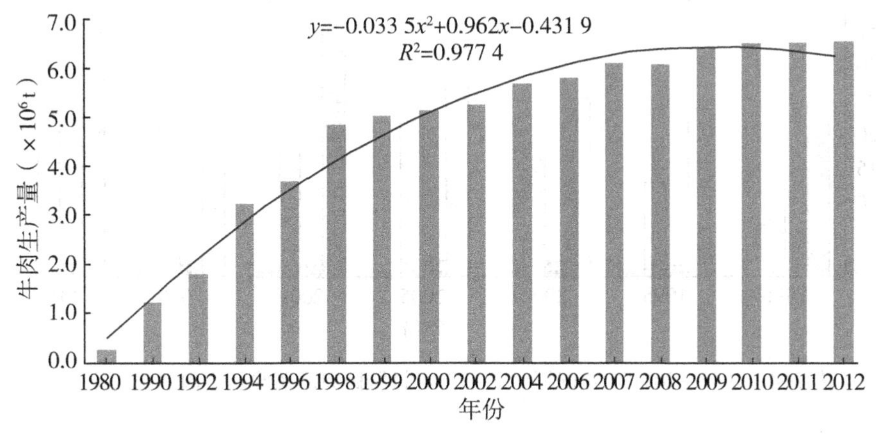

图2-2　1980—2012年中国牛肉生产量

（资料来源：《中国统计年鉴》）

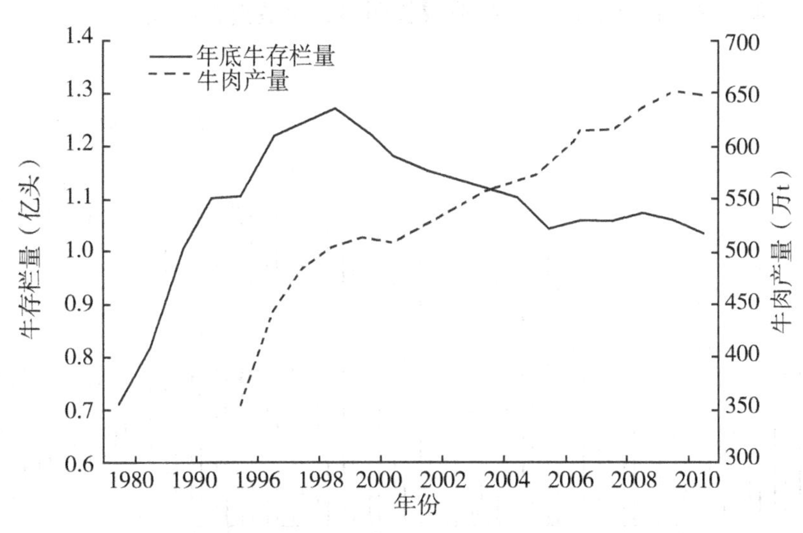

图2-3　1980—2010年中国牛存栏量与牛肉产量

（资料来源：《中国统计年鉴》）

统计数据表明，至2012年，我国居民各种肉类的年人均消费量为37 kg，其中城镇居民年人均牛肉消费量为2.8 kg，所占肉消费总量的比重不足8%（图2-4）。农村居民年人均牛肉消费量更低，只有0.98 kg。2013年全国城镇居民年人均牛肉消费量达到

4.1 kg，增长50%，其中主要原因是牛肉的安全性和营养品质提升，高收入群体对牛肉消费的倾向性越来越强，带动牛肉消费上升。甘肃年人均牛肉消费量高于全国平均水平0.5 kg。通过分析全国牛肉消费市场及其增长趋势，发现与消费增长相比，我国牛肉生产的缺口逐年加大，牛肉价格还将上扬。

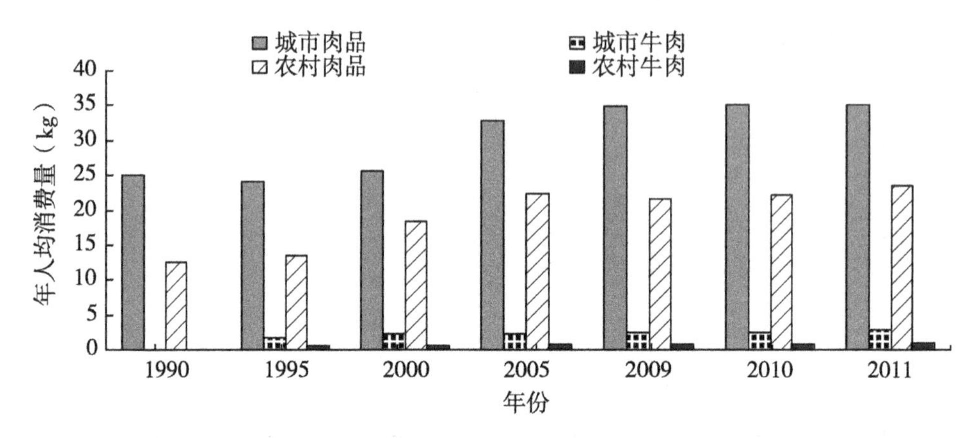

图 2-4　1990—2011 年中国城镇居民与农村居民肉品消费及牛肉消费对比

分析全国肉牛饲养的成本变化（图 2-5），2011 年与 2012 年每头牛饲养成本比 2010 年分别提高了 7%和 15%，达到6 200元和7 160元。而肉牛销售价格从 2011 年开始每年平均上涨 25%。由此看出，肉牛业成长明显，发展潜力巨大。

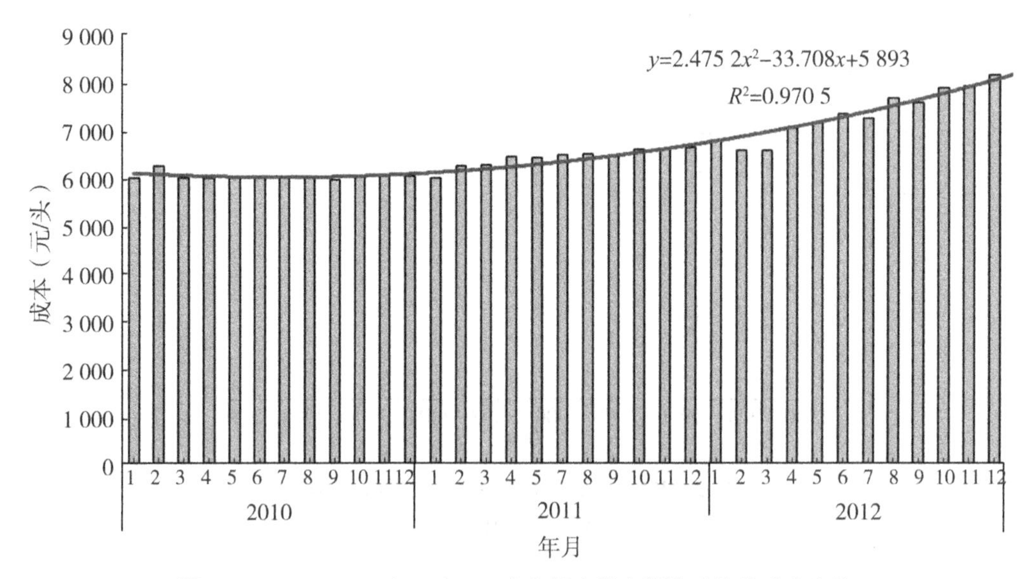

图 2-5　2010—2012 年 9 省 750 个牛场出栏育肥牛头均总成本变化

从 2000 年到 2012 年居民消费价格指数（CPI）、牛肉消费价格指数、牛肉价格均持续增长（图 2-6），从 2008 开始，牛肉价格快速增长，直到 2012 年才与 CPI 增长水平持平。总体来讲，牛肉消费价格指数增长仍然显著低于CPI增长，因此，牛肉价格仍然还有增长空间，牛肉的市场需求增长空间仍然巨大。

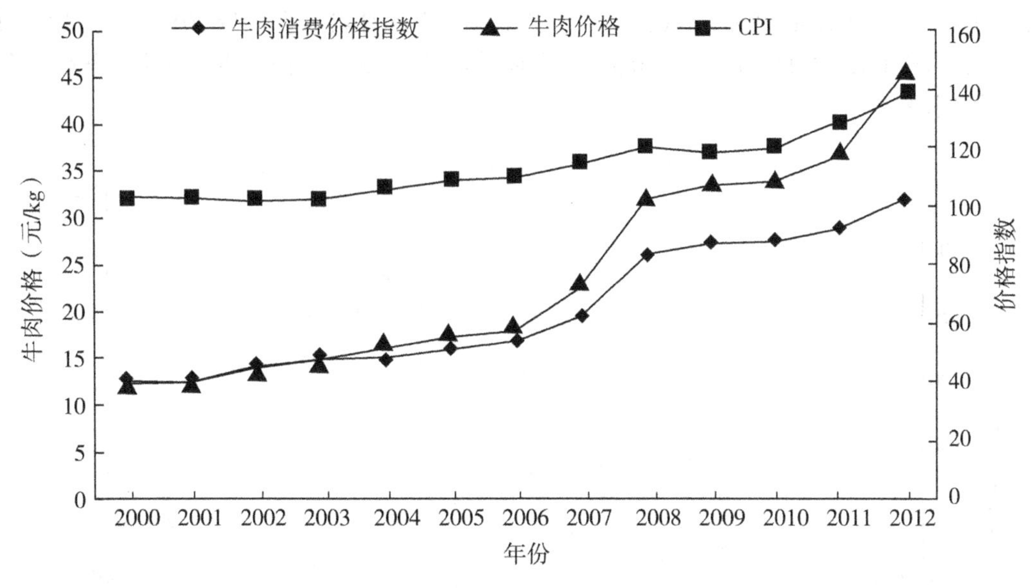

图 2-6　2000—2012 年居民消费价格指数、牛肉消费价格指数、牛肉价格变化

统计数据表明（图 2-7），1996—2012 年，中国牛肉出口量逐年下降，进口量则井喷式上升，其中 2012 年达到 6.14 万 t，2013 年猛增到 40 万 t。同时，从其他非正常渠道进入我国市场的牛肉每年超过 100 万 t，是官方进口数量的两倍。

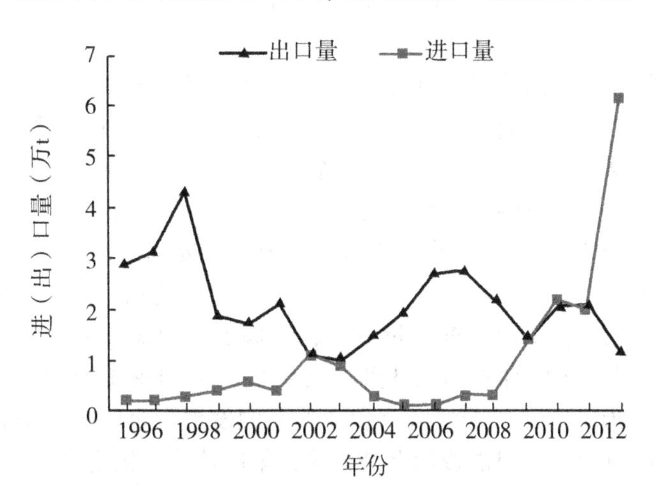

图 2-7　1996—2012 年中国牛肉进（出）口情况

（资料来源：《中国海关统计年鉴》）

2. 肉羊产业的发展现状与趋势

从1990年到2011年，中国（山）羊存栏量缓慢上升，出栏量则急速上升。2011年，（山）羊存栏量和出栏量分别为2.824亿头和2.666亿头，肉产量达到400万t（图2-8）。每只羊胴体重达到15 kg，生产水平不断提高。甘肃羊存栏量2013年突破2 000万只，出栏1 157万只，产肉近20万t。胴体重达到17.3 kg，肉羊生产水平显著高于全国平均水平。

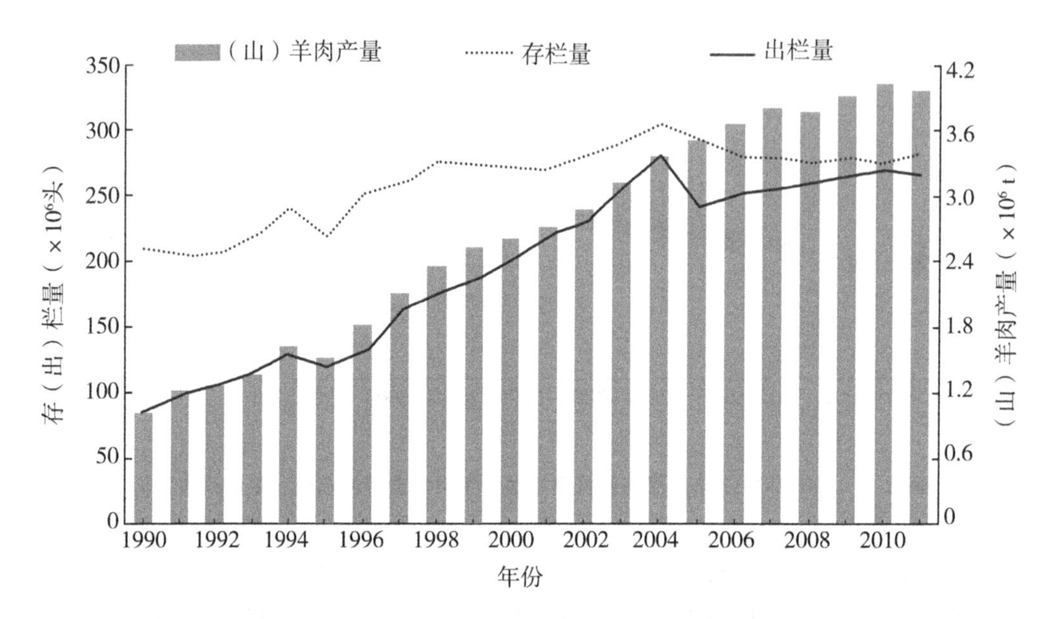

图2-8　1990—2011年中国（山）羊存栏量、出栏量变化及羊肉产量

（资料来源：《中国统计年鉴》）

统计数据表明，从2010年到2012年，羊肉价格从35.5元/kg增长到57.05元/kg（图2-9）。2013年羊肉价格超过了60元/kg。1998—2011年城镇居民的羊肉消费量基本维持在1.2 kg/人（图2-10），而农村居民羊肉消费量则显著上升，接近城市居民消费水平。2013年甘肃羊肉生产达到20万t（图2-11），人均羊肉占有量接近8 kg，是全国平均水平3.2 kg的2.5倍，是国家重要的羊肉生产基地。

2006年，我国羊肉产量达到470万t，为近几年最高。之后，由于禁牧、休牧和退耕还林（草）政策的推行，全国羊饲养量下降，产肉量都显著下降。从1996年开始，羊肉的进口量大幅上升，2012年进口量达到12.39万t，主要来源是澳大利亚和新西兰的优质羔羊肉。截至2013年，随着农区草食畜牧业的发展，全国羊的饲养量已恢复到2006年水平，羊肉产量上升，但消费量上升更快，羊肉价格大幅度提高。

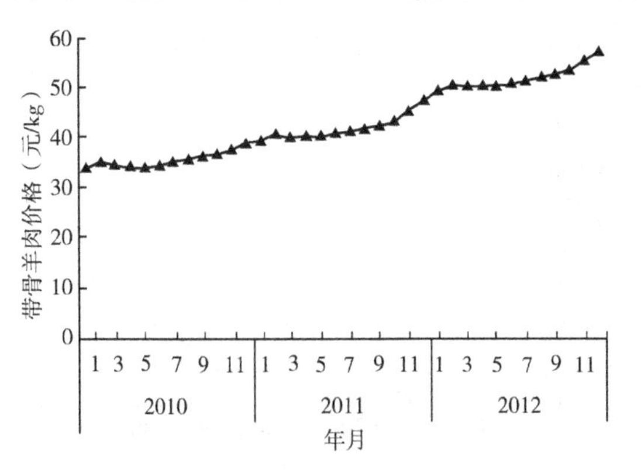

图 2-9 2010—2012 年中国带骨羊肉价格变化

（资料来源：《中国统计年鉴》）

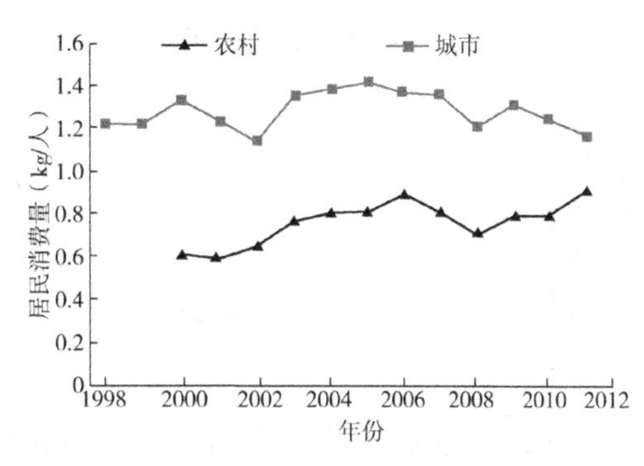

图 2-10 1998—2011 年城市居民和农村居民羊肉消费量

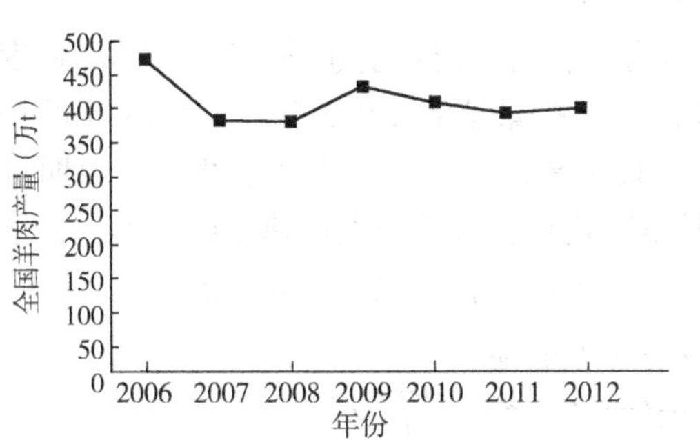

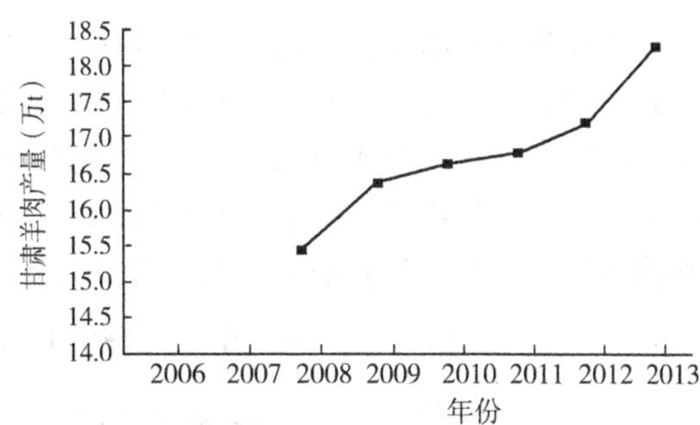

图 2-11 2006—2013 年中国与甘肃羊肉产量变化

（资料来源：《中国畜牧业年鉴》、智研数据中心）

研究表明（图 2-12、图 2-13），从 2004 年开始，每只出栏羊的总价值、饲养成本和净利润都明显上升，到了 2013 年，每只羊的平均销售价超过 1 100 元，比 2012 年上升 25%，虽然饲料成本上升，每只羊的利润仍然超过 350 元。

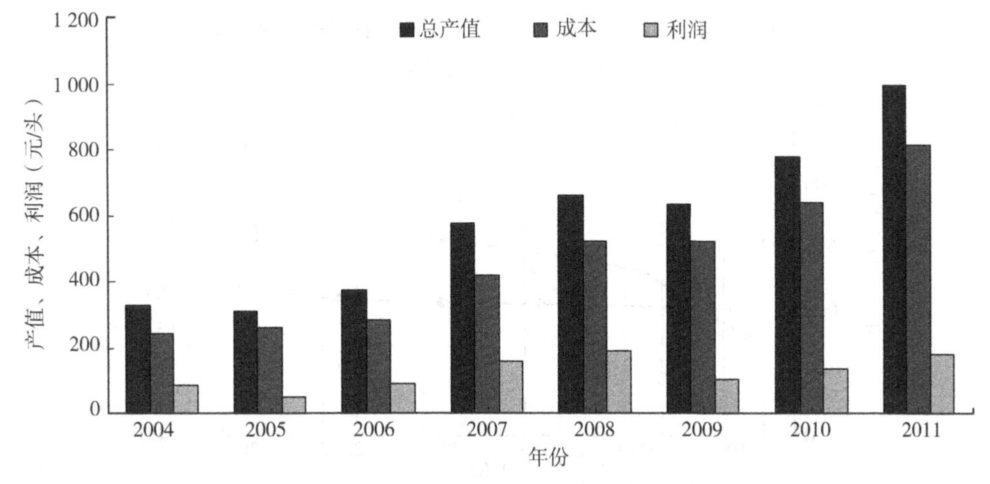

图 2-12 2004—2011 年中国每只羊平均产值、成本、利润变化

（资料来源：《中国统计年鉴》）

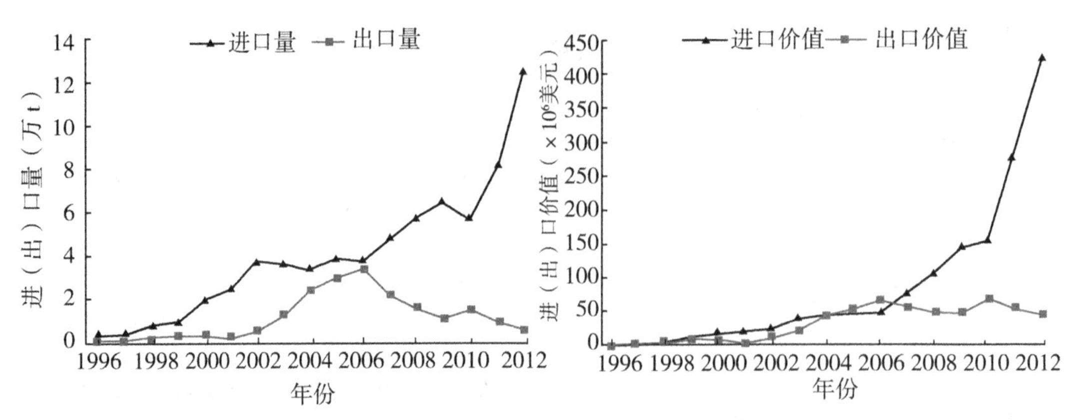

图 2-13　1996—2012 年中国羊肉进出口情况

（资料来源：《中国海关统计年鉴》）

统计数据表明（图 2-14、图 2-15），甘肃肉牛、肉羊饲养量连续 6 年以 5%的速度上升，到 2013 年，牛的存栏量达到 510 万头，羊存栏量达到 2 045 万只。2013 年的增加幅度最大，2012 年甘肃牛、羊出栏量分别增长 1.8%、2.3%，略低于往年，说明甘肃的牛羊产业数量扩张明显。与全国相比，甘肃现代草食畜牧业发展速度明显加快，基础明显夯实，产业品质明显提高，今后几年甘肃牛羊产业将出现跳跃式发展。

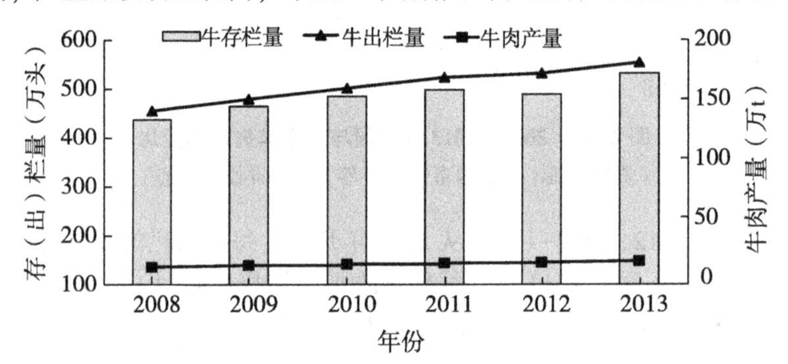

图 2-14　2008—2013 年甘肃牛存栏量、出栏量、产肉量

（资料来源：《甘肃统计年鉴》）

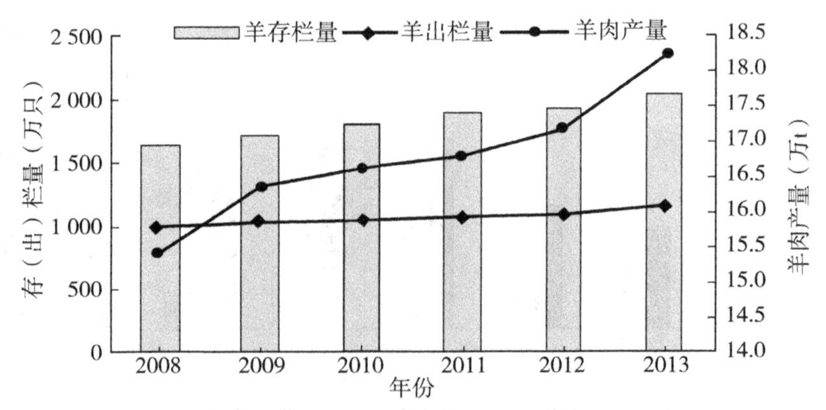

图 2-15　2008—2013 年甘肃羊存栏、出栏量及产肉量

（资料来源：《甘肃统计年鉴》）

（三）国内外草地农业与草食畜牧业科技发展趋势

畜牧业科技涵盖了品种培育、种畜繁殖、高效养殖、饲料加工、疾病诊断、疫苗和药物开发、产品加工储藏等诸多科学技术，领域宽，延伸范围广。国内外畜牧业发展的实践证明，每一项最先进的技术发明或创新在产业中的成功应用，都对产业跨越式发展起到引领和推动作用。优良畜禽新品种的培育成功，提升了个体生产能力，对提高畜禽产品产量发挥了重要作用；以人工授精和胚胎移植为代表的现代动物繁殖技术，大大提高了优良种畜禽的繁殖速度，也有效降低了成本；动物疫苗技术成熟及大规模应用，成功消灭了部分人畜传染病，大大减少了畜牧业的经济损失；配方饲料和饲料添加剂的出现和发展，使动物的遗传潜能得到最大限度的发挥，大大节省了粮食；分子育种技术、基因工程技术、动物克隆技术和重组疫苗技术等高新技术在畜牧业中得到推广应用，必将为畜牧业可持续发展做出更大贡献。

近年来，畜牧业科技创新取得一系列突破性成果。针对主要畜禽品种资源遗传特性、产品品质和生产性能等典型复杂经济性状的形成和调控分子遗传机理，以及多基因聚合和基因转移操作技术等方面筛选获得了一系列分子遗传标记，鉴定了一批与重要经济性状相关的功能基因，为开展畜禽品种选育工作打下了良好基础，选育了一批具有较高生产应用价值的畜禽牧草新品种（配套系）。初步建立了我国牛羊幼畜超排技术体系，繁殖率相当于自然繁殖的 60 倍，可以使繁育成本下降 60%（郎侠等，2014）。全面开展主要饲料营养价值评定，逐步完善了中国饲料数据库，制定和修订了猪、肉鸡、蛋鸡、肉鸭、奶牛、肉牛和肉羊等饲养标准，赖氨酸、维生素 A 等饲料添加剂产业化生产技术取得重大突破。此外，畜牧业生产工艺与配套设施取得跨越式进展，饲料加工关键设备大型化、成套化生产实现较大突破，成功开发了畜禽舍环境质量控制、清洁养殖以及畜禽养殖废弃物处理方面的系列成套工艺与设备；集成组装了人工草地高效放牧利用、草畜平衡优化管理、羔羊当年育肥出栏、绒山羊光控增绒和牧草青贮等高效草原畜牧业生产配套技术模式，促进了草原畜牧业转型升级（郎侠等，2014）。

畜牧业是农业和农村经济的重要组成部分，草食畜牧业是畜牧业的关键组成要素，关系到粮食安全、食品安全、生态安全、节能减排、劳动力就业、国际贸易等国家经济政治的各个方面，是引领中国农业实现现代化和可持续发展的基础性和战略性产业。畜牧业科技在草食畜牧业的发展中发挥着关键作用。随着现代科学技术突飞猛进的发展，草食畜牧业科技也在积极跟进。主要体现在以下几个方面。

在畜禽遗传资源挖掘、新品种培育和改良、畜禽繁育技术方面，随着分子生物学技术的发展，动物遗传育种开始进入了以群体遗传学和数量遗传学理论为指导的分子育种水平，它试图利用分子生物学技术对家畜育种进行探测和改良。现代分子育种技术可以概括为 3 个方面：一是能够实现分子标记辅助选择的分子遗传标记技术；二是通过基因转移技术将经过处理的供体基因转到受体基因组的转基因育种技术；三是利用计算机进行数据整理并对后期的育种工作进行设计。随着遗传标记的发展及其高通量的基因分型技术的实现，从基因组水平估计育种值成为可能，即基因组选择。基因组选择技术已在中国奶牛育种中得到应用，可以大幅度缩短世代间隔，降低育种成本。基因组选择技术在猪、鸡和肉牛育种改良方面的应用还处在起步阶段，但正加快应用速度，将逐渐成为育种常规技术。目前的转基因技术还不是很成熟，加之转基因食品的安全问题等，使得转基因技术主要作为一种生物技术用于研究，而作为一种分子育种技术尚处于探索阶段。目前国家已经实施了转基因重大项目，相信这会为分子育种工作的进一步发展提供有利条件。分子育种与传统的育种工作相比，缩短了育种年限，加快了育种进程，同时还克服了环境因素、性别、年龄的影响，可以在分子水平上对遗传物质进行操作，对动物不同的性状进行选择。

在饲料资源的开发和高效利用方面，针对中国谷物饲料资源短缺，能量饲料供应不足；蛋白质饲料原料严重匮乏，蛋白质饲料自给率低下；优质牧草资源有限，草原牧草还难以满足牧区养殖需要等问题，采集了覆盖全国的主要饲料原料场样品，全面测定了其常规养分含量，建立了参考系标样。测定了青稞、木薯、红薯干等新型非常规饲料原料的养分含量。研究发现了影响饲料有效养分含量的关键化学组分及其组合效应，建立了玉米、玉米蛋白粉、玉米胚芽粕、豆粕、小麦、麦麸、次粉、葵花粕、花生粕、菜籽粕、棉籽粕和米糠基于化学分析值的消化能、代谢能和标准回肠可消化氨基酸的数学估测方程，为猪配合饲料的实时测料配方奠定了基础。研究建立了仿生酶法测定主要猪饲料原料、配合饲料消化能和代谢能的技术体系。研究日粮淀粉组成（主要是指直链淀粉与支链淀粉的比例）、纤维水平对养分利用率的影响，从而探讨了日粮总纤维、可溶性纤维、不溶性纤维的表观消化率与有效能的相关关系，为“饲料资源高效利用大数据平台”的建设和应用，为实施实时测料配方奠定了坚实的基础。

在饲料抗生素促生长剂问题的解决方面，研究了抗菌肽的杀菌机制及其在改善动物免疫功能和肠上皮功能中的作用及机理，探索了乳酸杆菌调节新生动物肠道优势菌群形成的作用，乳酸菌对新生和断奶动物免疫功能和肠道屏障功能的调节机制及其对肠道营养物质代谢的调控。开发了一系列微生物制剂、植物提取物和抗菌肽等潜在饲用抗生素替代产品，并研究了其配套使用技术。

在解决畜牧业的环境污染问题方面，通过沼气制取、有机肥生产等废弃物综合利用等措施处理畜禽粪污，采取种植和养殖相结合的方式充分利用畜禽养殖废弃物，促进畜禽粪便、污水等废弃物就地就近利用，减轻畜禽排泄物对环境的污染。

二、甘肃省草地农业与草食畜牧业科技发展现状与问题

（一）甘肃省草地农业与草食畜牧业概况

甘肃天然草地资源十分丰富，全省有天然草地 1 790. 42 万 hm^2，其中可利用面积 1 607. 16 万 hm^2。草地面积仅次于新疆、内蒙古、青海、西藏、四川，居全国第 6 位。天然草地主要分布在甘南高原、祁连山地及省境北部的荒漠、半荒漠沿线一带。这里不仅是全省少数民族居聚地区，也是甘肃的传统畜牧业生产基地。2013 年全省累计种草保留面积 282. 87 万 hm^2，其中，人工种草 159. 2 万 hm^2，改良种草 122. 47 万 hm^2，飞

播牧草 1.2 万 hm^2。农作物秸秆等饲草料资源量超过4 000万 t。发展草食畜牧业具有较为坚实的饲草资源基础。

甘肃地域辽阔，自然环境多种多样，经过长期的自然选择和人工选择，形成了各具特色的食草家畜种质资源，如位居我国五大良种黄牛之首的秦川牛及遗传性状丰富的高原牦牛、天祝白牦牛、甘肃高山细毛羊、欧拉羊等。近年来，在牛羊产业大县建设项目的带动下，通过对良种繁育体系建设的扶持，加大了早胜牛、甘南牦牛、兰州大尾羊、滩羊、陇东白绒山羊、绒山羊、藏羊等优良地方品种资源的保护力度，加快了河西肉牛、陇东肉牛和甘肃中部肉羊新品种选育的步伐。从澳大利亚进口肉用西门塔尔种牛、安格斯种牛、海福特牛，丰富了种牛群；培育高山型美利奴羊新类群，引进陶赛特羊、萨福克羊、特克塞尔羊、澳洲白羊等肉羊品种，初步建立了肉羊杂交生产体系，更加丰富了遗传资源。这些优良品种和特色品种为甘肃草地畜牧业发展提供了坚实的遗传资源基础。

（二）甘肃省“十二五”期间草地农业与草食畜牧业科技发展成效

1. 草产业发展取得新突破

2013 年全省人工种草面积达 159.2 万 hm^2，其中多年生牧草留床面积 135.2 万 hm^2，苜蓿留床面积 65 万 hm^2，已形成自产自用型、生态功能型、商品生产型 3 类饲草种植加工业。草产品加工企业发展到 70 多家，草产品加工能力 160 多万 t，标准化苜蓿商品草生产基地 4 万 hm^2。全省以河西永昌为核心的优质高档苜蓿草捆、中部以会宁为核心的草粉草颗粒、以安定区为核心的苜蓿全株玉米裹包青贮草等专业化基地格局基本形成，产品销往全国各地，市场占有量达 80%左右，有力地支撑了甘肃乃至全国奶业和草食畜牧业的发展。

2. 草原建设成效显著

一是全面落实国家草原生态保护补奖政策。甘肃自 2011 年以来划定基本草原面积 1 780万 hm^2，落实草原承包面积1 600万 hm^2，实施禁牧草原面积 667 万 hm^2，草畜平衡 940 万 hm^2，累计完成减畜 225 万个羊单位，核实牧草良种补贴面积 96 万 hm^2，人工种草更新改造 30.8 万 hm^2，兑现到户补助奖励资金 34 亿元。二是稳步推进退牧还草工程建设。甘肃从 2003 年起落实国家实施的退牧还草工程，在全省 23 个县（市、场）累计完成退牧还草围栏建设任务 702 万 hm^2，其中禁牧 245 万 hm^2、休牧 430 万 hm^2、划区轮牧 27 万 hm^2；完成补播改良草地 176 万 hm^2，建设人工饲草地 1.93 万 hm^2，舍饲棚圈 9 000 户。这有效地改善了牧区基础设施条件，为草原牧区畜牧业转型发展提供了重要的物质保障。

3. 牛、羊产业发展增速明显

牛羊生产发展总体保持健康、快速、稳定发展，推进产业转型升级、提质增效。规模化、标准化、产业化、组织化程度大幅提高，综合生产能力显著增强，初步实现以草食畜牧业为主体的牧业强省建设目标。2015 年，全省草食畜牧业增加值达到 195 亿元；全省牛饲养量、存栏量和出栏量分别达到 716.4 万头、525 万头和 191.4 万头，比 2012 年分别增长 8.3%、7.4%和 10.9%；羊饲养量、存栏量和出栏量分别达到 3 402.4 万只、2 136.7 万只和 1 265.7 万只，比 2012 年分别增长 12.7%、10.6%和 16.4%；牛肉、羊肉和奶类产量分别以 4.5%、6.8%和 6%的速度递增，2015 年牛肉、羊肉和奶类产量分别达到 20.5 万 t、21 万 t 和 58 万 t，牛羊肉比重提高到 52%以上。肉牛、肉羊良种化程度达到 75%以上，牛羊出栏率分别由 35%和 56%提高到 40%和 75%。

4. 产业化程度提升

草食畜牧业产业化水平全面提高，全省各种形式的畜牧产业化组织达到 150 家，直接带动 2 000 个规模养殖场、10 万户规模养殖户。规模生产的畜产品产量占全省总产量的 50%以上。

5. 综合效益明显

牛羊肉精深加工量超过加工总量的 20%，农民人均养殖牛羊纯收入 800 元以上。牛羊产业提升带动相关产业发展，不仅直接或间接为 300 万人创造就业机会，而且带动农村产业结构调整，推动草畜业实现良性循环和可持续发展。

6. 甘肃省草地农业与草食畜牧业科技需求态势及支撑作用

全国基础母牛存栏量持续下降，肉牛养殖向西部转移明显。全国肉羊存栏量略有上升，出栏率、生产水平提高，农区牛羊规模养殖发展速度加快，产业化水平不断提高。甘肃牛羊存栏量、出栏量、产肉量持续增加，成为全国天然优质牛羊肉，特别是优质牛肉的重要生产地。

甘肃牛羊饲养量、存栏量连续 6 年以 6%的速度上升，特别是羊的饲养量上升速度更快。对比 2012 年出栏量，牛羊产业明显处在数量扩张阶段，肉羊饲养量扩张更加明显。可以预计今后 2~3 年全省的牛羊出栏量、产肉量将有一个跨越式提升。与全国相比，甘肃现代草食畜牧业发展速度明显加快，生产水平、产业品质提高。

牛羊肉消费市场进一步分化、消费升级明显，牛羊产业价值链继续细化。我国城镇高收入人群牛羊肉消费显著提高，对优质牛羊肉需求持续上升，农村居民羊肉消费量持续增加。从 2010 年至今，羊肉价格每年平均提高 11%，牛肉价格每年平均提高 27%。牛羊肉消费市场的进一步发育和深度分化，需要草食畜牧业全产业链开发，提高产业效率和品质。

饲料价格上升，特别是玉米、豆粕等能量、蛋白质饲料价格上升更快。与 2010 年相比，饲养成本上升 30%。农区舍饲牛羊养殖成为我国牛羊产业的主体，秸秆利用和饲料化成为草食畜牧业可持续发展的基础。秸秆的饲料化、品质化技术需要突破。牛羊良种配套高效繁育技术的应用集成是发展现代草食畜牧业的关键。

（三）甘肃省草地农业与草食畜牧业科技发展面临的挑战

1. 天然草地生产水平低，区域差异较大

甘肃现有可利用草地面积 1 604.00 万 hm^2，理论载畜量 1 384 万个羊单位，实际承载能力仅为 1.16 hm^2可养 1 个羊单位，不足新西兰每公顷可养 10~15 只羊或 3 头奶羊

的1/10。甘肃草地生产力水平在全国居中下等水平，而且省内不同区域间天然草地生产能力差异较大。甘南藏族自治州（简称甘南）、陇南、武威等地的天然草地生产力水平较高，饲养1个羊单位家畜所需天然草地分别为0.73 hm^2、0.75 hm^2、0.42 hm^2；兰州、金昌、白银、酒泉、临夏回族自治州（简称临夏）等地天然草地生产力水平较低，饲养1个羊单位家畜所需天然草地分别为2.03 hm^2、2.03 hm^2、2.49 hm^2、2.53 hm^2、2.43 hm^2。

2. 天然草原利用过度，草地退化严重

气候干旱、过度放牧造成严重的草地退化。目前全省草场退化面积713万 km^2，并且每年以10万 hm^2的速度递增，其中重度草原退化面积223万 km^2，中度退化面积197万 km^2，轻度退化面积293万 km^2。气候干旱少雨，沙暴频繁，蒸发量较大，鼠害猖獗，加之人为过度放牧，使原本十分脆弱的草地生态植被遭到破坏，草原区基质松散、质地较粗的地段形成干旱贫瘠的沙地，一些优质牧草因沙漠东移而埋没。甘南高寒草甸地区则表现为"黑土滩"型退化；陇东和祁连山区的部分草地植被稀疏、毒草滋生、水土流失严重；河西走廊荒漠植被破坏，土地沙漠化、盐碱化严重。草原退化不仅阻碍了畜牧业的发展，而且造成生态环境的急剧恶化，影响国民经济的发展和人民生活质量的提高。

3. 草地生态人为破坏严重

由于长期对草原资源的掠夺式经营，加之草原保护投资及措施不力，甘肃半农半牧区、中部干旱地区、高寒阴湿地区开垦毁草面积约14.45万 hm^2。河西荒漠草原区樵采破坏严重，每年因挖灌木破坏草场6万 hm^2左右；以定西为代表的中部干旱地区以及高寒阴湿地区，长期以来靠铲草皮、挖草层、烧山灰解决"三料"（饲料、燃料、肥料）问题，每年因挖草皮而破坏的草地就达28.45万 hm^2；另外因挖药材和搂发菜而破坏的草原约有6.67万 hm^2。目前随着草地保护力度的加大和人们生态环保意识的增强，对草地的破坏程度虽有所减轻，但由此造成的损失在一个相当长的时期内很难弥补。

4. 独特畜种资源面临生存威胁

河曲马、藏羊、蕨麻猪、山丹马和白牦牛等都是适应一定草地特殊环境的独特畜种资源，高寒草地是唯一的高寒生物种质资源库，从基因、细胞、个体或生态系统各个层次，均能为人类提供有价值的野生、家养生物种质和遗传基因材料。由于滥捕乱杀和滥采乱樵，以及草地的不合理利用，优良牧草减少，毒草增加，这些特有畜种的生存面临很大的威胁。

5. 家畜品种退化，个体生产力降低

在长期传统游牧经营方式下，对草地缺乏有效的保护和管理，片面追求牲畜存栏量，超载过牧现象普遍存在，导致草地退化问题严重，影响到家畜品种的退化，个体生产性能降低。据调查，20世纪60年代至70年代牦牛平均胴体重约105 kg，藏羊平均胴体重约28 kg，到20世纪80年代牦牛平均胴体重为96 kg左右，藏羊平均胴体重约25 kg，20世纪90年代牦牛平均胴体重下降到86 kg，藏羊平均胴体重下降到23 kg左右。

6. 品种老化，饲养水平低，生产能力低下

甘肃养殖的草食畜品种老化，饲养水平不高，造成生产能力低下，牛、羊出栏率低

于全国平均水平，畜禽良种化程度和个体产出水平也远远低于全国平均水平，表现在出栏率、胴体重不高、产奶量低等方面。以奶牛单产为例，2012 年甘肃成年母牛平均单产3 800 kg，而世界平均水平为6 000 kg，只有世界水平的 2/3，比全国平均水平低 700 kg。

7. 良种繁育体系不完善、杂交体系不健全

甘肃草食畜牧业良种繁育体系建设虽然取得了一定的成绩，但与草食畜牧业发达地区比较，离现代草食畜牧业发展的要求还存在一定差距，主要表现为体系建设还不完善，没有形成“金字塔”形良种繁育体系，且目前存在的种畜场制种机制不完善，制种供种能力不高，从事草食动物良种繁育的人员不固定，技术人员有待提高技术水平和业务素质，地位待遇偏低，重视程度不够。

目前全省草食畜牧业发展中还没有专门化的自主知识产权的牛羊良种，畜种改良所需的种源主要依赖进口，而主管部门对草食动物良种引进缺乏计划指导和统筹安排。引进种畜的繁育利用主要以引种单位或个人自行利用为主，尚未形成有计划的草食畜牧业产业化发展的分级分层良种繁育体系和杂交改良体系，未形成有计划的多元杂交体系。

8. 饲养管理粗放

虽然在政府大力倡导下甘肃草食畜牧业发展取得了显著的成效，建设了一批养殖小区、规模化养殖场、家庭牧场等，但是粗放的饲养管理局面依然存在，先进实用技术的推广应用率仍然很低，主要表现为疫病防控体系不健全、从业人员科技素质低、饲草料没有配合化利用、营养调控不科学。

9. 科技投入不足

甘肃畜牧业科研投入增长缓慢，科技投入水平低下，与发达国家相差 10 倍以上。育种投资小，服务体系不健全，科研和推广防疫的经费不足，主要养殖技术的推广力度差。

10. 龙头企业数量少、规模小，带动能力不足

甘肃畜牧业缺乏大型的龙头企业，现有的企业生产规模较小，初级产品多，深加工产品少，产业链条短。尤其是省级以下牧业龙头企业受技术、管理、信息等多种因素的影响，普遍规模小、效益低、工艺落后，产品档次低，市场竞争力差。畜产品加工龙头企业数量少，辐射带动力不强。

11. 牛羊饲养规模小和养殖集约化程度低

农区畜牧业生产仍然以农户分散饲养为主，规模经营所占的比重仍比较小，单产水平低，经济效益不高，既难以满足市场需求，也无法确保畜产品安全，同时增加了防疫工作的难度，而且现代化养殖技术的应用和推广受到限制。

12. 畜牧业基础设施建设滞后

畜牧业基础设施建设滞后，装备水平不高，动物防疫和环保设施建设不配套，动物防疫检疫和产品质量监测体系薄弱。牧区的水利建设几乎为空白，设施畜牧业发展才刚刚起步，牲畜暖棚、饲草料基地、畜种改良、疫病防治等基础设施建设严重滞后，畜牧

业仍处于“靠天养畜”的被动境地，畜牧业抗御自然灾害的能力不强，承受的自然风险和市场风险较大。

三、甘肃省草地农业与草食畜牧业科技发展思路、目标及重点

（一）基本思路与发展目标

1. 基本思路

以科学发展观统揽全局，以加强草食畜牧业综合生产能力、推进产业结构调整和生态环境建设为契机，以国内国际两种资源、两个市场为依托，以农民增收为目标，以特色化、区域化、规模化、优质化、科技化发展为方向，提高全省草食畜牧业规模化生产经营水平、适龄母畜比例、良种生产与供应能力、饲草料科学加工利用水平、畜产品加工能力和质量检测水平，全力推动草食畜牧业向现代化方向迈进，努力促进农民收入持续增长。全面实施科技兴牧战略，加快草食畜牧业经济增长方式向内涵效益型转变和集约化、现代化发展步伐。转变牧区、农区及半农半牧区发展方式，努力扩大饲养规模和提高出栏率。实施以优取胜战略，打造知名品牌，把市场和效益做大做优，使牛羊产业的发展步入生态、社会、经济效益兼顾的可持续发展的良性循环轨道。

2. 发展目标

草食畜牧业主要突出在“量和强”字上，即通过提速、进位、提高，把优势草食畜牧产业的综合效益做强。利用两年打基础，三年初见成效，初步实现以草食畜牧业为主体的牧业强省建设目标。2015 年，全省畜牧业增加值达到 295 亿元，草食畜牧业比重达到 60%以上。当时制定的 2015 年发展目标如下。

（1）生产规模扩张　全省牛羊饲养量6 829万头（只），其中，羊存栏达到3 468万只，出栏2 400万只；牛存栏 700 万头（含奶牛存栏 37 万头），出栏 261 万头。2015 年末，全省牛出栏净增 109 万头；羊出栏净增1 423万只。

（2）产品产量增加　牛肉、羊肉和奶类增长率分别以 11%、15%和 8.6%的速度递增，2015 年牛肉、羊肉和奶类产量分别达到 29 万 t、38 万 t 和 61 万 t。肉类结构比例进一步优化，牛羊肉比重提高到 52%以上。

（3）产出水平提高　肉牛、肉羊良种化程度达到 75%以上，在稳定发展数量的基础上，确保牛羊出栏和产出水平大幅度提高，饲养周期普遍缩短。到 2015 年，全省牛羊出栏率分别由现在的 34%和 62%提高到 37%和 89%。

（4）产业化程度提升　草食畜牧业产业化水平全面提高，全省各种形式的畜牧产业化组织达到 150 家，直接带动农户 20 万户，规模养殖场（小区）2 000个，规模养殖户 10 万户。规模生产的畜产品产量占全省羊肉总量的 50%以上。

（5）综合效益明显　牛羊肉精深加工量超过总产量的 20%，活牛、活羊及牛羊肉

成为出口创汇的亮点，农民人均养殖牛羊收入400元以上。牛羊产业的提升带动相关产业的发展，不仅直接或间接为300万人创造就业机会，而且带动农村产业结构调整，推动草畜业实现良性循环的可持续发展。

（6）争创品牌，扩大出口　以发展产业化经营为突破口，在重点优势区域内实行规模化生产、标准化管理，主攻品种改良、产品质量分级、产品安全与卫生质量等关键环节，力争在几年内建成一批具有较强国际竞争力的龙头企业和知名品牌，扩大出口量。

（二）建设重点

1. 继续加强草食畜牧业基础设施建设

畜牧业基础设施要重点加强以下工作。一是畜牧业产前和产后的技术和信息服务体系建设，重点加强牛羊良种繁育体系、动物疫病防治体系和畜牧业信息化体系等方面的建设。二是畜产品生产基地建设，优先建设优质奶基地和畜产品出口基地。三是加快牛羊肉生产，突出奶类生产。大力发展牛羊肉生产，加快肉牛和肉羊品种改良，提高优质产品比重。突出发展奶类生产，在不断增加养殖数量的同时，加强品种的改良，建立优质奶源基地，提高整体产奶水平。

2. 加快牛羊产业生产方式转变

5年内新建规模养殖户、标准化养殖小区和工厂化养殖企业15万户、2 240个和245个，其中：新增肉羊规模养殖户11.5万户、养殖小区1 680个、养殖场105个；新增肉牛规模养殖户3.5万户、养殖小区420个、养殖场70个；新增奶牛养殖小区140个、养殖场70个。全省牛、羊规模化养殖比重分别达到46%和66%。

3. 加快牛羊品种改良步伐

以牛羊饲养集中的县区为重点，在饲养黄牛3 000头以上、肉羊1万只以上的乡镇配套建设牛羊人工授精站点1处，每站人工授精授配黄牛1 000头以上、肉羊3 000只以上。5年全省共建设牛冻配改良站点2 161个（新增861个、配套完善1 300个），冻配率由30%增加到47%；建设羊常温人工授精站点1 000个，人工授精及良种肉羊本交授配率达到70%；牛羊良种化程度分别达到70%和75%。

4. 建立健全牛羊良种繁育体系

积极争取国家和省级立项，在有基础的酒泉、张掖、白银、定西、临夏配套新建原种肉羊场5个，改（扩）建肉用种羊扩繁场10个，每年向社会提供良种肉羊13 000只；在兰州、酒泉、张掖、天水等奶牛主产区，争取配套建设良种奶牛扩繁场5个，每年向社会提供良种奶牛3 000头。

5. 加大草业开发与秸秆利用力度

每年种植紫花苜蓿、红豆草、饲用玉米等优良牧草100万亩（1亩≈667 m^2），其中，河西地区种植30万亩，其他市州种植70万亩。加大秸秆青贮、氨化等加工技术利用力度，使全省年秸秆加工总量达到600万t，加工利用率50%以上，其中，15个肉牛产业大县和20个肉羊产业大县加工利用率达到60%以上，其他地区加工利用率达到45%以上。

（三）主要内容

1. 甘肃省牛羊良种配套高效繁育技术

围绕甘肃天然优质牛羊肉生产，依据甘肃牛羊种质特性与环境匹配原则和甘肃草食畜生产体系特点，研究和建立具有鲜明甘肃地域特点的牛羊良种配套、高效繁育体系，促进高效、优质、生态循环生产体系和牛羊产业的可持续发展。

（1）甘肃牛羊生产体系　根据甘肃牛羊生产的区域、畜种、饲草料资源以及社会经济发展状况，甘肃牛羊生产体系可分为3类：一是农区专门化牛羊生产体系；二是农户舍饲混合牛羊生产体系；三是甘南、祁连山高寒草原放牧牛羊专门化生产体系。

（2）甘肃肉羊良种配套高效繁育技术　根据甘肃纯天然优质牛羊肉产品生产需要和草食畜生产体系特征、以高效优质为目标，以良种配套、杂交发育为技术手段，甘肃肉羊良种配套、高效繁育模式如下。

①农区专门化肉羊生产体系。

高繁殖率基础母羊选育：利用小尾寒羊、湖羊与地方绵羊杂交，选育高繁殖率基础母羊。

肉羊经济杂交终端父本：特克塞尔、萨福克、陶塞特。

良种配套杂交模式：二元杂交（图2-16）。

生产技术：同期发情与人工授精、早期断奶、品质育肥技术。

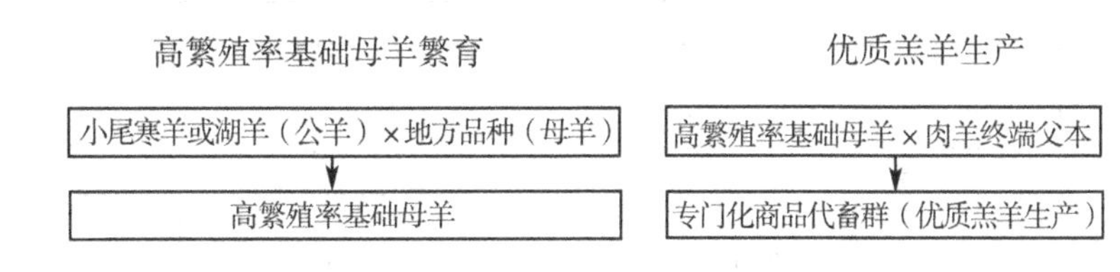

图2-16　农区专门化肉羊二元杂交模式

②家庭牧场舍饲混合肉羊生产体系。

高繁殖率基础母羊：购买或利用小尾寒羊、湖羊与地方绵羊杂交生产。

肉羊经济杂交终端父本：特克塞尔、萨福克、无角陶塞特等。

肉羊配套杂交模式：二元杂交（图2-17）。

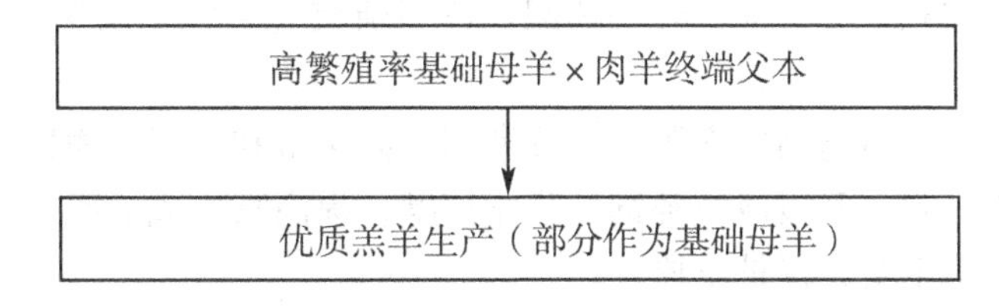

图2-17　家庭牧场舍饲混合肉羊二元杂交模式

③甘南、祁连山高寒草原放牧羊专门化生产体系。

本品种选育：建立核心畜群，开展选配，品系杂交。

异地养殖育肥：充分利用牧区家畜和农区作物秸秆资源优势，开展异地养殖及品质育肥。

草畜平衡：以草定畜，保护草原。

(3) 甘肃肉牛良种配套高效繁育技术

①农区专门化肉牛生产体系。

基础母牛：河西西门塔尔及其杂种、陇东早胜牛及其杂种。

杂交父本：安格斯、西门塔尔、夏洛莱、利木赞、南德温、海福特等。

肉牛良种配套杂交模式：二元轮回杂交或三元轮回杂交（图2-18、图2-19）。

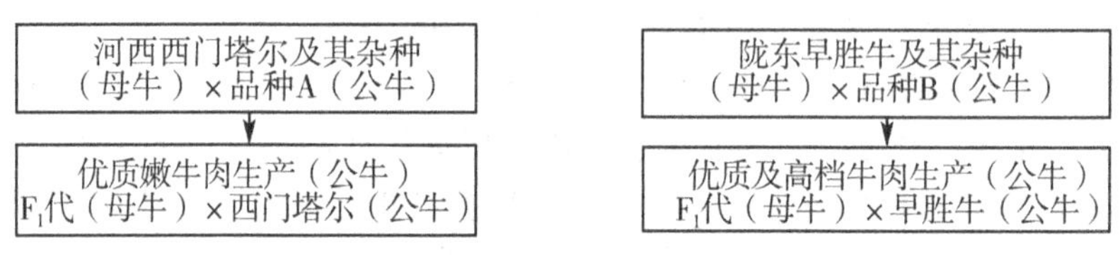

注：品种A为安格斯、夏洛莱或利木赞，品种B为安格斯、南德温或海福特。

图2-18　农区专门化肉牛二元轮回杂交生产模式

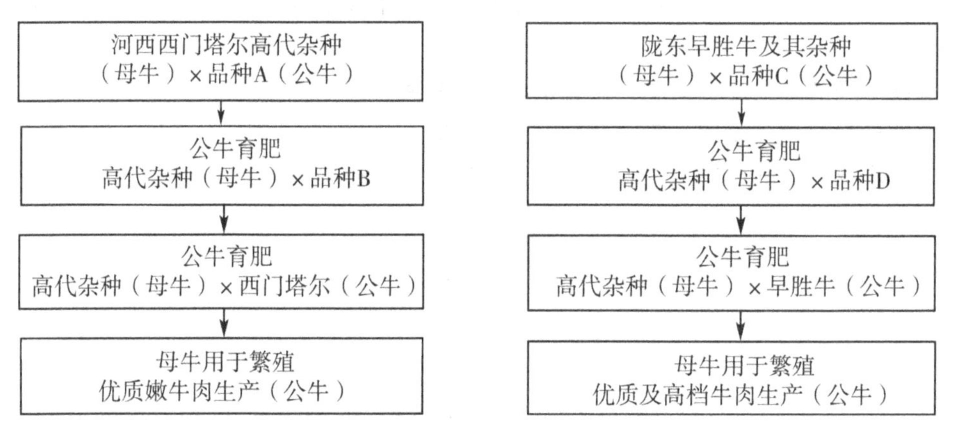

注：品种A为安格斯、夏洛莱或利木赞之一，品种B为除已使用的A品种外的其他两个品种之一，品种C为安格斯、南德温或海福特之一，品种D为除已使用的C品种外的其他两个品种之一。

图2-19　农区专门化肉牛三元轮回杂交生产模式

②甘南、祁连山草原放牧牦牛专门化生产体系。

本品种选育：建立核心畜群，开展选配，适当杂交（野牦牛及犏牛生产），提高放牧牦牛生产性能。

冷季补饲、异地养殖与品质育肥：充分利用牧区家畜和农区作物秸秆资源优势，开展异地养殖及品质育肥。开展冷季补饲，防止掉膘，提高犊牛成活率。

草畜平衡：以草定畜，保护草原。

2. 草食畜营养与农区秸秆资源利用和饲料化技术

农区是甘肃草畜产业的主体，秸秆的高效利用和饲料化是现代草食畜牧业高效、优质、生态和可持续发展的关键。

(1) 秸秆饲料化技术

①甘肃秸秆资源。

甘肃秸秆饲料丰富，饲草料资源优势明显（表 2-1），是发展现代草食畜牧业和循环农业的坚实基础。

表 2-1 甘肃农作物秸秆产量（风干）

秸秆种类	2008 年		2012 年	
	产量（万 t）	比重（%）	产量（万 t）	比重（%）
农作物秸秆总量	1 630.00	100.00	1 900.00	100.00
玉米秸秆	780.00	48.00	1 100.00	58.00
小麦秸秆	408.00	25.00	388.00	20.00
其他农作物秸秆	442.00	27.00	412.00	22.00

秸秆饲料化技术以提高消化率、改善营养品质为目的，使秸秆饲料为牛羊育肥提供更多净能需要，减少谷物用量，降低育肥成本，发展节粮畜牧业。粗饲料净能计算公式如下：

粗饲料净能=采食量×消化率×利用效率

②玉米秸秆饲料化技术。

全贮：玉米秸秆带穗青贮。

黄贮：玉米收获籽实后的秸秆青贮。

玉米秸秆饲料化技术要点：选择粮饲兼用玉米品种，确定种植、收获最佳时期，保证秸秆的适当粉碎长度和青贮窖填充速度，确保压实和密封。通过添加促发酵乳酸菌及有机盐，进行发酵及发酵微生态系统调控（图 2-20）。

玉米秸秆饲料化技术标准：选择早熟、粮饲兼用玉米品种；种植密度 4 000~4 500 株/亩；填充速度≤3 d；装填密度≥550 kg/m^3；发酵时间 21 d；青贮 pH 3.70~4.20；乳酸 6.00%~10.00%。

调控微生态系统的目标是控制青贮发酵可能产生异变，促进同质、厌氧乳酸发酵。

主要措施：添加青贮发酵促进素宜生贮宝（sila-max）和宜生贮康（sila-mix）。

青干草加工技术标准：甘肃优质牧草主要包括苜蓿、燕麦。青干草保存加工的关键是最大化保存其净能、粗蛋白质，降低干物质损失。甘肃农业大学草食畜技术研究团队的成果表明，保存加工的主要技术手段是添加生物有机盐。

玉米秸秆青贮饲料营养指标见表 2-2。

表 2-2 玉米秸秆青贮饲料营养指标

类别	消化率（%）	粗蛋白质（%）	中性洗涤纤维（%）	酸性洗涤纤维（%）	泌乳净能（Mcal/kg）	生长净能（Mcal/kg）
全贮	≥75	≥8.5	≤41.00	≤22.00	≥1.30	≥1.00
黄贮	≥65	≥7.00	≤45.00	≤28.00	≥0.90	≥0.80

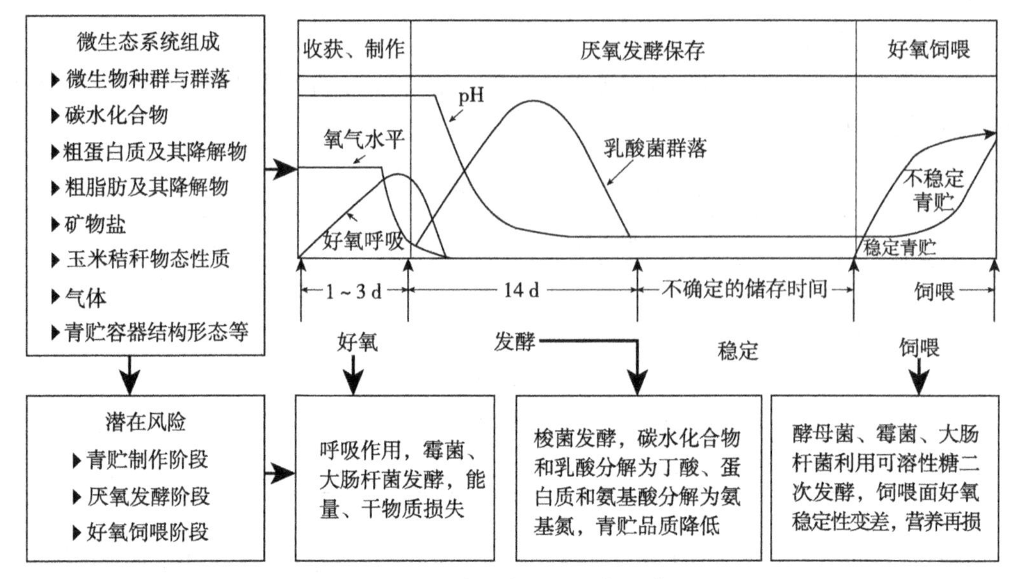

图 2-20　青贮发酵微生态系统

饲料化玉米秸秆利用效果：饲料化秸秆提供70%以上的牛羊生长和育肥所需能量（表2-3），减少谷物用量和饲养成本。

表 2-3　不同秸秆饲料育肥牛效果

秸秆饲料	消化率（%）	提供肉牛育肥能量需求（%）	年育肥效益（元/头）
青贮	≥60	≥70	2 000
风干秸秆	≤45	≤35	0

（2）维生素、矿物质添加剂饲料配置与添加技术　牛羊品质育肥的关键是高效、安全、优质。维生素、矿物质添加剂是牛羊生长发育的必需功能性营养素。在舍饲养殖条件下，添加剂的提供和配置技术尤为重要。

添加剂饲料配置技术：一是矿物元素添加剂，根据不同牛羊产区矿物质含量和组成状况，定性、定量添加特定矿物质，保证牛羊健康养殖和品质育肥；二是维生素添加剂，反刍家畜能够合成大多数的维生素，但是，维生素A、维生素E、维生素D等必须要通过添加提供，才能保证其生理需求。

添加剂提供的方式：营养添砖、专用添加剂预混料。

3. 牛羊精准管理和品质育肥技术

甘肃牛羊肉产品品质特征是“纯天然、优质”。

（1）甘肃牛肉（地域品牌）

①牛肉品质分类。

河西天然优质嫩牛肉，陇东天然优质肥牛肉，纯天然、优质、牧养牦牛肉。

②生产指标。

河西肉牛日重1.3 kg，出栏体重650 kg，出栏年龄24月龄，屠宰率60%。陇东肉牛日增重1.0 kg，出栏体重550 kg，出栏年龄24月龄，屠宰率58%。甘南牦牛出栏年龄48月龄以内。

河西、陇东肉牛育肥技术：全过程、阶段式品质育肥、牛羊全价日粮最低成本、最佳效益数字化配方和牛羊精准管理技术。

③甘南牦牛生产技术。

冬春季补饲，专门化生产。

（2）甘肃羊肉

①羊肉品质分类。

优质羔羊肉，优质肥羊肉，纯天然、牧养肥羊肉。

②生产指标。

天然优质羔羊肉：以农区舍饲，杂交繁育，集中育肥为生产方式，羔羊育肥日增重200 g，育肥期6~8月龄，出栏体重40~50 kg，屠宰率55%。

天然优质肥羊肉：以农户舍饲，杂交繁育，零散育肥，集中销售为生产方式，肉羊日增重150 g，育肥期12月龄以上，出栏体重50~60 kg，屠宰率53%。

纯天然、牧养肥羊肉：以放牧为主，集中繁殖、冬春补饲为主要生产方式，日增重100 g，出栏体重50~60 kg，屠宰率53%。

4. 健康养殖、动物福利技术

现代草食畜牧业的健康发展要有有效的防疫体系作为保障，产品的安全和优质必须采用健康养殖和动物福利技术。

（1）防疫体系及技术保障体系　主要包括传染病普查登记、预警体系；疫苗研发、生产、保存、销毁管理体系；疫苗配送和冷链体系、冷链系统实时监测体系；防疫效价监测和补防体系；机构和能力建设体系。

（2）牛羊健康养殖、动物福利技术　设施标准和规范化；环境控制与动物福利；疾病防治和健康养殖。

（四）区域布局

1. 在全省范围内把草食畜牧业作为战略性主导产业来培育，分区域推进

（1）农区及农牧交错区　重点要充分发挥退耕还草、荒山种草、耕地种草、农作物秸秆和劳动力资源丰富的优势，推动整村、整乡种草养畜，实现草畜就地转化，积极发展节粮型畜牧业，提高养殖数量和规模化、集约化饲养水平，在“量”字上做文章。通过小额信贷、财政贴息等方式，引导有条件的地方发展养殖小区。要加快舍饲圈养，稳定增加存栏量，通过冻配改良、胚胎移植等措施，提高良种率，配套育肥技术，增加

出栏，提高质量和综合生产水平，建立健全肉牛、奶牛、肉羊良种繁育体系和产加销一体化的经营体系。

（2）牧区　重点要加快推行退牧还草、围栏放牧、轮牧休牧等生产方式，搞好饲草料地建设，加强草原保护力度，提高草场产出水平；推进牧区舍饲养殖，加快暖棚建设，优化畜群结构，加强畜种改良与培育，扩大优良种群的数量，加快畜群周转，推进牧区繁育、农区育肥的生产模式，减轻草原过牧压力，促进草原畜牧业可持续发展。

（3）城市郊区　重点要以奶牛产业为主体，构建城郊畜牧业发展基本框架。奶牛产业，70%以上的要集中在社会经济条件优越、人口密集、对奶产品需求量大的城市郊区，采取“奶牛下乡，鲜奶进城”的办法，在城郊产粮区和青粗饲料资源丰富的远郊地区建立奶源基地，以鲜奶就近供应市场或生产干奶制品。要增加高产牛群比重，提高整体产出水平和奶源质量。

2. 要率先在重点区域把草食畜牧业作为区域性优势产业来突破，加快优势产业带建设

（1）肉羊产业　以中部、河西和甘南牧区为重点，实行集中连片开发，辐射带动全省各地。全省建成年存栏 100 万只、出栏 50 万只以上的肉羊产业强县区 10 个（金塔、民勤、凉州、永昌、甘州、会宁、肃州、环县、景泰、山丹）；年存栏 50 万只、出栏 30 万只以上的肉羊产业大县 10 个（夏河、肃南、天祝、玛曲、瓜州、东乡、碌曲、靖远、玉门、古浪）。20 个肉羊产业基地县区 2012 年出栏肉羊 1 382 万只，占全省出栏总量的 60%以上；其他县出栏肉羊 918 万只。

（2）肉牛产业　以陇东、河西、临夏、甘南为重点，在做好秦川牛、早胜牛、天祝白牦牛等优良地方品种（类群）保种的基础上，在农区建设年存栏 10 万头以上、出栏 5 万头以上的肉牛产业大县 15 个（凉州、甘州、肃州、灵台、崆峒、宁县、泾川、镇原、岷县、张家川、临泽、华亭、礼县、清水、武都）。15 个肉牛产业大县 2012 年出栏肉牛 113 万头，占全省出栏总量的 47%；其他县出栏肉牛 127 万头。甘南牧区建成年存栏牦牛 100 万头、出栏 30 万头的无公害肉牛生产基地。两类基地年出栏肉牛 105 万头，占全省出栏总量的 45%左右。

（3）奶产业　奶牛产业带、牦牛产业带建设齐抓。发展年饲养 6 000 头以上的奶牛养殖重点县区 10 个（肃州、甘州、临泽、七里河、红古、临洮、临夏县、西峰区、崆峒、合水），奶牛饲养量 15.5 万头，占全省总饲养量的 65%，产奶量占全省 70%以上；每县建设奶牛养殖小区 20 个，70%以上的奶牛实行集中饲养。采取引进和繁育结合，自然繁殖和胚胎移植结合的方式，扩大群体规模，提高产出水平，基地县成年母牛泌乳期个体产量突破 5 000 kg。牦牛产业带，以甘南藏族自治州为开发重点，通过对牦牛的提纯复壮、科学饲养和发展犏雌牛，不断提高牦牛产奶水平。

四、甘肃省草地农业与草食畜牧业科技创新体系建设与保障措施

（一）草食畜牧业科技创新团队及产业联盟建设

以甘肃农牧业科研最高机构甘肃省农业科学院为牵头组织单位，面向省内外、国际聚集草食畜牧业优秀科技人才，建立开放有序的甘肃草食畜牧业科技创新团队。团队的组成，是以集聚优秀人才为基础的，特别是要吸引国内、国际优秀科技人才加入创新团队，因此要建立吸引优秀人才的平台，向省外公开招聘研究骨干。科技创新团队成员由团队负责人自主聘用。根据团队具体情况，按需设岗，包括教授岗、副教授岗、高工岗等。按岗位需求，可向国内外公开招聘优秀人才到团队开展合作研究。所有创新团队成员享有对创新团队发展方向、科技创新目标和团队管理提出建议和意见的权利，有发表不同学术意见、开展学术批评的权利。涉及创新团队的科研方向、目标、任务以及创新团队的重大决定和措施，要向创新团队成员公开，并鼓励创新团队成员积极参与重大事项的基层过程。获得资助的研究群体，纳入相关人才计划支持范畴，在职务评聘、人才引进等方面给予相应政策支持。对团队成员不能履行职责或不能按质按量完成科研任务的，团队负责人有权与其解除聘任协议。

在科研方面，要与国内外一流科研单位和科学家广泛建立联系和合作。聘请国内外专家组成学术顾问委员会，对创新团队的研究方向、科研工作和学术成就提出意见和建议；开展联合研究课题、共建团队科研平台、学术研讨和交流、考察访问等科学活动，每年择优选派当年支持的创新团队成员赴国内外高水平大学访学；团队在资助期内至少应组织一次相关专业领域有一定规模和影响的国内或国际学术会议。

由科研院所、高校和畜牧业主管机构牵头，网络草食畜牧业生产企业、饲草料生产企业、畜产品加工企业、贸易机构、社会团体等结成互相协作和资源整合的合作模式，开展技术攻关，突破产业发展的核心关键技术，尤其是共性关键技术；搭建专业平台，有效整合并共享行业资源，促进成员间的互助、支持与合作，开发高品质、安全、无抗和健康畜产品，为实现联盟各成员共同推动行业健康发展创造条件，为更多消费者提供优质健康的畜产品；搭建服务平台，弘扬“时尚、绿色、优质、安全、环保”的时代发展健康理念，倡导无抗和健康养殖，推动优质、安全畜产品基地建设，带动全省草食畜牧业健康发展；搭建发展平台，倡导科学生产，传播先进管理方式，提高联盟成员生产管理水平；开展生产指导、技术培训等活动，切实提高联盟成员的生产技术水平；组织成员单位开展相关技术标准制定，推动知识产权共享；组织开展先进技术的示范应用，合作开拓国内外市场；组织开展对外技术合作和交流。

（二）依靠科技进步，提高草地生产力水平

草地畜牧业的发展不可能凭借扩大牲畜头数去提高收益，只能通过提高草地畜牧业

管理水平和大量推广应用草畜先进实用技术，才可能实现草地畜牧业的可持续发展。提高草地畜牧业管理水平，主要包括有计划地扩大草地建设和保护面积，积极建设高产人工草地和饲草饲料基地，开展围栏草地划区轮牧，调整畜种畜群结构，推广季节畜牧业和异地育肥。推广应用先进实用技术，主要是牧草栽培和家畜改良以及优良品种的引进，尤其要重视家畜个体生产性能的提高。

（三）利用现代科学技术手段，开展草原生态环境动态监测

草原资源与生态监测工作是全面获取草原保护状况与保护措施成效，核准草原实际承载状况，获取轮牧、休牧、禁牧制度实施状况与效果的有效手段，其监测结果是核定草原合理载畜量和开展草畜平衡工作的重要依据，也是开展轮牧、休牧、禁牧决策的重要依据。草原资源合理永续利用与农牧民生产、生活息息相关。草原资源与生态监测结果是合理安排农牧生产布局、进行产业结构调整的重要依据，对实现草原生态与经济双重利益，提高畜牧业效益和农牧民收入，实现全面、协调和可持续发展具有重要意义。

（四）控制牲畜头数，提高经营管理水平

为了有效地控制草地退化，要坚决控制非繁殖性牲畜的存栏头数，有效地抑制草地严重超载的势头。把以提高生产母畜比例，提高仔畜繁活率和降低成畜死亡率为中心内容的饲养管理水平的提高，建立在人工草地和划区轮牧基础上的饲草常年均衡供应，以当年羯羔育肥出栏为中心的季节性畜牧业的发展和优化畜种畜群结构作为提高畜牧业经营管理水平的主攻方向，通过试验示范进行普及推广。

（五）提高家畜生产转化效率，大力推行草地畜牧业的集约化生产经营方式

草地畜牧业的集约化生产经营方式，是在草地畜牧业生产流程的关键环节采用先进的技术手段和科学的管理方式，转变经营机制，实现草地畜牧业生产和经营的变革。集约化生产经营中，紧紧抓住家畜生产中能量转换效率不高的矛盾，完善良种繁育推广体系，充分发挥品种改良站和人工授精站的作用，加大畜种的引进和改良，发挥杂交优势，使家畜个体生产性能和群体生产能力的提高有明显突破。

（六）加强草食畜牧业基础设施建设力度

积极争取项目和资金，加强种牛场、种羊场、胚胎移植站、人工授精站等建设，健全牛羊良种繁育体系；加强动物疫病防治体系、畜牧产品质量安全检测体系和畜牧业信息化体系等方面的建设；加强各类畜产品基地建设；加强草原基础设施建设，为草食畜牧业的发展提供良好的基础条件。

（七）加大秸秆利用率和人工种草力度

在农区推广玉米秸秆青贮、麦草氨化、草粉发酵等技术，提高秸秆资源加工转化利用率。同时继续加强人工草地建设，种植紫花苜蓿、红豆草、饲用玉米等优良牧草。

（八）加大对科技的投入，提高服务水平

依托项目和专项资金，加大对牛羊育种、品种改良、高效饲养技术、配方饲料研究等的投入，充分发挥省内农牧大专院校、农牧科研院所的科技优势，积极开展畜牧、兽医、草原建设等方面的科学研究及攻关，解决草食畜牧业发展方面的技术“瓶颈”。稳定畜牧科技队伍，为他们搞好科技推广创造有利条件；加强各级服务组织和重点服务设施的建设，建立较为完善的生产销售、科技推广、信息反馈相配套的社会化服务体系。

（九）加大政策扶持力度，努力创造良好的发展环境

按照“产品有市场、龙头有基地、基地有资源、资源有潜力、科技有支撑”的要求，综合运用资金、项目、技术、土地、劳动力等生产要素促进和提升规模经营水平。一是要充分利用财政资金，有效利用银行信贷资金，鼓励加工企业兴办养殖小区或与规模养殖户、养殖小区（场）签订生产协议；积极引导企业吸纳社会资金和个人资金发展规模经营，创建高效、绿色、守信的产业链。同时，要鼓励有条件的养殖大户、养殖小区向规范化养殖场方向发展。二是要进一步落实中央和省上“农民增收、草食畜牧业增收行动”的政策措施，制定村镇规模经营建设规划，努力把养殖小区建设用地纳入土地利用总体规划，同时，要积极引导农民利用荒山、荒地和未利用土地发展规模养殖。三是要将养殖小区和养殖场粪便污水无害化处理设施建设纳入城市环保建设扶持范围，落实国家相关优惠政策，支持和引导养殖小区和企业投资建设粪便污水集中处理设施，积极发展清洁能源。四是要充分发挥畜牧养殖农民合作组织的协调、沟通能力，规范和组织标准化的规模生产经营模式，努力提高规模经营者的话语权和市场支配权，促进规模养殖的稳定健康发展。

（十）加快科技推广应用，努力转变增长方式

充分发挥省内农牧大专院校、科研院所的科技优势，积极开展畜牧、兽医、草原建设等方面的科学研究及攻关破题，解决草畜业发展方面的技术“瓶颈”；加快科研成果转化步伐，在奶（肉）牛和肉羊生产、加工、销售全过程有针对性地重点推广一批降本增效技术；加快实用性专业技术人才和管理人才的培养，建立多渠道、多层次、多形式的农牧民技术培训体系，不断提高畜牧技术人员和农牧民整体素质。积极探索新形势下做好服务体系建设和技术推广工作的新思路、新方式、新措施。一是大力推广肉牛人工授精、细管冻精配种和肉牛三元杂交改良、易地育肥、舍饲育肥和优质牧草养牛及牛肉加工等实用技术。二是采取滩羊、藏羊等地方品种自繁自育和引进专门化肉用品种杂交改良相结合的方式，通过推广人工授精、短期育肥等新技术，加快周转，提高出栏，提高单产。三是加强奶牛选配选育，良种良养，规模养殖场奶牛个体产量突破5 000 kg。四是注重配套建设养殖小区的防疫、消毒、隔离和无害化处理等设施，指导养殖小区和养殖场制定严格的动物防疫制度，把防疫要求贯穿到养殖生产的各个环节，提高疫病的控制和预防能力。

（十一）形成草食畜牧业的区域产业集群

以发展养牛业为重点，把龙头企业、养殖小区、专业村、规模户、养殖场建设作为重点，把草食畜养殖小区（场）与新农村建设、畜牧业结构调整和畜产品区域布局规划紧密结合起来，统一规划、标准化建设、规范化管理，真正实现专业化生产和规模化经营。

（十二）建立新型草食畜产品市场流通体系

牢固树立抓生产先抓流通，抓流通先抓市场，依靠市场促进生产发展的思想，大力培育和开拓草食畜产品市场。特别要规划和建设好县（区）草食畜产品市场、乡（镇）畜禽产品初级交易市场、畜产品专业市场，大力发展各种运销实体和贩运大户，鼓励农民发展各种形式的购销服务组织。

（十三）培育一批公司化的经营组织

按照“大规模、大带动，新技术、新产品、新机制，多种成分、多种经济组织并存”的要求，集中人力、物力、财力，高起点地抓好饲草料加工和畜产品加工龙头企业的建设，使之形成经营机制新、技术水平高、规模效益好、市场覆盖面广、带动能力强的经济组织。

（十四）开发一批草畜产业著名品牌

围绕“东乡羊肉”“靖远羊羔肉”“首曲牛羊肉”“平凉红牛”“陇东山羊”等名牌产品，充分发挥龙头企业的辐射带动作用，坚持建一个企业、创一个品牌、开发一个系列，实行由粗到精、由主产品到副产品、从正品到下脚料的深度加工和综合利用。

五、甘肃省天然优质牛羊肉产品标识与品牌化

甘肃天然优质牛羊肉是由特定生产体系和规范饲养规程保证的，其牛羊肉产品应该具有鲜明的地域特征和品质特点，要通过产地、营养和种质评价技术进行产品的标识，以促进甘肃天然优质牛羊肉地域品牌和产品品牌的形成、固化和提升。促进牛羊产业规范化、品牌化的发展。

（1）产品标识技术　牛羊肉生产体系标识、牛羊肉营养品质标识（脂肪酸、氨基酸）、肉牛种质标识。

（2）甘肃牛羊肉的品牌化策略　甘肃“天然、优质牛羊肉”就是甘肃草食畜牧业的地域品牌，要贯穿于甘肃牛羊产业的全产业链开发过程，使甘肃牛羊肉的地域品牌成为企业产品品牌的提升“电梯”。甘肃牛羊肉的地域品牌的品质决定了产品品牌的市场声誉和消费者对产品品牌的信任度、忠诚度，要坚持宣传，不断完善，大力弘扬，使之成为展示全省现代草食畜牧业软实力的载体。

第三章　甘肃省草食畜牧业的生态环境

一、甘肃省地理地貌

甘肃位于中国地理中心，地处黄河上游，地域辽阔。位于北纬 32°11′~42°57′、东经 92°13′~108°46′。东接陕西，东北与宁夏毗邻，南邻四川，西连青海、新疆，北靠内蒙古，并与蒙古人民共和国接壤。甘肃地貌复杂多样，山地、高原、平川、河谷、沙漠、戈壁，类型齐全，交错分布，地势自西南向东北倾斜。地形呈狭长状，东西长 1 655 km，南北宽 530 km，地貌形态复杂，大致可分为各具特色的 6 大地形区域：陇南山地、陇中黄土高原、甘南高原、河西走廊、祁连山地、河西走廊以北地带。

甘肃是个多山的省份，地形以山地、高原为主。最主要的山脉首推祁连山、乌鞘岭、六盘山，其次是阿尔金山、马鬃山、合黎山、龙首山、西倾山、子午岭山等，多数山脉属西北-东南走向。省内的森林资源多集中在这些山区，大多数河流都从这些山脉形成各自分流的源头。

二、甘肃省自然环境概况

甘肃简称甘或陇，位居中国西北内陆腹地，位于北纬 32°31′~42°57′，东经 92°13′~108°46′。东邻陕西，北接宁夏、内蒙古，并与蒙古人民共和国接壤，西连青海、新疆，南与四川毗邻。地处黄土高度、内蒙古高原和青藏高原的交会地带，地势自西南向东北倾斜，境内平均海拔 1 400 m 以上，相对高差 200~1 500 m。

甘肃地形复杂，气候千差万别。草场面积大、类型多样，家畜种类多，发展畜牧业历史悠久，是我国 6 大牧区之一。全省有 7 个牧业县，12 个半农半牧县，兼有纯牧区、半农半牧区、农区、城郊畜牧 4 种类型。现有天然草场 6 大类 19 个亚类，总面积 1 897 万 hm^2，占全省总面积的 35. 37%，是净耕地面积的 3. 31 倍，平均产鲜草 2 601 kg/hm^2，每百公顷草场载畜能力为 94. 05 个羊单位。天然草场的 99%以上属放牧利用。

全省分属 3 个流域 12 个水系，其中：内陆河流域有疏勒河、黑河、石洋河水系；黄河流域有湟水、洮河、泾河、北洛河、渭河、黄河干流及两侧小支流 6 个水系；长江流域有嘉陵江上游、白龙江（含白水江）、西汉水3个水系。全省自产多年平均径流量305.69亿m^3，其中黄河流域134.54亿m^3，长江流域107.9亿m^3，内陆河流域63.25亿m^3；入境水量303.47亿m^3。全省自产地下水资源量为169.49亿m^3。地下水中，与河川径流不重复部分为7.77亿m^3，计入入境水量后的地下水资源量为305.64亿m^3。水资源分布的基本特点是水资源贫乏，时空分布不均，部分地区水质差、难以利用，蒸发量远远大于降水量，水土流失严重，水土不匹配。

气候类型复杂多样，可划分为北亚热带、暖温带、中温带等气候类型。除高山阴湿地区外，大部分地区具有气候干燥，气温年差和日差较大，大陆性气候显著，光照充足，雨热同季，水热条件由东南向西北递减等气候特征，气候的地域差别大。

全省年日照时数1 700~3 300 h，年太阳总辐射量4 800~4 600 mJ/m^2，自西北向东南逐渐减少。河西走廊是甘肃太阳能最丰富的地区，陇南地区较为贫乏。

甘肃冬季寒冷，夏季温热，春秋气温多变，年差和日差较大。全省平均气温为0~14 ℃，年平均气温的分布趋势大致自东南向西北递减并随着地势增高而逐渐降低。陇南南部是甘肃最温暖的地区，年平均气温高达14 ℃以上；祁连山区和甘南高原是最冷的地区，年平均气温在4 ℃以下；其余各地为8~10 ℃。

甘肃大部分地区干旱少雨且蒸发量大，平均降水量40~800 mm，总的分布趋势是降水量由东南向西北递减，蒸发量由东南向西北增大。

甘肃地形复杂，山川交错，海拔大都在1 000 m以上。西有祁连山、西倾山、积石山，东有陇山和子午岭山，东南有秦岭，北有马鬃山、合黎山和龙首山。南北纬度跨度大，地势高亢，相对高差大，在3 000 m以上，东部受季风影响较强，各地气候差异明显，既有湿润、半湿润气候区，又有干旱、半干旱及高热气候区。各地土壤、植被、农作物种类随地区气候的垂直差异而呈明显的垂直分布。在长期的自然和人工选择下，绵羊的分布具有一定的垂直性。如在海拔1 500 m以下，多属干旱、半干旱地带，分布着耐旱品种——滩羊；在海拔2 000 m以上，一般为高寒气候区，分布着耐寒品种——藏羊。

地貌基本涵盖了山地、高原、河谷、平川、沙漠、戈壁等多种类型，并构成了独具特色的7大自然生态区域：陇南山地暖温带湿润区、陇中黄土高原温带半干旱区、陇东黄土高原温带半湿润区、祁连山东段高寒阴湿区、祁连山西段和河西走廊北部荒漠干旱区、河西走廊平原温带干旱区、甘南高原高寒湿润区。各自然生态区的环境特征见表3-1。

表3-1　甘肃自然生态环境概况

环境特征	甘南高原高寒湿润区	陇南山地暖温带湿润区	陇中黄土高原温带半干旱区	陇东黄土高原温带半湿润区	河西走廊平原温带干旱区	祁连山东段高寒阴湿区	祁连山西段和河西走廊北部荒漠干旱区	
							祁连山西段	河西走廊北部
地理位置	青藏高原东北边缘，甘肃西南部	甘肃东南部	甘肃中部	甘肃东部	甘肃西北部	河西走廊平原区南面，甘青两省交界的祁连山东段地区	祁连山西段	河西走廊北部

（续表）

环境特征	甘南高原高寒湿润区	陇南山地暖温带湿润区	陇中黄土高原温带半干旱区	陇东黄土高原温带半湿润区	河西走廊平原温带干旱区	祁连山东段高寒阴湿区	祁连山西段和河西走廊北部荒漠干旱区	
							祁连山西段	河西走廊北部
包括地区	玛曲、碌曲、夏河、迭部、卓尼、临潭、岷县	文县、康县、武都、宕昌、成县、天水市、西和、礼县、徽县、两当、张家川、周曲	静宁、庄浪、武山、甘谷、秦安、漳县渭远、靖远、会宁、通渭、陇西、临洮、康乐、永靖、和政、东乡、积石山、撒拉、永登、皋兰、榆中、兰州、白银	庆阳市、平凉市	敦煌、安西、玉门、金塔、酒泉、高台、临泽、张掖、山丹、民乐、武威、民勤、古浪、景泰、金昌、嘉峪关	天祝、肃南	哈萨克县、肃北县	肃北马鬃山区、肃南明华区；高台、临泽、张掖、山丹、金昌市的北部；民勤西北角
面积（万 km^2）	4.00	3.99	6.08	3.46	12.30	2.50	6.71	6.00
占全省面积比例（%）	9.39	9.37	14.28	8.13	28.89	5.87	15.76	14.09
草地类型	高山、亚高山草甸草场，草甸化草原草场，亚高山灌丛草甸，半荒漠草场和寒漠地带			干旱草场、丘陵坡地草场、森林草场		山地荒漠草场、山地干旱草原、森林草甸草原复合带、高山灌丛草甸、高山草甸、高山寒漠	荒漠、半荒漠、山地草原草场、亚高山草原草场、高山寒漠和荒漠	荒漠、半荒漠草原
牧草种类	沙草科的蒿草、苔草，禾本科的垂穗披碱草、鹅冠草						针茅、披碱草、赖草、苔草、蒿类	
海拔（m）	3 000 ~ 4 000	500~3 000	1 000~3 500	1 000~2 400	1 000~2 500	2 500~4 000	2 000~5 400	1 400~2 000
土壤类型	高山草甸土、高山草甸草原土	高原森林草地土壤、高山草甸土、山地褐色土、棕壤、褐色土		黑垆土、黄绵土、山地灰褐土、山地棕壤				

（续表）

环境特征	甘南高原高寒湿润区	陇南山地暖温带湿润区	陇中黄土高原温带半干旱区	陇东黄土高原温带半湿润区	河西走廊平原温带干旱区	祁连山东段高寒阴湿区	祁连山西段和河西走廊北部荒漠干旱区	
							祁连山西段	河西走廊北部
河流	洮河、大夏河、白龙江	白龙江、西汉水	洮河、渭河、大夏河	泾河				
主要气候类型	高寒湿润	温带湿润	温带半干旱	暖温带	温带干旱	温带半干旱、高寒湿润	高寒干旱	荒漠干旱
年降水量(mm)	500~780	400~950	200~650	400~650		385	70~150	100~200
年均温(℃)	1.4	7~15	3.4~10.4	7~10	5~9.3	-0.2	-3~2	3.1~7.9
无霜期(d)		180~285	120~210	140~190	130~170	93		128~150
年平均日照(h)			2 100~2 770	2 100~2 700	2 600~3 300	2 600		2 800~3 314
农作物种类	青稞、春小麦、燕麦、马铃薯、蚕豆、油菜	小麦、玉米、马铃薯、油菜、蚕桑	麦类、豆类、高粱、玉米、糜谷、荞麦、马铃薯、胡麻	冬小麦、玉米、高粱、糜子、谷子、马铃薯、胡麻、油菜	小麦、玉米、棉花、油料、甜菜、马铃薯	春小麦、青稞、燕麦、大麦、豌豆、马铃薯、油菜		

三、甘肃省畜牧气候资源

甘肃畜牧气候资源特点是过渡性，反映到生产上就是从农业到林业、牧业的过渡。

（一）畜牧业界限温度指标及其时空分布

1. 牧草生长季温度指标

天然草场往往由不同种类的牧草组成，各种牧草返青所需温度条件不一，当春季日平均气温≥0 ℃时开始萌动，随之进入返青期。因此，我们定义春季日平均气温≥0 ℃的开始日期为牧草生长开始期，秋季日平均气温≥0 ℃的结束日期为牧草生长终止期。

2. 牧草青草期温度指标

牧草青草期是指家畜能啃食青草的时期。此期是牧草进行光合作用制造有机物质形成初级生产量的时期，在畜牧业生产上具有重要意义。据研究，一般可把日平均气温≥5 ℃的初日、终日作为牧草青草期的开始期和终止期，而间隔日数就是牧草青草期天数。

3. 牧草枯黄期温度指标

日平均气温≥0 ℃终日以后，牧草开始逐渐变为枯黄。我们规定日平均气温≥0 ℃终日出现的日期为牧草枯黄始期。

4. 适宜放牧期的温度指标

所谓适宜放牧期是指放牧家畜不仅能吃青草，而且采食时不受过高温度影响的时期。据研究，日平均气温在≥8 ℃初日时，家畜可啃食青草，如果日平均气温≥20 ℃，家畜往往因天气太热而不愿在烈日下采食。因此，适宜放牧期天数为日平均气温≥8 ℃与≥20 ℃所经历日数之差值。

5. 家畜掉膘期温度指标

在终年放牧条件下的各类家畜，因冬季寒冷、缺草少料、营养贫乏往往需要消耗体内已贮存的营养物质用于维持一定的体温，致使家畜体重下降的一种现象，称之为掉膘。据研究，终年放牧的畜群，当日平均气温≤-5 ℃初日出现时，牲畜一般开始掉膘。家畜掉膘的终止日期，是在家畜可吃上青草不再消耗体内累积的养分以维持体温时才算结束。所以，家畜掉膘期为日平均气温≤-5 ℃初日到≥5 ℃初日之间的一段时期。

甘肃畜牧业界限温度时空分布如表 3-2 所示。

表 3-2　甘肃畜牧业界限温度初日、终日及其经历天数

地区	牧草生长季			牧草青草期			牧草枯黄始期（旬/月）	适宜放牧期天数（d）	掉膘期	
	初日（旬/月）	终日（旬/月）	天数（d）	初日（旬/月）	终日（旬/月）	天数（d）			始期（旬/月）	天数（d）
陇东	下/2—上/3	下/11	250~270	下/3—上/4	下/10	210~220	中/11—下/11	140~170	下/12	70~100
陇南	下/1—上/2	下/11	280~310	中/3—下/3	中/11—下/11	240~250	上/12—中/12	150~160	上/1—中/1	<70
陇中	下/3—中/3	中/11	240~250	上/4—中/4	下/10—上/11	190~210	中/11	130~160	上/12—中/12	100~120
甘南高原	下/3—上/4	中/10—下/10	190~210	中/5—下/5	中/9—下/9	120~150	中/11—下/11	60~100	下/11—上/12	150~180
河西走廊	中/3—下/3	上/11—中/11	230~250	上/4	中/10—下/10	190~220	上/11—中/11	110~150	上/12—中/12	100~130
祁连山区	上/4—中/4	中/10—下/11	170~210	下/4—上/5	下/9—上/10	130~160	下/10	100~130	下/11—上/12	140~180

（二）草场与气候

1. 甘肃省草场类型与气候

甘肃草场类型与气候见表 3-3。

表 3-3　甘肃草场类型与气候

项目	草原类草场	高寒草甸草场	疏林草场和灌木草丛草场	荒漠类草场	盐生草甸类草场
气候条件	半湿润易旱、半干旱气候	寒冷阴湿的气候	温和湿润的气候	干旱、极干旱气候	局部地形所造成的特定水、热条件
植物类型	中旱生、旱生草本植物（包括小灌木）群落			超旱生灌木、半灌木植被	禾本科和豆科牧草
年平均气温（℃）		2	2~5	4~12	4~10
年降水量（mm）		400~600	>400	<150	100~600
≥0 ℃积温（℃）		<2 500	2 000~3 000	2 500~4 500	2 500~3 500
放牧家畜	羊、马、牛、驴	牦牛、藏羊、马	羊、牛	骆驼、蒙古羊、哈萨克羊、山羊	羊

2. 季节性草场与气候

季节性草场的形成，除与地形、地势、植被、水文等诸因素有关外，还与全省季风性气候的基本特点——干冷、湿暖同季关系密切。甘肃季节性草场主要有两季草场、三季草场、全年放牧场。

3. 天然草场产量与气候

生态气候因子与牧草产量存在密切的关系。日照时数对天然牧草产量的影响随当地的气候条件和牧草所处生育时段而异。在寒温、湿润草场，牧草产量与当年 1—6 月日照时数呈正相关，与 1 月日照时数呈负相关，信度均达 0.1 以上；但在半干旱草场则主要为负相关。

在寒温型气候条件下，天然草场牧草产量与温度呈明显负相关趋势。究其原因，水分可能是影响牧草产量的主导因子。随着温度的增高，牧草对水分消耗所产生的负效应超过了对温度需求的正效应。

水分是影响天然草场牧草产量的主导因子，这种依赖关系在干旱、半干旱地区表现尤为突出。通过统计分析，天然草场产量不仅与年降水量的多少有关，还与降水的季节分配有关。6 月中下旬是影响产量的关键时段，该时段降水量>45 mm 为偏丰年，30~

45 mm 为平年，<30 mm 为偏欠年。

4. 牧草与气候

（1）不同牧草的主要生育期　甘肃气候差异较大，致使同一种类牧草生育期不一。不同牧草返青-成熟期为 100~210 d。

（2）不同牧草热量指标　红豆草返青至种子成熟经历 100~125 d，需≥0 ℃积温 1 300~1 600 ℃；紫花苜蓿为 110~150 d，需≥0 ℃积温 1 700~2 000 ℃；沙打旺为 175~210 d，需≥0 ℃积温 3 200~3 600 ℃；垂穗披碱草 128~153 d，需≥0 ℃积温 1 300~1 800 ℃。

（三）家畜与气候

1. 气候变化与草原畜牧业生产

草原畜牧业生产是自然界生物再生产的过程。牧草、家畜、环境条件三者是一个相互影响、相互作用的统一整体。天气、气候条件则是影响和制约牧草、家畜繁衍生息的不可缺少的生态环境条件。甘肃的草原畜牧业生产，受季风气候影响，形成了季节性草场和家畜膘情的周期性年变化。也就是说，这种干冷、暖湿的季风气候特点，不仅与牧草生长的春少、夏茂、秋黄、冬枯的节奏一致，也与家畜的夏壮、秋肥、冬瘦、春乏（死）现象相吻合。

不同的气候类型对家畜的自然分布、体尺、皮板、被毛、蹄质及繁衍生息等都有明显影响。分布在寒冷地区的家畜，体格大，具有皮板厚、被毛长而绒毛多、相对体表面积小的体形特征；而生长在暖湿地带的家畜，体格一般较小，具有四肢高、皮板较薄、毛稀、相对体表面积大的体形特征，以利散热降低体温。

2. 优良畜种的生态气候适应性

甘肃主要以蒙古、西藏两大系家畜居多。蒙古系家畜广泛分布在陇东、陇中和河西走廊；藏系家畜则分布在甘南高原、祁连山及其毗邻地区。

蒙古系家畜长期生活在温带大陆性气候区，牧草生长期短、枯草期长、冬季严寒又缺少补饲条件，因而形成了抗寒、耐热性均较强和增膘屯肥速度快的特点。

藏系家畜的形成和青藏高原（3 000 m 以上）的特殊地理环境紧密相关。高原气候寒冷，空气稀薄，使藏系家畜的生理机能、体质结构、外貌形态、被毛特性、生产性能和抗逆性等方面都有别于蒙古系家畜。

第四章　人工饲草种植技术

一、甘肃省牧草种植区划概况

牧草种植不是个简单的问题，它跟气候、土壤等自然条件有着密切的联系。盲目的种植、不科学的引种或在不适宜的区域盲目种植推广等都会给甘肃的生态建设带来损失，也不利于生态畜牧业的发展。因此，在进行人工牧草种植时应充分了解省内各地的气候、资源等自然状况，合理科学地进行区划。

甘肃地处青藏高原、蒙新高原和黄土高原的交会处，大部分属于干旱半干旱地区，气候条件复杂多样。土地资源差异很大，有黄土高原、青藏高原、沙漠绿洲、丘陵沟壑、戈壁、河谷等。特殊的地理条件决定了不同的草地类型，更决定了牧草资源的生物学、生态学特点和生产能力在空间上的分区差异。因此，根据甘肃自然条件、农业生产现状和牧草种、品种对外界生态条件的要求，以农业气候区为基础，结合牧草品种的生态分布的实际，确定出不同地区适于推广种植的种类，克服种植的盲目性，力争做到因地制宜，适地适种，实现品种合理布局。对栽培牧草进行区划，发挥牧草资源的生产潜力、推动牧草资源的合理利用和自然资源的生态平衡，促进生态畜牧业的持续发展。

根据甘肃草地类型的丰富性和自然条件的特殊多样性以及农业气候区划、牧草种及其对外界生态条件的要求，将甘肃的牧草栽培区域划分为河西走廊干旱及灌溉区、中部丘陵沟壑区及东部半湿润区、陇东黄土高原区、陇南湿润山区和高寒草原区及青藏高原区等5个牧草种植区域。

（一）河西走廊干旱及灌溉区

河西走廊灌溉区包括乌鞘岭以西广大地区。境内地势平坦，便于机械化耕作，土壤肥沃，灌溉便利，农作物产量高而稳定，是甘肃主要的商品粮基地。全境海拔1 000~1 500 m；年降水量由东向西递减，多集中在8—9月，最低-28.7 ℃，最高40 ℃。根据降水量和积温条件，又可进一步将河西走廊灌溉区划分为干旱荒漠区和灌溉农业区。

干旱荒漠区地处河西走廊，与腾格里沙漠和巴丹吉林沙漠毗邻，属中温带至暖温带极端干旱的荒漠半荒漠地带。大部分地区为戈壁和独特的沙漠绿洲，降水稀少，蒸发量大。安西、敦煌的降水量在 50 mm 以下，其他地区 100 ~ 200 mm。光热丰富，日照充足，年日照时间 2 800 h 以上，是全国太阳辐射能量最丰富的地区之一。土地沙化、碱化严重，水源短缺，补给缺乏，水质恶化。植被覆盖度极低，生态环境极其恶劣，是沙尘暴的多发区。土壤类型有荒漠沙土、流动风沙土、砾质戈壁灰棕漠土、棕钙土、棕漠土、灰灌漠土、灰棕漠土、潮土、栗钙土、盐化草甸土、林灌草甸土、碱化盐土、龟裂土、灌溉灰漠棕土、石膏灰漠棕土、盐化灌漠土等。

草地类型有冷湿干旱类、冷温微干类、微温干旱类、微温极干类、暖温极干类、寒冷干旱类、寒冷微干类、寒温干旱类、冷温极干类等。

行政范围包括嘉峪关市、酒泉市的大部分地区（除阿克塞哈萨克族自治县和肃北蒙古族自治县两县的南部山区）、张掖市的临泽和高台县、武威市的民勤县。

灌溉农业区属大陆性气候，地貌多为山平原，其中山区属于温寒半干旱区，川区属于温带干旱性气候，荒漠属于温带特干旱性气候。该区总体上气候干燥，地带性差异明显。可利用资源少，降水一般春季稀少，夏季集中，秋冬偏少。光热条件丰富，作物生长一季有余，两季不足。水资源能量大，是甘肃重要的农业区。该区土地类型有灰褐土、石灰性灰褐土、草甸灰钙土、灰漠土、栗钙土、灰钙土、草甸土、草甸盐土、林灌草甸土、灰灌漠土、潮土、耕灌淡栗钙土、淋溶灰褐土、黑钙土、石质土、沙田灰钙土等。

草地类型有微温极干类、微温干旱类、冷温微干类、冷温湿润类、微温微干类、微温微润类、微温湿润类、冷温潮湿类。

行政范围包括张掖市的肃州区以及山丹县北部，武威市的凉州区、武南区和古浪北部，金昌市，兰州地区的兰州市、皋兰县，白银地区的白银市、景泰县、靖远县，临夏回族自治州的永靖县。

河西走廊干旱及灌溉区除祁连山北麓一带地势高、雨量较多，尚可从事旱作耕作外，其余大部分地区气候干燥，雨量稀少，蒸发量大，只有灌溉才能从事农业生产。“无灌溉就无农业”，成了本区灌溉农业的特点。灌溉水源主要是祁连山雪水。作物基本上是一年一熟。部分地区地势低、温度高、水源充足，有间作套种的习惯。适于该区种植的牧草是紫花苜蓿、红豆草、沙打旺、白花草木樨、黄花草木樨、鹰嘴紫云英、箭筈豌豆、栽培山黧豆、山野豌豆、毛苕子、鹰嘴豆、无芒雀麦、老芒麦、垂穗披碱草、苏丹草等。在民勤、永昌、肃北、阿克塞等半荒漠地区以种灌木、半灌木饲料如花棒、柠条、梭梭、白刺为宜，还有骆驼蓬、白沙蒿、米蒿和沙米等牧草。紫花苜蓿是甘肃栽培历史最久、面积最大的优良豆科牧草，在年降水量 400 ~ 600 mm，年均温5 ~ 12 ℃的地区生长良好，产量高，品质好，适口性较强，适应性较广，耐寒，耐旱，根系发达，入土较深，是绿肥和水土保持兼用牧草。沙打旺也是优良栽培牧草之一，在年降水量 300 ~ 400 mm，年均温 10 ℃左右的地区能正常生长，耐旱，耐寒，耐瘠薄，抗风沙，是饲草、绿肥、水土保持兼用的牧草。但其株体中含有机硝基化合物，影响其适口性和畜产品品质，因此应注意利用时期和方法。垂穗披碱草较抗寒，抗旱性稍差，喜湿润，适于在降水量 500 ~ 600 mm 地区种植。老芒麦为多年生禾本科牧草，抗寒力较强，不耐干旱，适于在降水量 450 ~ 800 mm、弱酸性或微碱性的土壤上生长。栽培山黧豆幼苗能忍受-8～-6 ℃的低温，对春冻抵抗力比豌豆强，抗旱性较强。土壤水分过多，生长期延长，青草产量增加，但影响种子产量。对土壤要求不严，在轻沙壤土、沙土、黏土上都能生长。籽实中含有一种水溶性变异氨基酸，长期用其籽实喂家畜时会发生中毒，故饲喂前将籽实蒸煮，可减少其毒性。此外，在日粮中的比例不要高于25%。花棒适应沙漠环境，能防风固沙，嫩枝和叶可作饲料，枝干可做燃料。酸刺为经济价值高的灌木，生长迅速，见效快，是很好的饲料、燃料和蜜源植物。果实营养丰富，可供酿酒、制醋和药用。适应性强，耐瘠薄，耐干旱。伏地肤为多年生藜科半灌木。根系粗壮发达，抗旱性强，再生性好，耐践踏。春播或冬季利用积雪播种，是荒漠地区建立人工草地的重要草种。梭梭是荒漠地区固沙造林的重要树种，材质坚硬，为优良的薪炭用材，嫩枝可供驼、羊食用。在沙漠地区一般用种子育苗造林为好。

适于该地区种植的饲料作物有青刈玉米、饲用甜菜、马铃薯、饲用胡萝卜、高粱、谷子等。

（二）中部丘陵沟壑及东部半湿润区

中部丘陵沟壑区以定西地区为主，包括乌鞘岭以东和六盘山、华家岭以西广大地区。该区地处黄土高原，生物资源和土地资源丰富，地形复杂，地貌多样，有黄土高原典型的丘陵沟壑，也有陇中一带的层峦叠嶂和山川河谷。除少数沿河川水地以外，多为丘陵旱地，海拔1 900～2 500 m。属温带半湿润气候区，具有大陆性气候的特点。冬半年气候寒冷干燥，降水稀少。夏半年温暖湿润，降水集中，光照丰富，热量充足。年均温9.6～10.3 ℃，年降水量260～328 mm，蒸发量1 600～1 920 mm，无霜期120～180 d。川区一年两熟，山区一年一熟。土地适宜的作物较多，但利用难度大。该区水土流失严重，生态环境脆弱，自然灾害频繁。

该区土壤类型有淋溶灰褐土、石灰性黑钙土、盐化灰钙土、红黏土、黑钙土、栗钙土、灰钙土、淡栗钙土、耕灌栗钙土、川地黑麻土、坡地黑麻土、川地麻土、坡地麻土、坡黄绵土、黑土、褐土、棕壤、黑垆土、新积土等。

草地类型有冷温潮湿类、微温湿润类、冷温微湿类、微温微润类、微温微干类、微温干旱类、微温潮湿类、暖温微干类、暖温微润类。

行政范围包括兰州地区的永登县、榆中县，临夏回族自治州大部（除永靖县），定西地区大部（除岷县），天水地区，陇南地区大部（除武都区、文县、宕昌县、康县和成县），平凉地区大部（除灵台县），庆阳地区大部（除宁县和正宁县）。

半湿润区由黄土高原的一部分和靠近秦岭的一部分组成。属于半湿润地区，夏季不炎热，冬季较严寒。降水充足，年际、月际变化大，无霜期长，气温较高，日照充足，光能利用潜力较大。地形地貌复杂，动植物资源丰富。荒山荒坡面积大，发展林牧业有潜力，宜林宜草荒地较多。其中黄土高原部分土地水肥不足，植被差，水土流失严重。水资源量缺质差，雨量适中但不适时。生物资源品种多，但缺少地方特色。靠近秦岭部分地区属于典型的亚热带向温暖带过渡气候，水热资源丰富，地势起伏，相对高差较大，热量和水分随水平地带和垂直地带而差别明显。特殊的气候和地理位置决定了生物资源的不同。森林层次明显，依次为高大乔木、小乔木、灌木、草被。

土壤类型有石灰性褐土、石灰性灰褐土、黏化黑垆土、黑垆土、川谷黄绵土、新积土、黄绵土、棕壤性土、黄棕壤、红黏土、褐土、湿潮土等。

草地类型有微温湿润类、微温潮湿类、暖温湿润类、暖温微润类等。

行政范围包括陇南地区的康县和成县，平凉地区的灵台县，庆阳地区的宁县和正宁县。

中东部丘陵沟壑区除川水地区种植玉米外，一般干旱地均以豌豆、蚕豆、马铃薯为主。本区适宜种植的牧草有豆科牧草红豆草、紫花苜蓿、兵豆、春山黧豆、白花草木樨、箭筈豌豆、冰草、无芒雀麦、披碱草、长穗偃麦草、草高粱、草谷子等。在有灌溉条件的地区套种、复种甜菜、胡萝卜，它们是羊的优质多汁饲料。红豆草产量高，品质好，适口性强，抗寒抗旱性比紫花苜蓿强，所以在干旱条件下能长久保持生机。当获水后又可抽出新枝，继续生长。箭筈豌豆籽实中含有氢氰酸，因此，饲用时必须进行浸泡、淘洗、蒸煮等工艺过程，避免大量长期连续使用，以防中毒。冰草是高度抗旱耐寒的长寿多年生牧草，生活年限 10 年以上。饲草品质好，茎叶营养丰富，各种家畜均喜食。春季返青早，能较早地为放牧畜群提供青绿饲料。此外还有西伯利亚冰草、蒙古冰草等。长穗偃麦草再生力强，根系强大，有地下茎，贮藏丰富的养分，因此抗旱耐寒能力很强，分蘖旺盛，是晚熟的禾草，能在整个生长季提供放牧饲草。抗盐碱能力强，可以用于改造盐碱地。史氏偃麦草是生草土型多年生禾草，耐寒抗旱，春季返青早，在春夏两季提供优质的放牧饲草。在栽培条件下，苗期生长缓慢，一旦形成株丛，便生长旺盛，根茎迅速扩张，形成覆盖严密的生草丛。披碱草适应性比老芒麦和垂穗披碱草强，表现为抗寒、耐旱、耐碱、抗风沙。该草是旱中生植物，要求一定的水分条件，但其根系发达，可充分利用土壤深层的水分，同时在干旱时叶片能卷成筒状，可以大大减少水的散失。

（三）陇东黄土高原区

陇东黄土高原区包括华家岭以东、子午岭以西和秦岭以北广大地区。境内岗陵起伏，川塬交错，气候温和，雨量较多，土壤肥沃。年平均温度 7～10 ℃，绝对最低温度不低于-23 ℃，降水量 300～700 mm，多集中在 7、8、9 三个月，占全年降水量的一半，平均无霜期 160～220 d。雨量从北向南递增，夏季多暴雨，水土流失严重，是我国水土保持的重点地区之一。

该区土壤类型有淋溶灰褐土、石灰性黑钙土、盐化灰钙土、红黏土、黑钙土、栗钙土、灰钙土、淡栗钙土、耕灌栗钙土、川地黑麻土、坡地黑麻土、川地麻土、坡地麻土、坡黄绵土、黑土、褐土、棕壤、黑垆土、新积土等。

草地类型有冷温潮湿类、微温湿润类、冷温微湿类、微温微润类、微温微干类、微温干旱类、微温潮湿类、暖温微干类、暖温微润类。

行政范围包括平凉地区大部（除灵台县）和庆阳地区大部（除宁县和正宁县）。

本区最北部降水量少，海拔较高，温度稍低，生长期较短，因此，以生长期短而抗寒、抗旱能力强的糜谷为主，牧草中宜栽培草木樨、紫花苜蓿、沙打旺、牛尾草、草地早熟禾、球茎草芦、一年生雀麦、苏丹草等。南部温度较高，雨量偏多，生长期较长，适宜种植喜温饲料作物，如玉米、高粱等。牧草类主要为黄花草木樨、白花草木樨、红豆草、紫花苜蓿、鹰嘴紫云英、苏丹草、意大利黑麦草、扁穗雀麦、无芒雀麦、大麦草、草地牛尾草等。草木樨适于在温湿和半干燥条件下生长，对土壤要求不严，抗盐碱能力强，耐瘠薄，根系发达，抗旱抗寒性都强，产草量高，亩产鲜草2 500~3 500 kg，因含香豆素，初喂时家畜不喜食，应讲究饲喂技术。鹰嘴紫云英是黄芪属多年生匍匐型牧草，具有粗壮而强大的根茎，根茎在表土层下向四周匍匐生长，根茎上的芽出土后即可形成新的分枝，喜寒冷潮湿，适于弱酸性和中性土壤，抗寒性较强，播种后翌年即可覆盖地面，是优良的水土保持植物。无芒雀麦在年降水量350~500 mm，年均温5 ℃左右，土壤肥沃的地区可以生长，较抗寒抗旱，具有地下根茎，侵占性强，是放牧和割草兼用型牧草，亩产干草400 kg，营养价值较高。大麦草适生于湿润草原，在下湿地、滩地生境条件下生长良好。在干燥的沙质土壤上也能生长，耐寒性较强，耐瘠薄，耐干旱，耐牧，返青早，发育快，早熟。牛尾草喜暖湿润，既耐湿又耐旱，对土壤要求不严，耐盐碱。在土壤pH 9.5时能生长，在酸性土壤上也能生长，大部分地区两年三熟或一年两熟，一般在小麦收后复种、间作、套种，混作种类多，面积大，是当地增产保收的重要措施。

（四）陇南湿润山区

陇南湿润山区包括秦岭以南广大地区，地处长江流域，属南北气候交错过渡带，有甘肃“小江南”之美称。地处湿润地区，降水丰富，地形复杂，同一山体出现多种熟制。高差明显，在垂直方向上出现北亚热、暖湿、温和、湿凉、湿寒5种气候带，有发展立体农业的自然基础。是甘肃雨量最多，气候最暖和的地区，区内山大沟深，土少石多，山地多，川地少。全区海拔高度不同，气候条件变化很大。年均温13~15 ℃，降水量450~700 mm。日照较短，在2 000 h以下。蒸发量不到1 500 mm，无霜期220~300 d。生物资源丰富，树种多，乔、灌木近1 000种。土壤贫瘠，水土流失严重，山地多平地少，利用难度大。一年两熟或两年三熟。

土壤类型有黄棕壤、棕壤、褐土、山地草甸土、草甸暗棕壤、红黏土、脱潮土、山地草原草甸土、石质土、高山灌丛草甸土、淋溶褐土等。

草地类型有微温微干类、微温微润类、暖温微干类、暖温微润类、暖热微干类、暖温湿润类、暖温潮湿类、暖热微干类、微温湿润类等。

行政范围包括陇南地区的武都区、文县。

本区适宜种植的饲料作物有玉米、马铃薯、高粱，少数干旱地区为糜谷、大麦、蚕豆等。适宜栽种的豆科牧草有红三叶、波斯三叶、杂三叶、绛三叶、紫云英、草藤、百脉根、小冠花，禾本科牧草为多年生黑麦草、鸡脚草、鹅冠草、高燕麦草、看麦娘、草芦、苇状羊茅、苏丹草等。红三叶喜欢温暖湿润的气候条件。年降水量在500 mm以下，必须经过灌溉才能生长良好，不太耐高温，一般在大于或等于10 ℃，年积温2 000 ℃左右地区生育良好。对土壤要求严格，要求pH 6~7。百脉根性喜温暖湿润，在pH 6.2~6.5的土壤上生长良好，耐酸性较强，在瘠薄土壤中可以生长，地上分枝多，能达100个以上。小冠花以根蘖芽潜伏地表下越冬，喜干恶湿，在中性或偏碱性土壤上生长良好。根系发达，侧根横向走串，可长出许多根蘖芽，蔓延生长，形成新株，故可用根进行无性繁殖。也是理想的水土保持植物。多年生黑麦草适于在气候温和、雨量充沛地区生长，年均温 15~20 ℃，年降水量 1 000~1 500 mm，不耐炎热或高温，也不耐严寒，高温到 35 ℃以上生长不良，冬季-15 ℃以下、又无积雪的情况下难以越冬。黑麦草高产，含蛋白质较高，耐刈割，也适于放牧。鸡脚草属长日照植物，耐荫蔽、湿润，在肥沃的生境下生长，但不耐长期浸淹，对土壤要求不严，在泥炭土及沙壤土上均能生长，但不耐盐渍化。聚合草在本区推广种植很有前途，产量很高，蛋白质含量丰富，柔嫩多汁，是养羊生产中很值得重视的一种青绿饲料。

(五) 高寒草原区及青藏高原区

高寒草原区地处蒙新大陆性气候区，是与青藏高原高山气候区的交接带，具有显著的水热垂直地带性特点。寒冷干旱，温差大，四季分明，光能丰富，热量不足，雨热同期，有利于植物进行光合作用、生长以及干物质的积累。年蒸发量大，降水稀少且不均匀，年际变化大，差异悬殊。例如天祝同一山区的月最少和最多降水量相差 280 mm 以上。地形复杂，地貌多样，草原利用难度大。水资源利用率低，供需失调。自然灾害频繁。

土壤类型有灰褐土、草甸黑土、草甸灰钙土、黑钙土、暗栗钙土、灰漠土、灌溉灰漠土、暗灌漠土、灰灌漠土、高山草甸土、高山灌丛草甸土、栗钙土、耕灌栗钙土、灰钙土、灰棕漠土、淡栗钙土、盐化栗钙土、石灰性黑钙土、淋溶灰褐土、高山寒漠土、棕漠土、棕钙土、高山草原土、盐化草甸土、草甸盐土、高山寒漠土、砾质戈壁灰棕漠土、冰川雪被、钙质粗骨土等。

草地类型有冷温微干类、冷温微润类、微温微干类、微温微润类、微温湿润类、寒冷潮湿类、寒温潮湿类、冷温潮湿类、冷温干旱类、微温极干类、微温干旱类、冷温极干类。

行政范围包括酒泉市的阿克塞哈萨克族自治县和肃北蒙古族自治县两县的南部山区，武威市的天祝藏族自治县、古浪县南部山区，张掖市的肃南裕固族自治县和民乐县以及山丹县的南部山区。

该区适宜种植的牧草有老芒麦、垂穗披碱草、无芒雀麦、燕麦、芫菁、柠条锦鸡儿、白沙蒿、细枝岩黄芪、短柄鹅冠花、冷地早熟禾等。同时海拔较高、积温不足，有一定灌溉条件的地带可种植一年生耐旱、耐寒草本植物。

青藏高原区地处青藏高原东缘，属寒冷湿润类型。地形高峻复杂，地貌多样壮观。气候寒湿，光、热、水同季匹配，分布不均，降温频繁。小气候环境差异明显。该区海拔一般较高，除河流两岸谷地为 1 100~1 500 m，其余大多为 2 000~4 000 m，气候寒冷，云雾弥漫，雨量充沛。年平均温度小于 6 ℃，年平均降水量 500~800 mm。冬春雨雪稀少。日照时数 2 200~2 500 h，蒸发量小于 1 400 mm，生长季短，一般不超过 150 d，夏秋多云多雾多暴雨，雹灾也较多，对作物生长发育影响极大。土地辽阔，宜耕地少，宜林地多。土类多，土壤肥沃，垂直地带谱完整。水源充足，水资源良好，水质良好。草场宽阔，资源丰富，质地良好。植被茂盛，牧草种类繁多，优良牧草占主导地位。气象灾害频繁而严重。

土壤类型有淋溶灰褐土、灰褐土、暗棕壤、红黏土、黑钙土、石灰性黑钙土、高山草甸土、沼泽土、高山寒漠土、棕壤、淋溶褐土、高山灌丛草甸土、褐土性土、亚高山草甸土、冷温潮湿类、低位泥炭土等。

草地类型有寒温潮湿类、冷温潮湿类、微温微干类、微温湿润类、微温微润类、暖温微干类、暖温微润类等。

行政范围包括甘南藏族自治州、陇南地区的宕昌县、定西地区的岷县。

青藏高原区内适宜栽培的饲料作物是燕麦、大麦（青稞）、蚕豆、豌豆、马铃薯和芜根，在河谷川坝区还有玉米、甜菜等。由于气温低、生长季短，一年只能种一茬，适宜种植的牧草有黄花苜蓿、扁蓿豆、草木樨、杂种苜蓿、老芒麦、垂穗披碱草、星星草、草地早熟禾、扁杆早熟禾、中华羊茅、沙生冰草、中间偃麦草、纤毛鹅冠草、弯穗鹅冠草、无芒雀麦、羊草、俄罗斯野麦草、野黑麦草、小糠草、紫羊茅、糙毛鹅冠草等。黄花苜蓿抗旱抗寒性较好，在年降水量300~450 mm，年均温2~5 ℃的地区均能生长。羊草适于在降水量350~500 mm的碱性土壤上生长，具有发达的地下根茎，由地下根茎发出新枝条，株高50~90 cm，每亩可收干草250 kg左右，营养丰富，是优质的饲草。但结实率低，种子发芽率不高。扁蓿豆又叫花苜蓿，是一种多年生牧草，抗寒性强，种子硬实率高，播前进行处理。小糠草适应性强，喜生于湿润的土壤，耐寒性强，在高寒牧区可安全越冬，并能抗热，耐旱，对土壤要求不严，以沙壤土和壤土为好，侵占性强，一经长成即能自行繁殖。紫羊茅耐寒抗旱，对土壤的适应性强，在多岩石的土壤、斜坡上或遮阴下都能生长。由于根深，匍匐茎能团结土粒，是良好的水土保持及草坪用草。野黑麦草比较抗旱耐寒，适宜微碱性土壤，耐瘠薄，分蘖力强，一般分蘖40~70个。生长第2年亩产干草250~300 kg，草质中上等，家畜喜食。星星草耐寒耐旱，耐盐碱，土壤pH 8.8仍生长良好，是改良盐碱土的好草种。亩产干草200~250 kg，种子成熟整齐不易落粒。俄罗斯野麦草在降水量300~400 mm，冬季气温-30~ -20 ℃的条件下生长良好，适于盐碱性土壤，刈割，放牧后再生迅速，秋季枯黄晚，蛋白质含量高，秋季适口性好，叶丛状，难于刈割，主要用作放牧。

二、牧草种植技术

种植牧草的目的是为牛羊生产提供优质饲料，以解决牛羊饲草供应不足的问题，并获得单位面积上最大草产量。而播种又是栽培好牧草和建植好草地的关键，为了保证苗全苗壮和草地的高产，抓好牧草的播种非常重要。

（一）牧草种子的选择与购买

1. 根据牛羊饲养需要选择牧草种子

牛羊为反刍动物，消化粗纤维能力强，且采食量大。应种植高产优质的粮饲兼用作物和多年生牧草。为解决牛羊冬春青贮饲料，最好要种植饲料玉米、籽粒苋。养5~10只羊最少要种一亩地草。

2. 根据利用方式选择牧草种子

（1）青刈、青饲　是牛羊夏秋饲草饲料主要来源和最经济有效的利用方式。应种植青绿多汁、再生快、耐刈割的一年生禾本科牧草和叶菜类牧草。主要是御谷、籽粒苋、墨西哥玉米、高丹草、菊苣、串叶松香草等，还可种植苦荬菜、苜蓿、鲁梅克斯等。

（2）青贮　青贮主要解决牛羊冬春的饲料。主要应种植青贮玉米、甜高粱、御谷、籽粒苋、串叶松香草、沙打旺、苜蓿、饲用胡萝卜等。最好的种植方式是饲用玉米与籽粒苋 4∶2 或 2∶2 种植，饲用玉米与籽粒苋混合青贮的营养成分全面又不易变质。

（3）调制干草　加工草粉、草砖，主要解决牛羊冬春季饲草饲料，种植紫花苜蓿、沙打旺、草木樨、籽粒苋等是首选。

3. 按用途选择牧草种子

（1）改良盐碱地，恢复生态平衡　种草是改良盐碱地的最好方式，并能发展牛羊产业。沙打旺、苜蓿、草木樨、甜高粱、籽粒苋等牧草可在中度或轻度盐碱地上种植。

（2）培肥地力　最好种植豆科牧草，如草木樨、沙打旺、苜蓿等。防风固沙应首选沙打旺，其次是胡枝子、香花槐等。

（3）围栏生物屏障　最好种植柠条、沙棘等。

4. 牧草种子的购买

（1）不要只看广告，应着重实效　草种销售目前还很不规范，要广泛收集资料，去伪存真，三思而后行。相对而言，一些广告如实交代每年亩产量、亩用种量、每千克多少钱的公司可信度最高；正规杂志上的广告比个体散发小报宣传的可信度高；要虚心向有关专家请教和耐心询问，必要时可到群众中搞用户调查，看专家怎么说，用户怎么讲，做到心中有数再购种。

（2）对销售部门的选择更为重要　一般来讲国家科研院所可信度最高，科研人员认真、人员素质高、技术力量较雄厚，有充分科学依据，种子质量好。其次为大专院校和国有农业部门，那里有实践经验又有高级技术人才，有自己特色品种。对于广告过于夸大、不交代亩播量、种子价格的个体经销户应注意。收到种子后，要做发芽试验，发芽率不好应马上退换。

（3）购种汇款前应弄清几个问题　问清亩播量、每千克售价，量大批发价，供货方法、邮资。供货人单位、地址、邮编、联系人及账号、卡号、电话，最好先在电话上讲好，量大可先去人看货自提。邮局汇款时，一定写自己的邮编、地址、收货人姓名、购买草种名称、数量，并附联系电话等。账号汇款办完后马上通知对方查对办理。购种前最好与其他用户联系，共同购买会有价格上的优惠。

（二）牧草种子品质鉴定

牧草种子是饲料生产的重要生产资料，其品质优劣直接影响到播种质量和产量。因此，为了保证使用优良的种子，生产上特别重视种子品质鉴定。所谓品质鉴定，是指按一定标准，使用各种仪器和感官，对种子进行检验和测定，以评定种子的品质。种子品质鉴定的内容包括以下几个方面。

(1) *净度的测定* 净度指种子的清洁程度，是衡量种子品质的一项重要指标。净度测定的目的是检验种子有无杂质，为种子的利用价值提供依据。其测定步骤如下。

分取试样：从供试样品中称取大粒种子 200 g，中粒种子 25～100 g，小粒种子3～5 g。

剔除杂质、废种：凡是夹杂在种子中的杂质（土块、砂石、昆虫、秸秆、杂草种子等）和废种子（无胚种子、压碎薄扁种子、腐烂种子、发芽种子等）全部除去。

称重计算：将上述试样重量记录下来，再称其杂质、废种子重量，按下式计算：

种子净度（%）=（试样重量-杂质和废种子重量）/试样重量×100

为减少误差，测定应重复 2 次，取其平均数作为净度。

(2) *发芽势、发芽率的测定* 种子发芽能力的高低通常用发芽率和发芽势表示。发芽率高表示有生命的种子多，而发芽势高则表示种子生命力强。测定方法如下。

在发芽皿内铺一层滤纸（小粒种子）或砂粒（大粒种子）后加入适量的水，将种子均匀地放在发芽床上，在发芽皿上贴上标签，注明日期、样品号码、重复次数和发芽日期，然后放入恒温箱内进行发芽。在发芽期间每天早、中、晚各检查温度和湿度一次，通风 1～2 min。种子发芽开始后，每天定时检查，记载发芽种子数，把已发芽的种子取出。每种草种发芽势、发芽率的计算天数不一，一般发芽势 3～5 d，发芽率 7～10 d。计算公式如下：

发芽势（%）=规定时间内发芽种子粒数/供试种子粒数×100

发芽率（%）=全部发芽种子粒数/供试种子粒数×100

据实际测定，一般牧草种子用价（净度×发芽率）不足于 100%，故实际播种量要根据该批种子用价予以调整，其计算公式如下。

实际播种量（kg/亩）=（种子用价为 100%时播种量×100）/种子用价

(3) *千粒重测定* 千粒重指 1 000 粒干种子的重量，大粒种子也可用百粒重来表示。测定方法是：先将测过净度的种子充分混合，随意地连续取出二分试样，然后人工或用数粒机数种子，每份 1 000 粒，最后称重，精确度为 0.01 g。

测得千粒重后，可将千粒重换算成每千克种子粒数，计算公式如下：

每千克种子粒数=1 000/千粒重（g）×1 000

(三) 牧草种子的播种前处理

牧草因品种的差异，播种前有的需要进行处理，以便提高种子的萌发能力，保证播种质量。

1. 禾本科牧草种子的后熟处理

很多禾草种子在刚收获后，即使在适宜的萌发条件下也不能立即萌发，需要贮藏一段时间，继续完成生理上的后熟过程，称为种子的后熟。种子后熟的原因是缺乏萌发时所需要的可溶性营养物质。这时营养物质的积累已停止，但仍继续将简单的物质转变为复杂的物质。而种子萌发必须有能被胚所同化利用的水解产物，这种水解产物的形成还需要一定时间才能完成。为加速草种迅速通过后熟，必须进行种子处理。其方法包括如下 2 种。

(1) 晒种及加热处理　晒种是将草种堆成 5~7 cm 的厚度，晴天在阳光下暴晒 4~6 d，并每日翻动 3~4 次，阴天及夜间收回室内。这种方法是利用太阳的热能促进种子后熟，而使种子提早萌发。加热处理适用于寒冷地区，温度以 30~40 ℃为宜。具体方法很多，如室内生火炉以提高气温、利用火炕及大型电热干燥箱等。

(2) 变温处理　在一昼夜内交替地先用 8~10 ℃低温处理 16~17 h，后用 30~32 ℃高温处理 7~8 h。

2. 豆科种子的硬实处理

多数豆科牧草种子，在适宜的水、热条件下，由于种皮的通透性差，水和空气难以进入，长期处于干燥、坚硬状态。这些种子叫硬实，俗称铁籽，如紫花苜蓿硬实种子有 10%~20%，草木樨 40%~60%，紫云英达 80%~90%。用未加处理的豆科种子播种时，硬实往往造成出苗不齐或不出苗。为提高牧草出苗率，保证播种质量，在播前应予处理，方法有 2 种：擦破种皮和温水浸种。

(1) 擦破种皮　把种子放到碾米机上压碾至种皮已发毛、但尚未碾破的程度，使种皮产生裂纹，水分、空气可沿裂纹进入种子。

(2) 温水浸种　将种子放入不烫手的温水中浸泡一昼夜后捞出，白天放于阳光下暴晒，夜间移至凉处，并经常洒水使种子保持湿润，经 2~3 d 后，种皮开裂，当大部分种子吸水后略有膨胀，即可乘墒播种。

3. 豆科牧草种子接种根瘤菌

豆科牧草能与根瘤共同固氮，但是豆科牧草根瘤的形成与土壤中的根瘤菌数密切相关，特别是在新垦土地上首次种植豆科牧草，或在同一地块上再次种植同一种豆科牧草，或者在过分干旱而酸度又高的地块上种植豆科牧草，都要通过接种根瘤菌来增加根瘤数量，以提高豆科牧草的产量和品质。豆科牧草接种根瘤菌时，首先要根据牧草的品种确定根瘤菌的种类，其次要掌握科学的接种方法。目前在实践中应用较多的接种方法有 3 种干瘤法、鲜瘤法和菌剂拌种法。

(1) 干瘤法　选取盛花期豆科牧草根部，用水冲洗，放在避风、阴暗、凉爽、阳光不易照射的地方使其慢慢阴干，在牧草播种前将其磨碎拌种。

(2) 鲜瘤法　将根瘤菌或磨碎的干根用少量水稀释后与蒸煮过的泥土混拌，在20~25 ℃的条件下培养 3~5 d，将这种菌剂与待播种子混拌。

(3) 根瘤菌剂拌种　将根瘤菌制成品按照说明配成菌液喷洒到种子上，用根瘤菌剂拌种的标准比例是 1 kg 种子拌 5 g 菌剂。在接种根瘤菌时，要做到不与农药一起拌种，不在太阳直射下接种，已拌种根瘤菌的种子不与生石灰或大量肥料接触，以免杀伤根瘤菌。接种同族根瘤菌有效而不同族相互接种无效。

4. 禾草种子的去芒

一些禾草种子，常具芒、髯毛或颖片等，为了增加种子的流动性、保证播种质量以及烘干、清选工作的顺利进行，必须预先进行去芒处理。在生产上，常采用去芒机去芒，当缺乏去芒专用机具时，也可将种子铺于晒场上，厚度为 5~7 cm，用环形镇压器压切，后用筛筛除。

5. 其他科牧草的催芽

无论是蓼科还是菊科牧草，在播种前一般都要浸种催芽。方法是将种子浸泡在温水中一段时间，水的温度和浸泡时间长短可根据种子的特点来确定。如串叶松香种子在播前应用 30 ℃的水浸泡 12 h，然后再进行播种；鲁梅克斯在播前要将种子用布包好放入 40 ℃的水中浸泡 6~8 h，捞出后晾在 25~28 ℃的环境中催芽 15~20 h，有70%~80%的种子胚胎破壳时再进行播种。在墒情好的条件下，可进行直播。

6. 种子消毒

许多牧草的病虫害是由种子传播的，如禾本科的毒霉病、各种黑粉病，豆科牧草的轮纹病、褐斑病、炭疽病，以及某些细菌性的叶斑病等。因此，为防止和杜绝病虫害的发生和传播，在牧草播种前，应进行消毒处理。方法可视情况采用盐水清选、药物拌种、药粉拌种和温汤浸种等。目前实践中应用较多的是用石灰水浸种来防止禾本科牧草的黑粉病和豆科牧草的叶斑病，用 50 倍稀释的甲醛溶液浸泡苜蓿种子来预防苜蓿轮纹病的发生。

（四）牧草播前的土地准备

牧草种子细小，苗期生长缓慢，同杂草竞争能力弱，因此必须进行科学合理的耕作，为牧草的播种、出苗、发育和生长创造良好的土壤条件。

1. 土地的选择

各种牧草对土壤的要求既有相同之处，又有各自不同的选择。沙打旺在沙性土壤中生长最好，苜蓿最适宜在沙质土壤中生长，红三叶适宜在酸性土壤中生长，串叶松香草和鲁梅克斯在肥沃的黏性土壤中栽培效果较好等，所以要根据不同草种的生物学特性选择适宜的种植地块。土地越肥沃牧草的产草量就越高，土地越瘠薄产草量就越低。

2. 土地的整理

牧草种子大都较小，顶土力较差，苗期生长缓慢，极易被杂草覆盖和欺掉，因此要对地块进行科学的整理，具体环节包括耕、耙、耱、压。耕地：耕地亦称犁地，耕地可以用壁犁或者用复式犁进行耕翻，耕地时应遵循的原则是“熟土在上，生土在下，不乱土层”。耕地还要不误农时，尽量深耕以扩大土壤容水量，提高土壤的底墒。耙地：在刚耕过的土地上，用钉耙耙平地面，耙碎土块，耙出杂草根茎，以便保墒。对来不及耕翻的，可以用圆盘耙耙地，进行保墒抢种。耱地：耱地就是用一些工具将地面平整，耱实土壤，耱碎土块，为播种提供良好条件。压地：压地就是通过镇压使表土变紧、压碎大土块、土壤平整。镇压可以减少土壤中的大孔隙，减少气态水的扩散，起到保墒的作用。常用的镇压工具有石碾、镇压器等。整地的季节可以放在春、夏、秋，但耕、耙、耱、压应连续作业，以利保墒。

3. 免耕与少耕

免耕又称零耕，是指作物播前不用犁、耙整地，直接在茬地上播种，播种后牧草生育期间亦不用耕作的方法。通常包括3个环节：一是覆盖，利用前茬作物秸秆或生长牧草以及其他物质进行覆盖，用来减少风蚀、水蚀和土壤蒸发；二是利用联合免耕播种机开出5~8 cm宽，8~15 cm深的沟，然后喷药、施肥、播种、覆土、镇压一次完成作业；三是使用广谱性除草剂于播种前后或播种时进行处理，杀灭杂草。少耕是指在常规耕作的基础上尽量减少耕作次数或者在全田进行间隔耕种，以减少耕作面积的一种方法。

（五）牧草的播种

1. 播种时期

不违农时，适时播种，对牧草的生长具有决定性作用。播种时期的确定主要取决于温度、水分、杂草为害和利用目的等。温度是确定播种期的主要因素。一般来说，当土壤温度上升到种子发芽所需要的最低温度时开始播种比较合适。土壤墒情是播种的必要条件，墒情不好不能播种。在杂草和病虫害为害严重的地区应在其为害轻的时期播种，这对于播种多年生牧草尤为重要。

牧草的播种期通常根据地区和牧草种类分为春播、夏播、夏秋播和秋播。

（1）春播　一些一年生牧草或者多年生牧草中的春性牧草应春季播种，春播牧草可以充分利用夏秋丰富的雨水、热能等自然资源，但春播牧草常常会受到杂草的为害，需要做好田间管理和中耕除草。

（2）夏播和夏秋播　在我国的北温带地区，由于春季气温低而不稳，降水量少，蒸发量大，进行春播常常并不能成功，为提高种植成功率，可以将播种的季节放在雨热都较稳定的夏季或夏秋季节，除多年生牧草外，一些季节性牧草可以在这一季节进行播种。

（3）秋播　对一些越年生牧草或者多年生的冬性牧草应秋播，因为这些牧草在其他季节播种当年不能形成很好的产量，秋播经过越冬后第2年可获得高产。并且秋播牧草可以预防杂草的侵害，但应注意防止牧草的冻害。

2. 播种的方法

牧草播种的方法主要是条播、撒播、点播和育苗移栽。

（1）条播　利用播种机或者人力播种耧播种，有时是用人工开沟播种的方法。条播时的行距一般为15~30 cm，具体宽度可以根据土壤的水分、肥料等情况来确定，肥沃又灌溉良好的地方行距可以适当窄一些，相对贫瘠又比较干旱的地方行距可以适当宽一些，如苜蓿、三叶草、黑麦草、籽粒苋等。

（2）撒播　用撒播机或人工把种子撒在地表后再用覆土盖好，此法会造成出苗不一致，但适于大规模牧草播种，如苜蓿、黑麦草、沙打旺、草木樨等。

（3）点播　亦称穴播，就是间隔一定距离开穴播种，此法一般用于种子较大而且生长繁茂的牧草播种，墨西哥玉米、苏丹草、苦荬菜、串叶松香草、鲁梅克斯等，点播不仅可以节省种子而且容易出苗。

（4）育苗移栽　有些直接种植出苗困难的牧草可以采取先育苗，在苗生长到一定高度或一定阶段挖苗移栽到大田，如串叶松香草、鲁梅克斯、菊苣等。

（六）牧草的播种方式

为了提高土地利用率，充分利用阳光、二氧化碳和土壤中的水分、养分，在单位面积的土地上利用牧草种植获得更多的有机物质，种植牧草时常常利用各种牧草不同的特性和特点而进行复种、轮作、混播和保护播种等种植措施。

1. 牧草的复种轮作

牧草的复种轮作主要包括间作、套种、轮作等。

（1）间作　在同一地块上，两种或两种以上牧草相间种植。种植的两种牧草的播种期基本相同或稍有先后，种植时按照一定的宽度或行数划为条带相间种植。如苏丹草与紫云英间作，籽粒苋与牧草王间作。

（2）套种　不同季节生长的两种牧草，利用后作苗期生长缓慢、占地少、所需空间小的特点，在前作的生长期内，把后作播种于前作的行间，套种牧草可以在空间上争取时间，又在时间上争取空间。如墨西哥玉米与冬牧-70 黑麦套种，苜蓿与墨西哥玉米套种。

（3）轮作　在同一地块上当一种牧草生长结束时，再种植另一种牧草的方法。如在种植苜蓿 5 年后，将其耕翻，春季可以种植苦荬菜、墨西哥玉米等一年生牧草，也可以种植鲁梅克斯、串叶松香草等多年生牧草，秋季可以种植黑麦草、鸡脚草等。

2. 混播

栽培牧草除种子田外多数采取混播，这是牧草栽培中的一项重要技术措施，对于长期草地的建立尤具有重要的意义。

混播就是将两种或两种以上的牧草混合播种。混播牧草和单播相比产草量高而稳定，饲草品质提高，适口性较好；易于收获和调制；同时能增进土壤肥力，提高后作的产量和品质。

在进行牧草混播时要掌握好以下几方面的技术措施。首先，选择好牧草的组合，根据当地的气候和土壤等生态条件选择适应性良好的混播牧草品种，同时还要考虑到混播牧草的用途、牧草的利用年限和牧草品种的相容性，特别应做到豆科牧草和禾本科牧草的混播。其次，应掌握好混播牧草的组合比例，有人认为既然是混播，牧草的种类越多越好，但近几年的实践证明，只要正确选择，无需很多品种也可以获得优质高产的效果，通常利用 2~3 年的草地混播草种 2~3 种为宜，利用 4~6 年的草地，3~5 种为宜，长期利用的则不超过 5~6 种。再次，把握好混播的播种量、播种时期和播种方法，混播牧草的播种量比单播要大一些，如两种牧草混播则每种草的种子用量应占到其单播量的 70%~80%，3 种牧草混播则同科的两种应分别占 35%~40%，另外一种要用其单播量的 70%~80%，利用年限长的混播草地，豆科牧草的比例应少一些，以保证有效的地面覆盖。混播牧草的播种期可以根据混播草种中每一种草的播种期来加以确定，如同为春性牧草或冬性牧草则可以同时春播或秋播，如果混播草种的播期不同则可以分期播种。混播牧草的播种方法，可以将牧草种子混合一起播种，亦可以间行条播，条播的行距可以是窄行 15 cm 的行间距，也可以是 30 cm 的宽间距，当然也可以是宽窄行相间播种。

3. 保护播种

在种植多年生牧草时，人们往往把牧草种在一年生作物之下，这样的播种形式叫作保护播种。保护播种的优点是能减少杂草为害和防止水土流失，同时播后当年单位面积产量高；缺点是保护作物在生长中、后期与牧草争光、争水、争肥，因而对牧草有一定影响。所以保护作物应选用早熟、矮秆和叶片少的品种，如可以选择苏丹草、苦荬菜、墨西哥玉米、籽粒苋等。保护播种时，多年生牧草播种量不变，而一年生牧草的播种量应为正常播种量的50%~75%，保护作物的播种可以与多年生牧草同时播种，也可以提前播种，提前的时间一般为10~15 d。保护作物与多年生牧草以条播为好。

（七）播种深度

播种深度指土壤开沟的深浅和覆土的厚薄。开沟的目的是使种子接近湿土，根系深扎；覆土的目的是使沟内水分不致蒸发，使种子吸水并使种子不致因暴露地面不发芽而损失。播种过深，子叶不能冲破土壤而闷死；播种过浅，水分不足不能发芽。故播种深度应适当，一般以2~6 cm为宜。决定播种深度的原则：大粒种子宜深，小粒种子宜浅；疏松土质稍深，黏重土质稍浅；土壤干燥者应深，潮湿者应浅；禾本科牧草具尖形叶鞘可帮助顶土，播种要较深，豆科牧草子叶肥大，尤其是子叶出土型的苜蓿属、三叶草属和草木樨，牧草播种要浅。但无论何种情况都要避免播种过深或覆土太厚影响种子的出苗，也要避免种的太浅导致种子因干燥而不萌发的问题。

（八）播种量

播种量多少随牧草种类、种子大小、种子品质、整地粗精、种植用途、气候条件等而有变化。种子粒大者应多播，粒小者应少播。收草用的比收籽用的播量要多。种子品质好的播量少些，品质差的应加大播量。条播比撒播节省种子20%~30%，而穴播又比条播更节省种子。整地质量好，土壤细碎，水分充足，利于保苗，可少播些；反之，土块大，墒情差，不易出苗时应加大播量。在自然条件确定的情况下，应特别注意种子的发芽率和纯净度，发芽率、纯净度两个指标高，播种量就低一些；反之，则应加大播种量。

（九）牧草地的田间管理

牧草地的田间管理对牧草的高产、稳产极其重要，只有认识牧草的特殊性，掌握科学的管理技术，才能确保牧草高产优质。

1. 草地建植的早期管理

草种播种后苗期管理的好坏直接决定着草地建植成功与否。为了苗全苗壮，在牧草种植初期必须保持土壤一定的水分，若土壤太干，要及时灌浇水，避免干旱导致草苗死亡。苗期还应注意杂草的防除，及时消灭杂草，杂草的灭除方法可以人工铲除或用除草剂，切实减少杂草的为害。

2. 施肥

底肥：不仅能在整个生育期间源源不断地供应牧草各种养分，而且还可全面提高土壤肥力。底肥以有机肥为主，腐熟度不大好的有机肥必须在秋季施入。底肥应深施、分层施、多种混合施，最好在秋耕时施入，以促进土壤微生物活动和繁殖，减少肥料中碳素、氮素的损失。施底肥量，因牧草种类、肥料性质、施肥方法不同而异，一般亩施1 000~2 000 kg。

追肥：以速效化肥为主。追肥时间，豆科牧草在分枝后期至现蕾期，以及每次刈割后，禾本科牧草在拔节后至抽穗期，以及每次刈割后。豆科牧草的追肥，一般以磷、钾为主，亩施2.5~6 kg（有效成分），多年生豆科牧草，在播种当年的苗期，还要配合一定量的氮肥；禾本科牧草，以氮肥为主，亩施2.5~6 kg（有效成分）；混合牧草地的追肥以磷、钾为主，这是为了防止禾本科牧草对豆科牧草的抑制。追肥可以分期追，也可以一次追，结合灌水进行追肥效果更好。

3. 灌溉

牧草叶茂茎繁，蒸腾面积大，需水量比一般植物多。禾本科牧草的灌水量，一般为土壤饱和持水量的75%，豆科牧草为50%~60%。如紫花苜蓿与禾本科牧草混播的草地，一般每亩灌水量为40~45 m^3。牧草灌水的适宜时期，依牧草种类、生育期和利用目的而异。放牧或刈割用的多年生牧草，在全部返青之后，要浇一次返青水。从拔节开始到开花甚至乳熟，是牧草地上部分生长最快的时期，需水量最多，可浇水1~2次。每次刈割后，也要灌溉一次，以提高再生草的产量。

牧草灌溉，一般分为浇灌和喷灌两种。浇灌是通过引水渠道，把水引入牧草地，使水逐渐渗入土壤。采用这种灌水方法，要求土地平坦，渠系配套，才能达到灌水均匀。喷灌是利用专门设备把水喷射到空中，散成水滴，洒落在牧草地上的一种先进的灌水技术。

4. 杂草防除

杂草的防除主要有3个方面。

预防措施：杜绝杂草种子的来源，这是预防杂草生长积极而有效的方法，包括建立杂草种子检验制度，清选播种的种子，施用腐熟的厩肥，铲除非耕地上的杂草等。

铲除杂草：实行正确的轮作，进行合理的耕作，可以消灭大量的草地杂草。采用宽行条播、机械中耕除草以及保护作物的播种，都是抑制杂草蘖生的有效方法。

化学除草：就是把除草剂施在牧草播种前或播种后的土壤上，施用药物可深可浅，也可以施在表土。但一般多采用毒土的方法，即把药物拌入筛试的细土，施入土中。或用喷雾的方法喷施在土表。但要注意处理好两个问题。第一，残效期，就是除草剂的杀杂草能力在土壤中保持的时间。残效期短的药剂，要做到施药期与杂草萌发高峰期相吻合，才能高效，而残效期长的药剂，要注意防止苗期药害，一般不宜用作土壤处理。第二，移动期，就是指药剂在土壤中随着水分垂直移动的能力。用于土壤消毒处理的药剂，应选择水溶性较低的种类，在沙性较强的土壤、有机质较少、降水量较多的情况下，不至于使大量药剂淋溶到深层，引起牧草受害。

5. 病虫害防治

栽培的牧草种类繁多，其病虫害也是多种多样。有的一种害虫能为害多种牧草，有的一种害虫只为害牧草的个别品种。禾本科牧草的病虫害通常较少为害豆科牧草，豆科牧草还有其独有的病虫害。只有认真查明病虫害的发生、发展规律和为害对象，才能做到“对症”防治。对蝗虫、草原毛虫、草地毛虫、草地螟等害虫，可使用辛硫磷、除虫精和氧化乐果等农药喷雾或超低浓度喷雾，对蝼蛄、蛴螬等地下害虫，可撒施毒饵，就是用90%的美曲膦酯50 g，加热水1 kg，溶化后均匀地喷洒在5 kg粉碎熟炒的棉籽饼或其他油饼上，拌成毒饵，埋入浅沟，傍晚散在牧草行间，毒死害虫。

牧草病害种类繁多，例如紫花苜蓿常见的病害就有锈病、轮纹病、褐斑病、黄斑病、菌核病、霜霉病、根腐病以及细菌性叶斑病等10多种。对牧草种子进行严格检验，是防治病害的得力措施。检验种子内部和表面是否染有病菌及其严重程度，才能决定能否作播种用种，或应采取哪种消毒措施。常用的方法有以下几种。

肉眼检查：查明种子中是否混有线虫的虫卵、菟丝子、腥黑穗病的孢子，以及有无病斑、子实体等。其方法是随便抽取种子100粒，放在白纸或玻璃板上，找出病粒并计算出有病种子的百分率。

离心洗涤：用于检查种子附着的黑粉菌孢子及其他真菌的孢子。方法是随机取100粒种子，放入100 mL的三角瓶中，注入10 mL温水，或加入少量的15%乙醇和0.5%盐酸，降低表面张力，使孢子洗脱，用力振荡5 min，把种子表面的孢子洗下来，把液体倒入离心管，以1 000 r/min的速度离心沉淀5 min，倾去上部清液，只留下部1 mL液体，振荡后，取悬液，以血细胞计数器在显微镜下计数，计算出每粒种子的孢子负荷量。

萌发试验：用于检查种子内部带菌的情况，就是把表面消过毒的种子，放在无菌培养皿内的滤纸上或无菌的石英砂内，加入适量的无菌水，进行催芽，出芽前后定期观察，有无病变，并鉴定其病原菌。

6. 松耙、补种和翻耕

牧草的生长发育，受土壤、气候、田间管理、牧草特性等因素的影响，如果某一条件不完备，就会造成牧草不同程度的衰老现象，使牧草的草皮坚硬、板结，株丛稀疏，产量下降，特别是根茎类的禾本科牧草更为突出。因此，要及时进行松耙和补种。松耙最好用重型缺口耙，反复耙几遍，然后补种，补种的种类最好与原来的老牧草相同，补种结合浇水、追肥，效果更好。补种要特别注意苗期的田间管理，及时清除杂草，刈割老龄植株。

如果松耙、补种效果不大，就应全部翻耕，重新种植其他牧草。多年生牧草地的翻耕，主要决定于两个因素：产草量高低和改良土壤的效果。在大田轮作中，多年生牧草多数是在利用的第二、第三年翻耕；在饲料轮作中，多年生牧草的翻耕是在产量显著下降时进行，一般在利用6~8年以后翻耕。翻耕时间，最好在温度高、雨量多的夏秋季节，这有利于牧草根系及残余物的分解。

一般牧草地可用通常的犁进行翻耕，但对于根茎类禾本科牧草的羊草、无芒雀麦草以及根系粗大的多年生豆科牧草，要在耕翻前或耕翻后，用重型缺口耙交叉耙地，切断草根，促进腐烂，为来年播种创造良好条件。

三、主要牧草栽培技术

牧草是发展生态畜牧业的物质基础。饲草料的生产是牛羊生态养殖的第一性生产，其产出率的高低与牛羊养殖的经济效益是密切相关的，因此，高产优质牧草的栽培对甘肃牛羊产业的发展具有决定性作用。在牧区，除了进行天然草地改良和建植人工草场外，在有良好种植条件的地区也要进行高产优质牧草的种植，充分提高第一性生产的产出率；在农区，高产优质牧草的种植显得尤为重要，是牛羊养殖的主要饲草料来源，利用水肥条件良好的土地种植高产优质牧草，第一性生产的产出率就高，更能为牛羊的生态养殖奠定坚实的物质基础。

1. 紫花苜蓿

紫花苜蓿原产地伊朗，为世界上栽培最广泛的一种牧草，素有“牧草之王”的誉称，在甘肃大部分平川和山地丘陵都有栽培，尤其集中于河西走廊灌溉区和陇东黄土高原区。

【特征与特性】紫花苜蓿为豆科苜蓿，属多年生草本植物。直根系，主根粗壮，入土深达 10 m 以上，侧根不发达，有很多根瘤着生，茎直立，高 60～120 cm，标准上繁牧草。三出羽状复叶，总状花序，蝶形花冠紫色或淡紫色，荚果螺旋形，内含黄褐色肾形种子 2～8 粒，千粒重 1.5～2.5 g。

紫花苜蓿是虫媒异花授粉植物，为北方重要优质蜜源。苜蓿的叶量丰富，无特殊的旱生结构，是需水较多的中生性草类，但因它的根深，能利用土壤深层蓄水而形成耐旱的特性。幼苗能耐-6～-5 ℃，成株能耐-20 ℃左右的低温。在甘肃的大多数地区均能安全越冬。它对土壤要求不严，最适于中性或微碱性、排水良好的钙质沙壤土。而强酸、强碱土壤或地下水位过高均不利生长。

【栽培技术】紫花苜蓿种子细小，所以整地宜细宜平，保持土壤适当的含水量。播种期要求不严格，宜秋播，墒好，杂草为害也较轻。另外也可进行冬季或早春的“冻播寄籽”，这样当年就可收一茬草。一般采用 30 cm 行距条播，每亩用种量 0.75～1 kg，覆土深度 2～3 cm。当今苜蓿的种植多采用单播，而苜蓿和多年生禾本科牧草如无芒雀麦、披碱草、老芒麦等用 30 cm 同行混播的效果也很好，地上、地下生物量均可提高 15%以上，而且饲用和生态效益均优于单播。播种苜蓿时还可以采用和一年生作物（如谷子、小麦、油菜等）混种，帮助苜蓿芽苗顶土、遮阴，所以农谚说：“苜蓿搅菜子，赵云保太子”，但在种子用量上应适当减少，以保证作物的下种量，而且还应适当提早刈割，使苜蓿更早从荫蔽下解脱出来。在黄土高原干旱地区夏播时则不一定采用保护播种。苜蓿的保苗很重要，幼苗生长缓慢，要适时除草 2～3 次。翌年早春返青和每次刈割后也应进行一次中耕除草。有灌溉条件地区，干旱季节灌 1～2 次水则能大幅度增加产草量。苜蓿常受蚜虫、盲椿象、叶蝉等为害，可用 40%敌百虫乳油等防治。对锈病、白粉病可用多菌灵、托布津等防治。

2. 红豆草

红豆草又名驴食豆、驴喜豆。原产地和主要分布区在欧洲和亚洲西南部。中华人民共和国成立初期从苏联引入，最近又从加拿大引入一些，甘肃绝大部分地区都适宜生长，各地已大量引种，是很有前途的草种之一。

【特征与特性】红豆草为多年生豆科草类。主根系发达，入土深达 3~4 m。侧根也很多，根瘤大而多，每株两年生植株平均有 121 粒。茎直立，上繁，高 60~100 cm。分枝一般达 10~20 个。由 13~19 小叶组成奇数羽状复叶，长总状花序，含小花 40~75 朵，红色、粉红色。荚果扁平，每荚种子 1 粒，千粒重 16 g。

红豆草性喜暖温干燥环境，不耐下湿，抗旱力较强。在夏季高温高湿条件下生长不良，耐寒力比紫花苜蓿稍弱。甘肃境内除甘南高原地区一般年份里都能安全越冬，生长良好，是该地区很有希望的草种之一。红豆草适于沙性钙质或微碱性土壤。由于它的种子较大，播种后的出苗和保苗及对杂草的竞争力都较强，干旱地区早春播种，当年就能开花结实，但产籽量不多。湿润地区当年大都不能开花结实，第 2 年一般比紫花苜蓿返青早，生长亦快，能大量结实。

【栽培技术】红豆草为种子繁殖，甘肃各地都能开花结实，而以干燥暖温地区产量较高。在河西走廊和陇东黄土高原地区宜春播或初夏播种，甘肃南部以夏播为宜。秋播的幼苗不易过冬。一般均采用带荚果实播种，条播每亩 4~5 kg，行距 30 cm 左右，覆土深度为 3~4 cm。专门生产种子则行距可适当加宽而播量减少，一般采用10~15 cm 的深沟播种，覆土仍为 3~4 cm，留一浅沟，冬前适当蕴土，可增强越冬力，尤其在坡地的等高条沟播种，在水土保持上还有更重要的意义。此外，越冬前追施磷肥和提早刈割对抗旱保苗都有积极的作用。红豆草为标准上繁牧草，为了充分利用土地和空间光能资源，能够和下繁或半下繁草类，如无芒雀麦、老芒麦、牛筋子等混播，收益将更大。

【利用价值】红豆草生长年限一般为 6~7 年，特殊情况下可生长 10~20 年。产草量最高为第 2~4 年，常用作刈割用人工草地或草、粮轮作，刈割为青饲或调制干草，再生草可用作放牧。为绵羊所喜食。红豆草的消化率高于紫花苜蓿、沙打旺等牧草。初花期干草的化学成分：粗蛋白质 16.8%、粗脂肪 4.9%、粗纤维 20.9%、无氮浸出物 49.6%、灰分 7.8%。一般在现蕾后即可刈割，过迟则木质化，质量降低，刈割留茬 5~6 cm 为宜，最后一茬要稍提早刈割，并稍高留茬，以保证安全越冬。甘肃大部分地区，尤其是中、南部地区每年可以刈割 2~3 茬。亩产干草 200~300 kg，高产地可达 500 kg 以上。种子亩产 30~40 kg，专门采种栽培则可达 100 kg 以上。红豆草也是优质蜜源植物和保土增氮绿肥植物。

3. 沙打旺

沙打旺又名直立黄芪、麻豆秧。在河南、河北等地较早栽培为绿肥和饲草利用。近年来在北京、辽宁、山西等地也大量引种栽培，并成为山区和黄土高原主要飞播草种。

【特征与特性】沙打旺为豆科黄芪属多年生草本植物。主根粗壮，入土深达 1 m 以上，侧根也很多，具有大量根瘤。栽培种多直立（甘肃野生直立黄芪斜向上或半匍匐），株高1~2 m，丛生总状花序，多为腋生，有17~79朵小花，花蓝色、紫色或蓝紫色。种子千粒重1.3~2.4 g。

沙打旺的适应性甚强，具有耐旱、耐瘠、耐寒、耐盐碱、抗风沙和抗病虫害等优良特性。它的根生长迅速，播种当年扎根即能利用地下深层水分，所以非常耐干旱和贫瘠。据测试，只要长出4~5片真叶后沙打旺即能忍受-30 ℃的低温，安全越冬。但是形成花序和种子成熟则需要较高气温。沙打旺的寿命在6年以上，一般第2~4年生长旺盛，第4年以后则迅速衰退，根部腐烂而死亡。它的抗病虫害能力也很强，但菟丝子寄生为害很大。

【栽培技术】沙打旺的种子细小，播种时土壤水分充足是成功的重要因素。无灌溉条件山地以顶凌或雨季播种最好。试验表明，6月中下旬雨季到来之初播种最为理想。播后2~3 d大部分发芽，5~6 d出苗。播种过晚，越冬死亡率很高；过早则常因春旱无雨，也不易出苗。沙打旺要求覆土很浅，条播及收子穴播1~2 cm，人工撒播、飞播只在土表，播后赶牧羊群镇压使种子入土。每公顷播种量：条播、撒播用0.25~0.5 kg，收种穴播用0.1~0.15 kg，飞插0.2~0.25 kg为宜。为了提高沙打旺的饲用经济和水保生态效益，最好采用与禾本科多年生牧草混播，苗期地上部生长慢，宜松土除草1~2次。追施磷肥能明显增加青草和种子的产量。

【利用价值】沙打旺生长前期茎叶柔嫩，有一定的适口性，但很快粗老木质化，养分损失，则不为家畜所乐食。青饲与调制干草或凋萎青贮均可。前期营养丰富。黄土高原地区第2年一般亩产鲜草可达2 000~2 500 kg。沙打旺根系强大，且着生大量的根瘤，实为优良保土、固土、改良土壤、提高肥力的优质绿肥和改土植物。另外，沙打旺含有一定量的有毒物质，影响适口性和利用，但毒性不重，适量采食不易造成中毒。

4. 小冠花

小冠花又名多变小冠花，原产于南欧和地中海地区，我国从1973年始引入南京、北京等地，甘肃从20世纪80年代开始试验栽培，表现很好，适应性很强，能够在全省发展。

【特征与特性】多变小冠花为豆科小冠花，属多年生草本植物。根系发达，穿透力强，侧根也很多，着生许多不规则的大粒根瘤。茎匍匐生长，枝条长30~200 cm，但草层自然高则为60~80 cm。茎中空，质柔嫩。奇数羽状复叶，由9~25片小叶组成，互生。伞形花序，腋生，由十余朵小花呈环状紧密排列于花梗顶端，状似冠帽，故名。小花粉红色。荚果细长如指状，种子肾形，细长，千粒重4.1 g。

多变小冠花根节交错生根并生长许多根蘖芽，繁殖力很强，可进行无性繁殖。覆盖度大，单株可覆盖地面4~6 m^2。抗旱抗寒性较强，对土壤要求不严，在贫瘠的冲刷荒坡、轻盐碱地均可种植，不宜在酸性土和土壤过湿的地上种植，水淹后根部即腐烂而死，在中性或微碱性土壤中生长最好。

【栽培技术】多变小冠花可以用种子或根进行繁殖。种子细小，所以要求整地细平，浅覆土1~2 cm。播种期要求不严，从春季到秋季均可播种。条播、穴播或撒播均可，条播量每亩0.5 kg左右。另外，用分根繁殖的效果好，根切17 cm左右（每段有3~5个不定芽），平埋根于3~5 cm深的土层内。用茎扦插也易成活，最好在雨季斜插于土内，顶端露出地面。必要时还可采用幼苗移栽（用营养袋更好）的方法繁殖。苗期生长缓慢，易受草害，应及时除草。每次刈割后也需灌水和追施磷、钾肥料。

【利用价值】多变小冠花再生力很强，在甘肃的夏绿林区一年可以刈割 3~4 次。茎叶柔嫩，营养丰富，可作为家畜的良好饲草。因含有一些毒素，过多采食会引起家畜的生理失调。可作为甘肃丘陵山地人工草场，固土保墒，防止水土流失和绿肥利用。

5. 白三叶

【特征与特性】白三叶喜温暖湿润气候，生长适温为 19~24 ℃，耐热性和抗寒性比红三叶强。耐酸性土壤，适宜的土壤 pH 为 5.6~7，但 pH 低至 4.5 亦能生长，不耐盐碱。较耐湿润，不耐干旱。再生性很强，在频繁刈割或放牧时，可保持草层不衰败。是一种放牧型牧草。在年降水量为 640 mm 以上或夏季干旱不超过 3 周的地区均适宜种植。

【栽培技术】白三叶种子细小，播种前需精细整地，清除杂草，施用有机肥和磷肥作底肥，在酸性土壤上应施石灰。白三叶可春播和秋播，在甘肃以春播为宜，但不应迟于 6 月中旬，过晚，越冬易受冻害。播种量每亩 0.25~0.5 kg，最好与多年生黑麦草、鸡脚草、猫尾草等混播，白三叶与禾本科混播比例为 1：2，以提高产草量，也有利于放牧利用，混播时每亩用白三叶种子 0.1~0.25 kg。条播或撒播，条播行距 30 cm，播深 1~1.5 cm，播种前应用根瘤菌拌种和进行硬实处理。白三叶苗期生长缓慢，应注意中耕除草。白三叶宜在初花期刈割，一般每隔 25~30 d 利用一次，每年可刈割 3~4 次，亩产 2 500~4 000 kg，高者年可产 5 000 kg 以上。

【利用价值】白三叶茎叶柔嫩，适口性好，营养价值高，为绵羊所喜食。干物质含粗蛋白质 24.7%、粗纤维 12.5%，干物质消化率 75%~80%。绵羊在良好的白三叶牧地不需补饲精料。白三叶草地除放牧绵羊外，也可刈割饲喂绵羊。白三叶还可作为水土保持和绿化植物。

6. 红三叶

【特征与特性】红三叶喜温暖湿润气候。夏季温度超过 35 ℃生长受抑制，持续高温，易造成死亡。红三叶耐湿性好，在年降水量 1 000~2 000 mm 的地区生长良好，耐旱性差。要求中性或微酸性土壤，适宜的土壤 pH 为 6~7，以排水良好、土质肥沃的黏壤土生长最佳。

【栽培技术】红三叶种子小，要求精细整地，可春播和秋播，甘肃以春播为宜，播期 4 月，播种量 0.5~0.75 kg。适条播，行距 20~30 cm，播深 1~2 cm。用红三叶根瘤菌剂拌种，可增加产草量。施用磷肥、钾肥、有机肥有较大增产效果。红三叶苗期生长缓慢，要注意中耕除草。红三叶产量高，再生性强，一年可刈割 2~3 次，管理得好，亩产可达 4 000~5 000 kg。

【利用价值】红三叶草质柔嫩，适口性好，为各种家畜所喜食，干物质消化率为 61%~70%。营养丰富，干草含粗蛋白质 17.1%、粗纤维 21.6%。红三叶可刈割，也可放牧绵羊，打浆可喂羊，饲养效果很好。红三叶与多年生黑麦草、鸭茅、牛尾草等组成的混播草地可提供绵羊近乎全价营养的饲草，与禾本科牧草混播的红三叶也可青贮。

7. 黄花草木樨

【特征与特性】草木樨适应性广，能耐寒，种子发芽最低温度为8~10 ℃，最适温度为18~20 ℃。能在高寒地区生长，耐旱性强，在年降水量400~500 mm的地方生长良好。草木樨能耐瘠、耐盐碱，适宜土壤pH 7~9，从重黏土到沙质土均可生长，在富于钙质土壤生长特别良好。不耐酸，能耐湿。

【栽培技术】草木樨种子小，出土力弱，根入土又深，宜深耕细耙，平地碎土后播种。种子硬实率高达40%~60%，将种子与砂混合揉搓或将种子用磨米机碾磨一次，可使种子发芽率显著提高，可提前出苗2~3 d。春秋播均可，秋播以9月下旬为宜，每亩播种量0.75~1.25 kg，收种者每亩播0.5~1.0 kg即可。单播行距：收草的为20~30 cm、收种的为45~50 cm。播种深度以2~3 cm为宜。草木樨幼苗生长缓慢，应及时除草并除去过密幼苗。每次刈割以后应进行中耕除草、灌溉和施肥，以提高牧草的产量。再生产力不强，一般在茎高50 cm时即可刈割，应留茬10 cm左右以利再生，一般亩产鲜草1 500~3 000 kg，草木樨为绵羊的好饲料，可作青饲、放牧、调制干草利用。

8. 春箭筈豌豆

【特征与特性】春箭筈豌豆喜温暖湿润气候，抗寒性中等，比毛苕子差，在0 ℃时易受冻害。不耐热，生长发育对温度要求最低为5~10 ℃，适宜温度为14~18 ℃；成熟要求温度为16~22 ℃。对土壤要求不严，除盐碱地外，一般土壤均可栽培，耐瘠薄。但在排水良好、肥沃的沙质土上生长最好，也能在微酸性土壤上生长。在强酸或盐渍土上生长不良。对水分比较敏感，喜潮湿土壤，多雨年份产量可提高50%~100%。在甘肃河西走廊、中东部地区秋播，4月中旬始花，中下旬盛花，5月下旬结实，生育期230 d左右。

【栽培技术】

(1) 选地与整地　春箭筈豌豆虽对土壤要求不严，但为了获得高产量，以选择沙壤土及排水较好的土壤上种植为宜。播前整地应精细。

(2) 施底肥　亩施有机肥1 500 kg和过磷酸钙10~15 kg作底肥。

(3) 播种期　甘肃河西走廊、中东部地区宜秋播，即白露（9月上中旬）前后。

(4) 播种量　作饲料或绿肥用，每亩播种量为4~5 kg；种子田亩用种量为3~4 kg。与谷类作物混播，其比例为2∶1或3∶1，春箭筈豌豆每亩用种量按单播的70%计算。

(5) 播种方式　可采用单播和混播，一般以混播为主。其单播又可条播、点播。条播，行距30~40 cm；点播，行距25 cm为宜，播深3~4 cm，覆土2 cm。混播，可与谷类作物或禾本科牧草混播。

(6) 追肥　在苗期可亩施尿素2.5~4 kg或清粪水。春箭筈豌豆，一般再生性较好。刈割后为了促进再生草的生长，可追施氮肥或清粪水。

(7) 灌溉　根据灌溉条件，结合土壤湿度和干旱情况，在生长发育时期，可灌溉3~4次。

(8) 中耕除草　春箭筈豌豆幼苗出土能力差，生长缓慢，应及时中耕除草1~2次，防止杂草压苗，以利生长。

【利用价值】春箭筈豌豆茎枝柔嫩，叶量多，适口性好，营养价值高，为各种家畜所喜食。据分析，干草含粗蛋白质 16.14%、粗脂肪 3.32%、粗纤维 25.17%、无氮浸出物 42.29%、钙 2.0%、磷 0.25%，其籽实含粗蛋白质高达 30.35%。同时，它也是一种优质的绿肥作物。压青半个月即可腐熟，能增加土壤中氮素，经测定，在 0~20 cm 土层中速效氮含量比未种春箭筈豌豆的土地增加 66.7%~133.4%。

春箭筈豌豆可晒制青干草或青贮，还可在幼嫩时期放牧。种子含苷，粉碎作精料时，应将种子用温水浸泡 24 h 再煮熟，以除去有毒物质，饲喂要适量，更不能长期单一使用。绵羊日喂不超过 1 kg。一般亩产鲜草 1 500~2 000 kg，高者可达3 100 kg。

9. 毛苕子

【特征与特性】毛苕子耐寒力较强，也耐旱。生长后期植株上部直立，下部常卧地倒伏。对土壤要求不严，喜沙质土壤，不宜潮湿或低洼积水土壤。适宜土壤 pH 5~8.5，红壤与含盐 0.25%的盐碱土上，均可正常生长。

【栽培技术】春秋播均可，9 月中下旬播种为宜。每亩播种量 3~4 kg。毛苕子新鲜种子出苗率仅 40%~60%，用“二开一凉”温水浸泡 24 h，可提高发芽率和提早出苗 2~4 d。撒播、条播、点播均可。条播或点播较好。条播行距 20~30 cm，点播穴距 25 cm 左右。播深 4~5 cm。播种前应多施基肥和磷肥，返青后可追施草木灰或磷肥 1~2 次，施磷肥的增产显著。春季多雨地区应进行挖沟排水，受蚜虫为害时可用 40%乐果乳剂 1 000 倍稀释液喷杀。毛苕子自现蕾至初花期均可刈割作青饲料。在草层高度达40~50 cm 时即应刈割利用，以免影响草质品质和再生能力。一般亩产鲜草 1 750~2 750 kg 或更高。

10. 紫云英

【特征与特性】紫云英喜温暖湿润气候，过冷过热均不适宜。种子发芽最适宜温度为 20~25 ℃。幼苗期在-7~-5 ℃开始受冻或部分死亡。生长适宜温度 15~20 ℃，气温较高地区生长不良。紫云英比较耐湿，自播种至发芽前，土壤不能缺水，发芽后如遇积水则易烂苗。生长发育期间也最忌积水。出苗至开花前，如果田里积水，易受冻死亡，或叶色转黄，生长不良。开花结荚期久雨积水，则降低种子产量和质量。耐旱性较差，久旱能使紫云英提前开花。

紫云英喜沙壤土或黏壤土，也适应于无石灰性冲积土。耐瘠性弱，在黏土或排水不良的低湿田和保水、保肥性差的沙性土壤均生长不良。比较耐酸，但不耐碱。适宜土壤的 pH 为 5.5~7.5。在含有盐分较高的土壤中不宜栽种，土壤含盐量超过 0.2%容易死亡。

紫云英播种后 6 d 左右出苗。开春以前，以分枝为主。开春以后，分枝停止，茎枝开始生长。4 月开花，5 月种子成熟。紫云英的品种很多，依生育期的长短和开花的早迟，分为早、中、晚熟 3 个类型，早熟种为 233 d，晚熟种 240 d。一般早熟种叶小、茎矮，鲜草产量低，种子产量较高。晚熟种则反。

【栽培技术】

（1）播种期　适时播种可使紫云英达到一定的茎长和增加有效的分枝数。播种越迟，产量越低。播期不能迟于霜降。

（2）播种量　一般以2.5~4 kg为宜。播种量较高的产草量也较高。紫云英种子硬实多，播前用砂磨、碾轧等方法，将清选过的种子进行硬实处理，或用水浸种24 h后捞出沥干，都能提高种子发芽率。在未种过紫云英的地方，应采取人工接种根瘤菌的办法，以提高紫云英的鲜草产量和种子产量。

（3）播种方法　多采用撒播。晚稻田套种时，宜留薄薄的一层浅水，播后两三天种子已露芽时，再将田面落干。

（4）施肥　一般不施基肥，也有在晚稻田播种紫云英前，先施猪、牛、羊粪作基肥兼作晚稻肥料用的。播种时，用50%人粪尿液浸种10~20 h，再用草木灰拌种作种肥，可使紫云英发芽整齐，保证茎、叶粗壮。

苗期至开春前，施用灰肥、厩肥作苗肥和腊肥可促使幼苗健壮，根系发达，提早分枝，加强抗寒能力。开春后至拔节前，施用猪粪、牛粪、羊粪、人粪尿或硫酸铵等并配合磷钾等速效肥料，可显著促进茎叶生长。

紫云英对磷肥敏感性很强。磷肥能促进种子发芽，增强植株的抗病能力，使之生长旺盛。

11. 普通苕子

【特征与特性】普通苕子喜温暖湿润气候，在0 ℃时即易遭冻害。耐旱性强，对土壤要求不严，喜沙质壤土，不宜潮湿或低洼积水土壤，pH 6.0~6.5。春播者生长迅速，出苗后60 d即可刈割利用。秋播者到翌年5月结实成熟后死亡。

【栽培技术】可春播或与冬作物、中耕作物以及春种各类作物进行间、套、复种。在9月中下旬秋播。普通苕子种子大，每亩播种量4~5 kg。与麦类混播时，可增加播种量或将麦类播种量减少。单播时撒播、条播、点播均可，条播行距20~30 cm，点播穴距25 cm左右。收种行距45 cm，播深4~5 cm。与黑麦草混播比例以（2~3）：1为佳，每亩苕子2~3 kg，黑麦草1 kg；与麦类混播比例为1：（1~2），每亩可用苕子2 kg，燕麦2~4 kg。混播方式以间行密集条播为好。播种前应多施基肥和磷肥，返青后可追施草木灰或磷肥1~2次。施磷肥的增产效果显著。调制干草，在结荚期收割产量最高，用作青饲的以盛花期刈割较好。

12. 多花黑麦草

【特征与特性】多花黑麦草的别名为意大利黑麦草，一年生黑麦草，多次刈割黑麦草。多花黑麦草喜温暖湿润气候，在昼夜温度12~27 ℃时，生长最快。超过35 ℃生长不良。土壤温度比气温对生长的影响更大些，土温20 ℃时，地上部分生长最盛。分蘖最适温度为15 ℃左右。光照强，日照短，温度不高，对分蘖有利。耐严寒和干热，在低海拔区越夏差，在海拔800~2 500 m的温带湿润、年降水量800~1 500 mm的地区种植，可生长2年，当田管精细、利用合理，可利用3年。适宜在肥沃、湿润而深厚的土壤上或沙壤上种植。最适合的土壤pH为6~7，也可适应土壤pH 5~8。不耐长期积水。再生性强，拔节前刈割，很容易恢复生长。刈割后再生枝条有两类：一类是从没有损伤的残茬内长出，占总再生数65%；另一类则从分蘖节长出，约占总再生数的35%。

【栽培技术】

（1）选地与整地　多花黑麦草的栽培技术与多年生黑麦草基本相同。多花黑麦草生长快，产量高，再生力强。对土壤养分的消耗量大，它适应土层深度、肥沃、湿润的壤土或沙壤土上种植，一般黏重性土也能生长。播前，为了出苗整齐，同多年生黑麦草一样，应精细整地。

（2）施底肥　在播种前，应施足底肥，其肥料的种类、田管同多年生黑麦草一样。

（3）播种期　海拔为400~800 m的低山区可秋播（即9月中旬至10月上旬），海拔1 000 m以上者可春播（3月上中旬）。

（4）播种量　一般亩播种量为1.0~1.5 kg。

（5）播种方式　以条播为宜，行距30 cm，播幅（开沟宽）15 cm左右，开沟深度2~3 cm。种子田行距40 cm为宜，覆土深度1.5~2 cm。多花黑麦草可与生长期短的苕子、紫云英等牧草混播，可提高当年产量，其多花黑麦草的播量为单播量的75%，豆科牧草为单播量的80%。同时，它与多年生黑麦草一样，可与农作物进行套作或间作。

（6）追肥　多花黑麦草对氮肥敏感。每亩施尿素7.5~12.5 kg，每千克尿素增产鲜草23.75 kg，多花黑麦草主要需肥是三叶期、分蘖期和拔节期，各生育期的施肥量分别占总施肥量的40%、45%、15%。每次刈割应亩施尿素4~5 kg。

（7）灌溉　多花黑麦草是需水较多的牧草，在分蘖、拔节、抽穗3个时期及每次刈割以后适时适量进行灌溉，可显著提高产量。尤其在冬春干旱的地区，更应该重视灌溉，才能获得更高的产量。

（8）中耕除草　为了疏松土壤，消灭杂草，减少病虫害，分蘖期和每次刈割后应进行中耕，能加快多花黑麦草的再生速度。中耕深度，分蘖前期宜浅，后期可稍深。除杂草应在开花前进行，宁早勿晚。

【利用价值】多花黑麦草在草层高度为50~60 cm时刈割作青饲，叶多茎少，草质柔嫩，各种牲畜均喜食，适口性好，采食率高。青饲喂羊的采食率在95%以上。初穗期刈割，茎叶比例为1∶(0.5~0.66)，延迟收割期则1∶0.35。同时，由于刈割时期不同，其营养成分的含量和鲜草产量也不同。如叶丛期刈割，干草含粗蛋白质18.6%，粗脂肪3.8%，粗纤维21.2%，每亩产鲜草9 481.9~10 275.0 kg，花期前刈割，干草粗蛋白质15.3%，粗脂肪3.1%，粗纤维24.8%，每亩产鲜草7 222.2~7 911.1 kg。开花期刈割，干草粗蛋白质13.8%，粗脂肪3.0%，粗纤维25.8%。因此，多花黑麦草应适时刈割，有利于产量高，牲畜易消化。

多花黑麦草可青饲，也可青贮，还可调制干草作冬春饲草。

13. 苏丹草

【特征与特性】苏丹草是一种喜温的、春性发育型禾草。在气候温暖、雨水充沛的地区生长最繁茂。种子发芽最适温度为20~30 ℃，最低温度为8~10 ℃，在适宜条件下，播后4~5 d即可萌发，7~8 d全苗。播后5~6周，当出现5片叶子时，开始分蘖，生长速度增快。出苗后80~90 d开始开花。苏丹草具有良好的再生性，这是苏丹草高产、能多利用的重要原因。在温暖地区可以获得2~3次再生草。刈割高度与再生能力有直接关系，一般留茬高度以7~8 cm为宜。从播种至种子成熟所需积温为2 200~

3 000℃，在 12~13 ℃时几乎停止生长。幼苗低于 3~4 ℃，往往招致冻伤，甚至死亡。

苏丹草对土壤要求不严，在弱酸和轻度盐渍土上能生长，但过于湿润、排水不良或过酸过碱的土壤上生长不良。在黑钙土、暗栗钙土上比在淡栗钙土、沙土上生长良好。

苏丹草最好的前作是多年生豆科牧草或多年生混播牧草，玉米和大豆也是苏丹草的良好前作。

【栽培技术】种植苏丹草的土地，应进行秋耕除茬，并施足底肥，春季及时进行耙耱；中耕作物之后，一般进行秋翻。播前要进行精选种子和种子处理，并进行晒种，以便打破休眠，提高萌发率。此外，应进行药物拌种，防止病害发生。春播时，须待春暖，土壤 10 cm 深处的温度达 10~12 ℃时播种。播种量，在比较干旱地区每亩 1.5 kg 为宜，而水肥条件较好时，每亩可以播种 2~2.5 kg。

苏丹草多采用条播，水肥条件较好或雨水较多地区，进行窄行播种，一般行距 20~30 cm，播后要及时进行镇压，以促进种子萌发。一般每亩产青草 3 000~5 000 kg。

苏丹草苗期生长缓慢，与杂草竞争能力弱，必须及时清除杂草。还要进行土壤松耙，消除土壤板结，以便保蓄土壤水分。

14. 串叶松香草

【特征与特性】串叶松香草喜温暖潮湿气候。能耐寒，在-6~-5 ℃能安全越冬，返青比聚合草早 20 d 左右，但种子发芽须在 13 ℃以上才能正常发芽。月平均温度 18~25 ℃生长良好。耐热性较强，在极端最高气温 35 ℃时，仍生长良好，耐旱性比聚合草强。耐湿性，在雨季连续降水时，仍能生长茂盛。对土壤要求不严，耐微酸、微碱。宜在肥沃潮湿的土壤种植。第 1 年春播后不能开花结实，第 2 年 6 月中旬始花期，7—8 月盛花期，8 月中旬种子陆续成熟，10 月为终花期；生育期 250 d，生长期 280~300 d。

【栽培技术】

(1) 选地与整地　串叶松香草宜选择肥沃湿润的土壤上种植。因种子千粒重轻，整地应精细，以利出苗整齐。

(2) 施底肥　每亩施有机肥 750~1 000 kg 及过磷酸钙 10~15 kg 作底肥。

(3) 播种期　一般以春播为宜（即 3 月下旬至 4 月上旬），因春播后的气温和地温逐渐升高，雨量较充足，有利于苗期生长。也可以秋播（即 8 月中下旬至 9 月上旬）。播期不宜过晚，过迟播种，苗期生长期短，难越冬。

(4) 播种量　视不同播种方式而异，作为穴播，每亩用种量为 0.3 kg，每穴 3~4 粒种子；作为育苗移栽，可按每粒种子之间距离为 2 cm 计算其亩用种量，然后均匀撒播在苗圃内即可。

播种方式一般采用穴播为宜，作刈割地株行距为 50~60 cm，作种子田株行距为 1 m×1 m，而既作种子田又作刈割草地者，株行距 70 cm×70 cm，播种深度 3~4 cm，覆土时，先施草木灰，然后覆土，并盖一定的干草，以保持土壤湿度。也可采用育苗移栽或分蔸移栽的方法进行种植。育苗移栽应在幼苗期叶片达 4~5 个时进行即可；一般分蔸移栽，用生长一年以上的老蔸进行分蔸移栽，每一蔸应有 1~2 个芽孢，以利于成活。其株行距与穴播一致。还可与其他牧草或饲料作物进行套作，因串叶松香草株行距较大，苗期生长较慢，可先种植串叶松香草，后在行间套作牧草或饲料作物。既充分利用了地力和空间，又增加了饲草饲料产量和种类。

（5）追肥　串叶松香草在幼苗期生长缓慢，可追施清粪水或亩施尿素 2.5 kg。移栽成活后或每次刈割后须施尿素 7.5 kg 或人畜粪尿 1 500 kg。

（6）灌溉　播种后，土壤应保持一定湿度，以利出苗。出苗后 10 d 左右不灌溉。生长时期，当遇干旱时，可根据各地灌溉条件及时灌溉。

（7）中耕除草　串叶松香草在苗期生长较慢，应及时中耕除草。每次刈割之后视田间杂草多少和土壤板结程度注意中耕除草。

【利用价值】串叶松香草可利用 10~15 年，草质好，产量高，绵羊喜食。据测定，全草（干草）含粗蛋白质 23.5%，鲜草每千克含胡萝卜素 4.25 mg、赖氨酸 4.9%。串叶松香草主要刈割作青饲，生喂、熟喂或发酵以后喂均可，也可制成青干草，还可青贮。但作青饲时，应注意适时刈割，一般株高 50~60 cm 时刈割为宜。

15. 籽粒苋

【特征与特性】籽粒苋的别名为禾穗谷，喜温暖气候，适应性强，甘肃境内均可生长。耐寒力较差，一般以地温稳定在 16 ℃以上为最好，温度过低则不易出苗。耐旱性强，形成 1 g 干物质只需水 57.05 g，相当于玉米的 45.1%。抗盐碱能力强，在表土层 0~10 cm 含盐量 0.5%的土壤上能正常出苗生长。籽粒苋是 C4 植物，光合效率较高。一般生育期 70~80 d，有的可达 135 d。

【栽培技术】

（1）选地与整地　籽粒苋对各种土壤均适宜，但最宜在温暖气候、湿润肥沃的沙质壤土上生长。整地必须精细，以利出苗整齐。

（2）施底肥　每亩施有机肥 1 000 kg，过磷酸钙 10 kg 作底肥；或在播种前施熟猪粪水作底肥也可。

（3）播种期　农区于 3 月下旬至 7 月下旬均可播种；山区宜 4 月上旬和中旬播种。

（4）播种量　每亩播量 50~60 g。

（5）栽培方式　一般采用条播或穴播，行距 35 cm，播深 1 cm，覆土 1 cm，当苗生长到 15 cm 时可间苗定株，株距 10~15 cm 为宜。也可撒播，将种子均匀地撒在地面，然后轻耙一次。

（6）追肥　籽粒苋出苗后生长到 20 d 左右应追施熟粪水或氮肥一次。每刈割一次应每亩施尿素 5 kg 或熟粪水。

（7）灌溉　籽粒苋幼苗期必须保持田间土壤湿润，灌溉有利于幼苗的生长。生长中后期可不灌溉，并注意排水。

（8）中耕除草　籽粒苋幼苗生长较慢，易受杂草为害，应及时除草和间苗。

【利用价值】籽粒苋是一种新型粮食、饲草、饲料兼用作物。一份籽粒苋和九份小麦面粉制作的食品，相当于牛奶的营养水平。籽粒苋还可榨油。在养殖业上，目前被广泛用作牲畜和家禽的牧草。据分析，籽粒苋含蛋白质 16%~18%，是大米的 2 倍，小麦的 1.33 倍，玉米和高粱的 1.66 倍。现蕾期叶片含粗蛋白质 23.7%，是玉米秆的 8 倍。成熟期秆含蛋白质 4.8%（收种后），相当于玉米的 2 倍。其籽实的赖氨酸含量 0.79%，是小麦的 2 倍，含脂肪 7.5%、淀粉 61%。籽粒苋草质优，适口性佳，产草量高，可青饲、青贮和调制干草粉。籽粒苋每年刈割 5~6 茬，一般亩产鲜草 8 700 kg，最高可产鲜草 14 000 kg。

16. 扁穗冰草

扁穗冰草又名冰草、扁穗鹅冠草、羽状小麦草。

【特征与特性】冰草是温带干旱和半干旱草原的主要牧草，是美国、加拿大、俄罗斯干旱区的栽培禾草之王。我国东北、华北、西北、西南野生较普遍。

冰草为多年生疏丛型禾草，也有短根茬-疏丛型分布。须根发达，具沙套。株高 30~60 cm。野生者分蘖和叶片很少，叶常内卷。栽培种可达 20~40 个分蘖。穗状花序顶生直立，小穗紧密排列两侧，呈羽毛状。每小穗 4~7 朵花，顶生小花不孕。种子千粒重 2 g 左右，每千克约 50 万粒。

冰草抗旱耐寒很强，最适于干旱、寒冷的北温带栽培。对土壤要求不严，轻盐渍土，甚至半荒漠地带也生长良好。在河西走廊及陇东黄土高原，不论是从国外引种还是当地野生种，都是最有栽培价值的禾草。冰草春季返青早，生长快。夏季干热时暂时停止生长，秋季再生长。其寿命很长，一次栽培可以利用 15 年以上，有的长达 40 年。

【栽培技术】冰草种子细小，播前整地要细。冰草虽然耐旱，但种子萌发和幼苗期仍需一定水分，所以甘肃播种冰草最好采用顶凌或夏雨季播种，与紫花苜蓿、红豆草和胡枝子采用禾、豆 2 : 1 或 3 : 1 的比例、30 cm 行距同行混播最佳，其次为隔行间播。混播或间播时，播量以每亩 0.5~0.75 kg 为宜。覆土不能过厚，一般 2 cm 左右。种子播在湿土上，播后镇压提墒。幼苗期生长缓慢，应加强中耕除草。甘肃单播者当年亩产青草350~400 kg，第 2 年可达 1 250~1 750 kg。其再生性较强，河西走廊及陇东黄土高原可利用二茬。

【利用价值】冰草春季返青较早，耐践踏，放牧利用率较高，为北方干旱地区放牧型人工草地最佳牧草之一。栽培型引种冰草在某些地区（如河西走廊及陇东黄土高原）可以第一茬刈割，第二、第三茬再生草用作放牧。茎叶柔细，适口性好，绵羊最喜采食，山羊、牛、马等也很喜食。营养价值较高，与豆科牧草相比，除蛋白质和钙稍低外，脂肪、无氮浸出物（特别是非结构性碳水化合物）和消化能均较高，为北方干旱草原区重要能量饲料之一，又是黄土高原保持水土较理想的草种。

17. 中间冰草

中间冰草又叫中间偃麦草。

【特征与特性】原产于东欧，后引入美国和加拿大半干旱地区，现已成为北美最重要的栽培禾草之一。中间冰草为根茎—疏丛型牧草，根系强大，植株高大（90~150 cm），叶片较多。花序呈细棒形穗形，千粒重 5~6 g，每千克 16 万~18 万粒。耐旱和抗寒性与扁穗冰草相似，最适于甘肃干旱、半干旱草原带和干旱山地栽培。

【栽培技术】栽培方法略同于扁穗冰草，与紫花苜蓿混播产草量最高。

【利用价值】保土保水效果优于扁穗冰草，产草量也高。秆高大，宜于刈割利用，再生草放牧，河西走廊及陇东黄土高原等地一年刈割、放牧各一次，对翌年萌发和生长有利。秋末休牧一个多月，冬季再放牧枯草。

我国干旱、半干旱草原区（包括山地草原）及荒漠草原，如甘肃的河西走廊及陇东黄土高原等地还野生几种有饲用价值、有驯化前途的冰草植物，如蒙古冰草、沙生冰草等。

18. 无芒雀麦草

无芒雀麦草又名无芒草、禾营草、无芒雀麦等。

【特征与特性】原产欧洲北部、西伯利亚及我国北方，主要生长于暗栗钙土上。我国东北、华北、西北分布较广。许多国家早已引种，成为重要栽培牧草，美国和加拿大面积较大。适应性强、产量高。目前北方各省都有较大面积的引种栽培。

无芒雀麦是根茎—疏丛型的多年生禾草，寿命10年以上，地下茎发达，根系多，20 cm土层中须根占总根量的1/2还多。茎直立，高80~220 cm，无毛。叶4~8片，细长披针形。圆锥花序开展，一般长26 cm多。小穗含花6~10朵，千粒重4 g左右，每千克25万粒。

无芒雀麦耐寒力强，在内蒙古锡林郭勒盟、山西五台山高山分部，-40 ℃也能安全越冬。抗旱性仅次于冰草。在土壤水肥充足、通透良好、饱和持水量达80%左右时，分蘖数可达数十个。无芒雀麦最适宜生长于年降水量400~600 mm的地区，对土壤要求不严，最适于钙质中性土壤，较耐盐碱，返青较早，晚秋仍保持青绿茎叶，青饲期较长。

【栽培技术】无芒雀麦除种子繁殖外，无性繁殖力也很强，地下茎分株繁殖成活率很高，比种子繁殖快，管理简便，与杂草的竞争力强。河西走廊及陇东黄土高原地区当年可利用三茬，晋西可利用二茬。与紫花苜蓿、红豆草、百脉根或草木樨等豆科牧草同行混播产量最高。

【利用价值】无芒雀麦的营养分蘖枝多，叶量大，如从美国引种的叶量一般达34.2%~47.0%，营养分蘖枝占72%~87%，高于其他禾草。适口性良好，绵羊喜采食。营养价值也高，蛋白质含量丰富，总消化营养物质比披碱草、老芒麦等都高，是北方最主要的能量饲草之一。无芒雀麦是我国北方黄土高原、草原、荒漠风沙区保土保水、固土固沙的优良牧草。

19. 老芒麦

老芒麦又名垂穗大麦草、西伯利亚野麦草等。

【特征与特性】老芒麦为我国北方分布广泛的野生草种。近年来，青海、甘肃、新疆和华北各省等开始驯化栽培，效果良好。本草为多年生疏丛型草，株高50~120 cm，直立生长，叶片柔软、长而扁平，无叶耳。穗状花序疏松下垂，长15~20 cm。每节两个小穗并列生长，颖披针形而具短芒，外稃具长芒，内外等长。千粒重4.5~5.5 g，每千克约20万粒。

野生老芒麦的寿命10年左右，一般2~4年产草量最高。性喜湿润，分布于沟谷、坡地、灌丛及林下。抗寒力特强，在甘肃高寒草原能安全越冬。自然形成大片群落，分蘖力和再生力均强。

【栽培技术】播种方法与田间管理大体同冰草等禾草。在甘肃中东部及南部宜夏播。无芒麦与紫花苜蓿、红豆草、无芒雀麦以及胡枝子等混播最佳。近年来青海等地培育出一种多叶老芒麦，也适于甘肃栽培。其叶量及营养分蘖很多，显著优于普通老芒麦，是北方地区最有前途的禾草品种。

【利用价值】老芒麦产草量甚高，叶量比率大于披碱草属中的任何一种，青饲、干草、青贮均宜，适口性居披碱草属各草种的首位，牛、马、羊均喜采食。一般在抽穗前利用，穗后粗老较快，利用率下降。孕穗期的营养成分：粗蛋白质 11.9%、粗脂肪 2.76%、粗纤维 25.81%、无氮浸出物 45.86%、粗灰分 7.86%、钙 0.26%、磷 0.25%。

20. 羊草

羊草又名碱草。

【特征与特性】羊草为我国主要特产草，国外仅蒙古和俄罗斯有部分分布，广泛而成大群落建群种分布于东北、华北及西北等地区，尤其在黑龙江、吉林和内蒙古东部形成大面积的羊草草甸草原。甘肃也有野生羊草分布，多呈斑块散布，常混生于山坡野生植物群落中，地头地边或撂荒地初期较多生长。近年来，东北和内蒙古大面积人工种植成功。

羊草为多年生强根茎性禾草，地下茎在 10 cm 土层交错，形成根茎层，固土力很强。根茎节间生出分枝芽，形成单枝或 2~3 枝，疏散排列。植株高 30~90 cm，具棕褐色纤维叶鞘。叶长披针形，淡绿或灰蓝色，质地较柔韧。穗状花序直立，每节小穗两个并生（顶端小穗常单生），含 5~10 朵小花，千粒重约 2 g，每千克 50 万粒。

羊草适应性很强，特别抗寒、抗旱，能在甘肃干旱地区年降水量 300 mm 的地区生长，在-40 ℃的地区也能安全越冬。在 pH 为 5.5~9.4 的土壤上都可生长，但弱碱性土壤生长茂盛。尤其适应栗钙土或淡栗钙土。在干燥或稍湿润气候下生长良好。长期水淹则生长不良或大量死亡。繁殖力强，可用种子和根茎两种形式繁殖。因此，在天然草场能很快形成优势群落，湿润环境或多雨年份多不抽穗，干旱年度抽穗较多或者呈生理上年度性间隔抽穗。

【栽培技术】羊草以根茎或种子繁殖，生殖枝较少，有大、小年之分，种子产量低，发芽率差，多用根茎繁殖栽培。种子播量较多，山区撂荒地需 3~5 kg。以 30 cm 条播为宜，要求土壤通透性良好。放牧密度过大而又不作刈割利用时，利用年代超过 5~6 年，由于土壤紧密，通气不良，羊草会很快衰退，产草量大幅度下降。因此，除利用机械耙地外，要控制放牧密度，春季推迟放牧，延长草地利用年限。

【利用价值】适口性特好，各种家畜均喜采食。再生力强，极耐践踏，为放牧理想草类。营养价值很高，为一等牧草。粗蛋白质和钙的含量，比其他禾本科牧草高。

21. 冬牧 70 黑麦

冬牧 70 黑麦属一年生禾本科植物，株高 150 cm 以上，亩产鲜草 5 000~12 000 kg，茎叶柔软、细嫩，鲜物中粗蛋白质含量在 3%左右，赖氨酸含量高，还含有大量的胡萝卜素和多种维生素。适口性好，牛、羊、猪、兔、鹅等畜禽喜食。该牧草早期生长快，分蘖多，耐寒性强，再生性好，是解决冬春青饲料缺乏的优良牧草。8—10 月均可播种，播种时每亩施氮肥 15 kg，土杂肥 1 000 kg 作基肥。9 月中旬至 10 月上旬为最佳播种期，每亩播种量 7.5 kg 为宜，行距 15~20 cm，播种深度同小麦一样。因墒情不足，地下害虫等原因造成缺苗断垄者应及时补苗，有条件的入冬前灌 1 次水。翌年每亩施氮肥 15 kg，进行中耕保墒。做好防蚜虫、锈病、干热风的防治工作。

第 1 次收获，在入冬前株高 20 cm 时刈割，青喂或青贮。第 2 次在翌年 4 月中旬，收获后每亩施尿素 10 kg。第 3 次在 5 月下旬刈割。

22. 墨西哥玉米（饲用玉米）

墨西哥玉米属一年生禾本科植物，株高 300~400 cm，年可刈割 7~8 次，亩产鲜草 10 000~20 000 kg，其粗蛋白质含量为 13.68%，粗纤维含量为 22.7%，赖氨酸含量为 0.42%。它的消化率较高，用其喂奶牛，日均头产奶量比喂普通青饲玉米的提高 4.5%。

墨西哥玉米一般春播，适宜温度 20 ℃左右。播种地需要平整和地力较好的耕地，行株距 35 cm×30 cm 或 40 cm×30 cm，亩实生株群 5 000~6 000 株，亩播种量 1.3 kg 左右，开行点播，每穴 2~3 粒，播种后施散基肥，盖 3~4 cm 细土。育苗移栽，用种量 0.5~1 kg。播种时可用厩肥混拌适量磷肥作基肥，每亩施 1 000~1 500 kg，或用复合肥每亩7.5~10 kg。苗期在 5 叶前长势缓慢，5 叶后开始分蘖，生长转旺，应定苗补缺，并亩施氮肥 5 kg，中耕促苗，苗高 30 cm，亩施氮肥 6 kg。中耕培土，促进分蘖快长，以后每次刈割后，待再生苗高 5 cm 左右，即应追肥盖土，注意旱灌涝排。苗高 40 cm 可第 1 次刈割，留茬 5 cm，以后每 15 d 刈割 1 次，留茬比原留茬稍高 1~1.5 cm，注意不能割掉生长点，以利再生。

23. 甜高粱

甜高粱属一年生禾本科植物，株高 370 cm 左右。亩产秸秆 6 000 kg，籽粒 150 kg，适宜各类草食畜禽适用。甜高粱可种植于不同质地的土壤，但在沙土或黏土地上都有不同程度的减产。以种植在肥沃疏松、排水良好的壤土或沙壤土最为适宜。4 月下旬至 5 月上旬均可播种。播前每亩施土杂肥 2 500~3 000 kg，标准磷肥 50 kg，尿素 15~20 kg 作底肥，播种深度 3~5 cm。按 15 cm×20 cm 株距，50~70 cm 行距，划行点播或条播，亩播量 0.4~0.5 kg，亩保苗6 000~7 000株，播后覆土镇压。出苗后及时查苗补种，去杂草。2~3 片叶时进行间苗，4~6 片叶时按计划定苗。要求中耕除草 2~3 次。在幼苗长出 2~3 片叶时浅锄保墒除草，在 4~6 片叶时定苗深锄，促根发育。结合培土除蘖，深耕至不伤根，培植单株壮苗，防止后期倒伏。全生育期在拔节、抽穗、灌浆期分别浇水 3 次。结合浇水，适量追肥，亩施氮肥 15 kg。

甜高粱待籽粒腊熟时，即可收获果穗，再过 5~7 d 收割茎秆，此时茎秆含糖量最高，应及时青贮。

24. 鲁梅克斯 K-1（高秆菠菜）

鲁梅克斯 K-1 属蓼科多年生饲草。生长期 25 年，叶呈披针形，长 40~50 cm，宽 15~20 cm，叶柄长 15~20 cm，株高 60~80 cm，亩产鲜草可达 10 000~15 000 kg。鲁梅克斯 K-1 具有抗严寒、御干旱、耐盐碱、易栽培等特性。在含盐量 0.6%、pH 为 8~10 的土壤中能正常生长发育。3—10 月播种，大田直播每亩用种 100~150 g（育苗移栽 50 g即可），可按行距 50~60 cm，株距 25~30 cm，种子生产地可行距 70~80 cm，筑埂作畦，苗期中耕除草并及时补苗。每年春初追氮、磷、钾无机肥 15 kg，比例 1∶1∶1 及农家肥3 000~5 000 kg。鲁梅克斯 K-1 作为饲料每年可刈割 4~5 次；留种用时种子收获后，根据生长情况可刈割 2~3 次。每次收割后要灌溉 1 次，促其快速生长，增加产量。霜前 15 d 停止收割，保证来年丰收。

25. 燕麦

【特征与特性】燕麦 *Avena sativa* 是高寒牧区人工草地一年生禾本科饲草料作物。它耐寒、喜冷凉湿润的气候条件，而不耐高温和干旱，对土壤要求不严，适宜 pH 5.5~7.5。且易收获、调制、储存、产草量高、叶片比例大、适口性好，消化率高，营养丰富，各类牲畜喜食。

【栽培技术】

（1）整地　在有灌溉条件的地区，燕麦茬地放牧后要进行秋季深耕，促进土壤腐熟化，减轻杂草为害，减少病菌。翌年春灌水，灌溉数日后耙耱土壤，减少水分蒸发，以备播种。

在无灌溉条件的地区，燕麦茬地应于翌年播前耕翻耙耱后立即播种，以利于保墒出苗。

（2）种子处理　很多为害燕麦的病虫害是通过种子传播的，如散黑穗病、黑粉病等。因此，应在播前实施种子消毒。一般在播种前晒种 1~2 d 后用药物拌种，拌后随即播种。防止散黑穗病可用种子重量 0.3%~0.4%的福美双拌种；杆黑粉病可用种子重量 0.3%的菲醌拌种。

（3）晒种　将种子堆成 5~7 cm 厚，晴天在阳光下晒 4~6 d，每日翻动 3~4 次，阴天及夜晚收回室内，以利用太阳的热能促使种子后熟，提前萌发。

（4）播种期　由于高寒地区气温低，生长季短，通常在 4 月下旬播种为宜，最晚不得迟于 6 月初。寒冷地区具体播种时间可视当地环境条件和生产目的而定。一般作为青刈调制干草可在 5 月 20 日至 6 月 4 日播种，以获得较高的产量和营养物质。作为收种，播期应在 5 月 20 日之前，过迟影响种子产量和成熟度。

（5）播种量　燕麦播种量与种子大小和种子纯净度有关。播种量过稀和过密都会影响产量和质量；牧区传统的高密度播种（300~375 kg/hm^2）不仅浪费 1/3 以上的种子，也不能达到高产目的。传统播量比适宜播量浪费种子 37.5%~40%。因此，应当合理密植。试验表明，播种量为 187.5~225 kg/hm^2 比 150 kg/hm^2 在抽穗期刈割产量提高 8.1%~12.8%，随着生育期推进，产草量还会大大提高。

（6）播种技术和播种方法　燕麦播种方法有撒播、条播；方式有单播和混播之分，因土壤和气候条件有所不同。

撒播：种子在地表分配很不均匀，常出现过稀或过密现象；覆土深浅不一，影响出苗和幼苗生长；甚至 1/3 的种子在地表外露，造成很大浪费。

条播：随耕随种随覆土，播种成行，出苗整齐，生长发育健壮；每公顷可较当地传统播量节省种子 112.5%~150.0%；青干草产量和种子产量比撒播分别提高 64.0%和 39.2%，防除杂草效果好，牧区应逐步实施条播以替代传统的撒播方法。

播后耙耱，可减少土壤水分蒸发，尤其在旱作地区，播后镇压更为重要，镇压可使种子与土壤紧实接触，利于种子吸收水分，提高萌发速度。土壤过于潮湿时不宜镇压，以防土壤板结，影响出苗。

播种的深度与种子大小、土壤含水量及其土壤类型有关。一般来讲，有灌溉条件的地方，播深可在 5 cm 左右，旱作为 7~10 cm，行距 12~15 cm。

单播和混播，混播产量比单播增产 24.82%~35.44%，且营养丰富，互补互济，防止豆科牧草倒伏，改善土壤肥力和合理利用土壤养分，对家畜具有更高的生物学价值。

燕麦覆盖地膜种植，覆盖后出苗整齐，生长发育快，分蘖早，分蘖数比不覆膜提高 60%，干草产量提高 55%。覆盖地膜可显著地增加地温和保持土壤水分，使地温积温在整个生长期内增加 100~250 ℃，土壤表层含水量增加 1%~2%。

【田间管理】燕麦苗期生长缓慢，易受杂草为害，田间管理应注重杂草防除。消灭杂草，采用人工除杂及化学除莠方法。播前可用化学药物灭杀杂草效果最好，用 2,4-滴丁酯和 2,4-滴钠盐进行灭杀，用药量 1.125~1.875 kg/hm^2，加水 750 kg；可进行喷雾，在燕麦分蘖期和拔节期进行较为适宜。出苗前若遇雨雪，要及时轻耱，破除板结。在整个生育期除草 2~3 次，三叶期中耕松土除草，要早除、浅除，提高地温，减少水分蒸发，促进早扎根，快扎根，保全苗。拔节前进行 2 次除草，中后期要及时拔除杂草。种子田面积不大，可选用人工除草。种植面积较大时可采用化学除草剂，在三叶期用 72%的 2,4-滴丁酯乳油 900 mL/hm^2，或用 75%巨星干悬浮剂 13.3~26.6 g/hm^2，选晴天、无风、无露水时均匀喷施。为了提高粒重和改善品质，抽穗期和扬花前用磷酸二氢钾 2.25 kg/hm^2、尿素 5 kg/hm^{2}和 50%多福合剂 2 kg/hm^2，兑水喷施。有灌水条件的地方，如遇春旱，于燕麦三叶期至分蘖期灌水 1 次，灌浆期灌水 1 次。苗期灌水时，从总肥量中取出尿素 7.5 kg/hm^{2}随水灌施。

【合理施肥】在高寒牧区耕作层土壤养分低氮、贫磷、富钾，燕麦草地有机肥底肥施量37 500 kg/hm^2。可采用氮、磷按比例施肥，用每公顷 60 kg∶60 kg 的施肥量，可大幅度提高产草量。追施氮肥，第一次可在燕麦分蘖期进行，有利于促进有效分蘖的发育；第 2 次可在孕穗期进行，达到增产的目的。

【病虫害防治】选择优良品种的优质种子，实行轮作，合理间作，加强土、肥、水管理。清除前茬宿根和枝叶，实行冬季深翻，减轻病虫基数。掌握适时用药，对症下药。燕麦坚黑穗病可用拌种双、多菌灵或甲基硫菌灵，以种子重量 0.2%~0.3%的用药量进行拌种；燕麦红叶病可用 40%的乐果或 50%的辛硫磷乳油2 000~3 000 倍液等喷雾灭蚜。黏虫用 80%的敌敌畏乳油800~1 000倍液、80%美曲膦酯乳油500~800 倍液等喷雾防治。对地下害虫可用 50%辛硫磷乳油 3.75 kg/hm^{2}配成毒土，均匀撒在地面，耕翻于土壤中防治。

【收获】高寒牧区应在 9 月初一次性收获较为适宜，此时燕麦正处于乳熟期；若刈割过迟使燕麦茎秆变黄，导致营养物质损失大。

燕麦籽粒成熟期基本一致，穗子顶部小穗先成熟，下部后成熟，而在每一个小穗中，基部的小穗先成熟，顶部的小穗后成熟。在穗子上部籽粒进入蜡熟期收获较为适宜。如果降霜前种子仍未成熟，则应刈割青贮或调制干草。

26. 饲料玉米

【栽培技术】

(1) 种子处理　在玉米播种前可通过晒种、浸种和药剂拌种等方法，增加种子的生活力，提高种子的发芽率，减轻病虫为害，以达到苗早和苗齐、苗壮的目的。晒种，播前选择晴天，连续暴晒2~3 d，并使种子晒匀，可提高出苗率；药剂拌种，用硫酸铜等拌种能减轻玉米黑粉病等的发生，用辛硫磷等拌种能防治地下害虫；种子包衣，包衣能防病治虫和促进生长发育。

(2) 增施有机肥、平衡施肥　根据平衡施肥原理，实施测土配方施肥，在确定目标产量的基础上，通过测土化验，掌握土壤有效养分含量。做到氮、磷、钾及微量元素合理搭配，优质农肥2~3 t/亩，测土配方专用肥40 kg/亩，尿素20 kg/亩。

(3) 适时播种　饲料玉米播种必须适时抢前抓早，一般在4月20—30日为最佳播期，采取催芽坐水种的方法，达到一次播种出全苗。也可以采用覆膜、育苗移栽等保护地栽培方法，可以抢早上市10~15 d。种植密度以亩保苗3 300~3 500株为宜，即70 cm垄，株距26~29 cm。播后镇压一次。

【栽培技术要点】对现有玉米种植模式进行技术改造。积极推进规模连片种植，建设千亩以上核心示范区，示范推广先进栽培技术。科学合理施肥，重点推广测土配方平衡施肥、有机肥资源综合利用和改土培肥3项技术。增加有机肥的施用量，亩施有机肥达到2 m^3。开展最佳栽培密度、最佳肥料营养成分配比及施肥量试验示范，结果显示：在密度上，以株距20 cm为最佳密度，在施肥上，以亩施氮磷钾纯量12 kg，配比氮：磷：钾为3：3：2；在栽培模式上，以65 cm小垄直播最好。

【田间管理】

(1) 及时间苗、定苗、补苗　在玉米三叶期做一次间苗定苗，定向等距留苗。间苗、定苗时间要因地、因苗、因具体条件确定，可适期早进行，宜3叶间苗、5叶定苗；干旱条件下应适当早间苗、定苗；病虫害严重时应适当推迟间、定苗。定苗时应做到去弱苗，留壮苗；去过大苗和弱小苗，留大小一致的苗；去病残苗，留健苗；去杂苗，留纯苗；缺株时适当保留双株，缺株过多时要补苗。为确保收获密度和提高群体整齐度及补充田间伤苗，定苗时要多留计划密度的5%左右，其后在田间管理中拔除病弱株。

(2) 及时中耕、除草、蹲苗促壮　中耕是玉米田间管理的一项重要工作，其作用在于破除板结，疏松土壤，保墒散湿，提高地温，消灭杂草，减少水分、养分的消耗以及病虫害的中间寄主，促进土壤微生物活动，促进根系生长，满足玉米生长发育的要求。玉米苗期中耕一般可进行两三次，中耕深度以3~5 cm为宜。玉米苗期根系生长较快，为了促进根系向纵深发展，形成强大的根系，为玉米后期生长奠定良好的基础，苗期可在底墒充足的情况下，控制灌水进行蹲苗。

(3) 虫害防治　主要采取农业防治，封秸秆垛，烧根茬减少虫源；物理防治，用黑光灯、高压汞灯诱杀成虫；生物防治，施用BT乳剂或放赤眼蜂来杀幼虫和虫卵，使产品提高品质，达到绿色食品标准。

(4) 追肥　玉米6~8叶期每公顷追施尿素130~150 kg，11~13叶期追施尿素70~

100 kg。追肥部位距玉米株 7 cm，深度 10 cm。施用依施牌玉米长效复混专用肥的不用追肥。

（5）化学除草 采取封闭灭草，每亩用 86%的乙草胺 50 mL+2,4-滴丁酯 20 mL 进行土壤处理。

（6）收获和利用 要适时收割，一般在霜前割完、贮完。乳熟期的青贮玉米要混贮及乳熟以后收割的玉米都不应掰下果穗单贮，果穗青贮可以顶精料用，能提高青贮饲料质量。

四、牧草收割的注意事项

为了保障牛羊生产的全年均衡营养，保证在枯草季节，如冬、春季有足够的补饲牧草，从天然草原和人工草地上刈割牧草，制作干草、青贮和半干贮饲草，是减少牛羊冬、春死亡，实现生态畜牧业稳定发展的先决条件。牧草刈割时应注意以下问题。

1. 牧草适宜的收割时间

牧草在生长过程中，各个时期营养物质含量是不同的。牧草幼嫩时期，生长旺盛，体内水分含量较多，叶量丰富，粗蛋白质、胡萝卜素等含量较多。相反，随着牧草的生长和生物量的增加，上述营养物质的含量明显减少，而粗纤维的含量则逐渐增加，牧草品质下降。确定最佳收割时期，首先是要求在单位面积内可消化营养物质最高期，其次是有利于牧草的再生和安全越冬。根据上述两条原则，禾本科牧草和豆科牧草有不同的收割适宜期。

禾本科牧草的刈割：多年生禾本科牧草地上部分在孕穗-抽穗期，叶多茎少，粗纤维含量较低，质地柔软，粗蛋白质、胡萝卜素含量高，而进入开花期后则显著减少，粗纤维含量增多。牧草品质在很大程度上取决于它的消化率，而牧草的消化率同样随着生育期的延续而下降。如果禾本科牧草分蘖期的可消化蛋白质含量为 100%，那么，孕穗期为 97%，抽穗期为 60%，而到开花期仅为 42.5%。

从牧草产量动态来看，一年内地上部分生物量的增长速度是不均衡的。孕穗-抽穗期生物量增长最快，营养物质产量也达到高峰，此后则缓慢下降。一般认为，禾本科牧草单位面积的干物质和可消化营养物质总收获量以抽穗-初花期最高，在孕穗-抽穗期刈割，有利于牧草再生。刈割期早晚对下一年的产量有较大影响，同时，刈割次数和最后一次刈割时间也会对牧草再生和产量产生影响。综上所述，多年生禾本科牧草一般多在抽穗-初花期刈割，霜冻前 45 d 禁止刈割。而一年生禾本科牧草则依当年的营养状况和产量来决定，一般在抽穗后刈割。

豆科牧草的刈割：与禾本科牧草一样，豆科牧草也随着生育期的延续，粗蛋白质、胡萝卜素和必需氨基酸含量逐渐减少，粗纤维显著增加。而且，豆科牧草不同生育期的营养成分变化比禾本科牧草更为明显。豆科牧草进入开花期后，下部叶片枯黄脱落，刈割越晚，叶片脱落也越多。进入成熟期后，茎变得坚硬，木质化程度提高，而且胶质含量高，不易干燥，但叶片薄而易干，易造成严重落叶现象。豆科牧草叶片的营养物质，尤其是蛋白质含量比茎秆高 1~2.5 倍。所以，豆科牧草不应过晚刈割。多年生豆科牧草，如苜蓿、沙打旺、草木樨等，根据生长情况、营养物质以现蕾-初花期为刈割适宜时期，此时的总产量最高，对下茬生长影响不大。但个别牧草受品种、气候条件影响，刈割后牧草品质不同。在生产实践中，因生产目的不同也有差异，如以收获维生素为主的牧草可适当早收。所以，豆科牧草收获适宜时期须要灵活掌握。

栽培的紫花苜蓿和白花草木樨在开花初期刈割，以后的再生草也在这一生长阶段刈割。红豆草可在开花盛期或末期刈割，因为它的纤维素含量较低。栽培的燕麦草地应在抽穗期刈割，或最晚在完全抽穗时刈割。菊科的串叶松香草、菊芋等以初花期为宜，而藜科的伏地肤、驼绒藜等则以开花-结实期为宜。蒿属植物草地在晚秋降霜后，有苦味的挥发油减少，糖分含量增加，适口性变好后刈割。

2. 牧草刈割次数

我国各地的割草地除了人工草地外，天然草地都是一年刈割一次，再生草用以冷季放牧。在热量条件好，牧草再生力强，人力、物力容许的条件下，也应在合适的时期刈割再生草。在进行两次刈割时，需注意使第二次再生草在寒冷来临前 30 d 左右的生长时期刈割。从牧草的生长考虑，不应每年都刈割两次，而应把两次刈割与晚期刈割相轮换。在能刈割两次以上的地区，从总产量考虑，以刈割两次为宜。

3. 牧草刈割的留茬高度

牧草刈割后的留茬高度不仅影响产量、质量，而且也影响再生草的生长。留茬越高，干草的收获量越低，草地产量的损失也越大，同时还要影响干草营养物质含量，尤其是粗蛋白质含量。但留茬过低则能引起翌年牧草产量的降低。这是因为刈去了有可塑性营养物质的茎基部和叶片，妨碍下年新枝条的再生。下年最稳定而高额的产量，往往是在刈后留茬高度为 4~5 cm 情况下获得的。所以，适宜的刈割高度应当以留茬高度 5 cm为最好。在上年未进行刈割的草地上进行刈割时，留茬高度应为 6~7 cm。留茬过低，则势必收获许多上年的枯枝，使干草品质降低。在进行两次刈割的草地进行第二次刈割时，留茬高度也应为 6~7 cm。留茬过低，则下年草地产量降低，因为留茬过低的牧草在入冬前来不及再生，结果到冬季将有部分植株死亡。

因此应按草地类型和刈割次数的不同采用不同的留茬高度。高度较低的干旱草原禾本科草地留茬 3~4 cm，高度中等的湿润草原禾本科——杂类草草地 5~6 cm，以芦苇为主的河漫滩高大草地 8~12 cm，短命植物——蒿属草地 2~3 cm，羊草草地 5~6 cm，苜蓿草地 7~10 cm，一年生草地 1~3 cm。第二次刈割的留茬高度比第一次高 1~2 cm。

4. 其他注意事项

在刈割草地的管理上，除了尽可能做到每次刈割后及时施肥和灌溉外，还应注意不要在春季放牧。在牧草生长的早期放牧，必然造成刈割期延迟，促使不良的杂草发育，影响优良牧草生长，造成产草量降低。正常刈割后的再生草可以放牧，时间应在草丛高度达到 15~20 cm 时，并且放牧强度应轻一些，不要超过产草量的 70%。在牧草生长停止前一个月停牧，使牧草能生长到一定的高度，充分积累越冬和早春生长用的营养物质，入冬牧草枯黄后可再次放牧。

五、放牧的注意事项

1. 放牧时期

放牧利用的适宜时间应根据季节、牧草特点和家畜采食特性妥善安排。一般规律是，下繁草应长到7~8 cm时开始放牧，半上繁草应在孕蕾和抽穗时开始放牧，而上繁草放牧开始时间在50~60 cm时最好，在这个范围内，羊群的放牧地开始放牧时，牧草高度可以较低。在第一次放牧后应使草地休息，直到再生草长到适宜放牧的高度时再来放牧，切忌在一块草地上连续放牧多日，使牧草的生机受到严重摧残。草地在生长季结束前一个月应停止放牧，在此期间牧草要把养料贮存在地下部分，以备来年再生。

2. 放牧高度

中草地区4~5 cm较好，对于播种的多年生牧草地来说5~6 cm为宜，而在最后耕翻的1~2年以前，可以充分利用，留茬可低到2~3 cm；对于一年生牧草每年利用一次时，可以尽量利用，但若要利用几次时，前几次的留茬高度不应低于5~6 cm。这里需要说明的是放牧不同于割草，牛羊采食后的剩余高度不同，我们无法控制其采食准确高度，因此，上面所说的应有留茬高度仅是一个参考范围。

第五章　饲草的加工与贮藏技术

牧草加工是牧草生产的重要环节，是实现养殖业所需饲草年度均衡供应、改善和提高牧草饲用价值和利用率的重要手段，牧草加工也是实现草业专业化、商品化、产业化经营不可缺少的措施。

我国大部分地区为温带，牧草生产季节性很强，冬、春枯草期长，草料贮备不足，严重影响家畜的生长发育，进而引起掉膘、疾病，甚至死亡。有些地区对牧草加工贮藏不科学，有粗喂、整喂的习惯，使牧草的利用率低，浪费严重。例如，北方习惯在秋季牧草枯黄时打草，使牧草的粗蛋白质由13%~15%降低到5%~7%，胡萝卜素损失90%。田间晒干不能及时运回，牧草叶片脱落，营养成分大大降低，加之在饲喂过程中的浪费，很多牧草是丰产不丰收，不能达到转化为畜产品的目的。世界发达国家非常重视青绿饲料的生产，特别在收获、加工、贮藏方面有许多成功经验。在牧草和青饲料利用方面，采用适期刈割，加速青绿饲料的脱水过程，大搞青贮、积极生产叶蛋白饲料等减少青饲料的营养损失。饲草加工后，便于运输，适口性提高，增加了畜产品，提高了饲料转化率。因此，畜牧生产的发展，生产水平不断提高，对饲草的加工利用技术也愈加迫切。

牧草贮藏是世界上大多数国家在草地畜牧业中解决草畜平衡的有效途径，通过贮藏保存，可以把牧草从生长旺季贮存到淡季，满足家畜一年当中对营养的需求。为了使保存的牧草保持较高的营养价值，必须抑制酶和微生物对收获后牧草的分解作用，这可以通过牧草的干燥来实现。因而干草的合理贮藏在解决冬季饲草供应中就显得更为重要了。

一、青贮

青贮饲料是指在厌氧条件下经过乳酸菌发酵调制保存的青绿多汁饲料。青贮是我国及世界上广泛应用的一种牧草加工方法，它在平衡牧草年度均衡供应方面发挥重要作用。我国西部地区，畜牧业常因漫长的冬春季节缺草造成巨大损失，推广青贮技术尤显重要。

（一）青贮饲料定义

青贮饲料是指经过在青贮窖中发酵处理的饲料产品，一般是指收获的青绿饲料铡短填装入青贮窖，压实排出空气，在乳酸菌的作用下产生酸性条件使青绿牧草得以长期的安全贮存。

（二）青贮牧草优点

一是在短时间内对大量优质高产的青绿鲜草进行集中收获、贮存，是解决家畜全年饲料均衡供应的主要手段。

二是减少牧草在收获和贮存过程中的损失。

三是便于机械化作业，即适用于大型养殖企业，也适用于不同规模的养殖专业户。

四是正常制作的青贮牧草营养丰富，改进了适口性，可以作为奶牛、肉牛及羊等主要供应饲料，饲喂效果良好，便于机械化饲喂。

五是青贮可以随用随取，可长时间贮存，制造好的青贮可贮存 1~2 年，甚至几年以上。

（三）青贮类型及产量

按照收割牧草和饲料作物含水量的高低分 3 种类型。高水分青贮：原料含水量在 70%以上。凋萎青贮：原料含水量 60%~70%。低水分青贮：原料含水量 40%~60%。

1. 高水分青贮

通常禾本科牧草和饲料作物的青贮多属此类型，如青饲型玉米、饲用高粱、苏丹草等，还有燕麦、黑麦等，多年生牧草包括无芒雀麦、老芒麦、冰草等。上述牧草和饲料作物含糠量较高，水分含量在 70%~80%时青贮容易成功。高水分青贮主要优点是直接在田间收获后立即运往青贮窖压制，特别适宜大型收割机械联合作业。为了得到好的青贮效果，应控制收割时作物含水量不超过 80%，含水过高，青贮过程中可能有汁液渗出来，一则造成营养损失，二则容易造成青贮料腐烂。

遇到青贮原料含水量过高的情况，可采取加入适当干燥饲料，如秸秆粉、麦麸、玉米面等，除了降低青贮料的水分，还可增加和调节青贮料的养分。

2. 凋萎青贮

有的地区特别是在我国南部潮湿多雨地区，牧草收割后如含水量过高可经过短期晾晒，使牧草含水量降至 60%~70%，然后再铡碎青贮，这样可以避免因含水量过高造成汁液渗出，保证青贮质量。

3. 低水分青贮

我国气候湿润、半湿润地区生产豆科牧草，主要是紫花苜蓿，实行低水分青贮是解决雨季收获牧草问题的一项关键措施。如华北地区的二、三茬苜蓿，达到收割期，根据中期天气预告，确定收割日期，在刈割后晒 1~2 d，使水分迅速下降至 40%~60%，然后铡碎青贮。豆科牧草粗蛋白质含量高，乳酸菌发酵比禾本科牧草难度大，所以豆科牧草低水分青贮更要注意压实，排尽空气。北京市长阳农场奶牛四队牛场早在 1976 年就已成功地进行了大批量苜蓿半干青贮试验，美国中北部地区早已普遍应用此项技术。

豆科牧草低水分青贮，目前较为先进实用的技术是拉伸膜半干青贮，此项技术由英国发明，现已推广到世界各国，近些年来该项技术由上海凯玛新型材料有限公司引进我国。这套设备采用一种特殊的高强度塑料拉伸膜将打成高密度的青贮草捆裹包起来，（缠绕3~4层）形成厌氧发酵条件，其原理与普通青贮是一样的。拉伸膜青贮的优点是便于运输、贮存和利用，不用建设青贮窖或青贮塔，青贮质量好，适宜各种规模的机械化作业。

（四）青贮方式

1. 青贮窖

多为长方形，宽3~6 m，长度不限，深2~3 m。永久性的青贮窖多为砖混结构，青贮窖的优点是造价低，作业方便，要选择地势高燥、排水方便的地方建窖。注意青贮窖的底部必须高于地下水位。青贮窖在我国普遍利用，最适合规模经营的养殖场，也适宜小型养殖专业户。

2. 青贮壕

选择地势高燥的地方建成长条形的壕沟，两侧和沟底用砖混结构或用混凝土砌抹，壕沟两端呈斜坡状。青贮壕便于大规模的机械作业，进料车可以从一端驶入，边前进边卸料，从另一端驶出。随着卸料，随着用链轨拖拉机反复碾压，提高作业效率和质量。

3. 青贮堆

选择干燥平坦的地面，铺上塑料布，堆上青贮料，将青贮料压实，再用塑料布封盖，四周用沙土压严实，顶部压上沙袋即可，青贮堆方法造价低，简便易行。近年来北京地区也有牛场将收获打捆的半干苜蓿捆紧密堆放在一起用塑料布封盖青贮。

4. 袋装青贮

我国在20世纪80年代曾推广塑料袋青贮，用9DT-10型袋装青贮装填机将青贮料切碎并压入塑料袋（长×宽×厚度为1 300 mm×650 mm×0.1 mm）内，每袋装料50 kg。这种小型袋装青贮适合小型养殖专业户使用。

近年来我国开始引入大型塑料袋青贮，使用特制的装填机，每袋可装入100~150 t青贮料。

（五）青贮注意事项

不管采取哪种方式青贮，其成败的关键是将物料铡碎（2~3 cm）、压紧，排除空气，以防止杂菌生长，保证乳酸菌的尽快繁殖。作业时间要集中，装填的时间越短越好。原料装填完毕，随时检查青贮窖或青贮袋，发现塌陷或破损，及时采取密封措施。

合理使用添加剂。添加乳酸菌制剂，加快青贮料乳酸发酵。添加甲酸、柠檬酸等抑制杂菌生长，如用85%的甲酸，1 000 kg禾本科牧草加3 kg，1 000 kg豆科牧草加5 kg。禾本科牧草青贮添加尿素，如含水量60%~70%的玉米青贮，按1 000 kg青贮料加入5 kg尿素，可增加青贮料粗蛋白质含量。添加甲醛，按1 000 kg青贮料加入3~15 kg甲醛，甲醛有助于防止青贮料腐烂。

（六）青贮质量检测

1. 现场评定

（1）色泽 优质青贮饲料应接近原料的原色，如绿色原料青贮应为绿色或黄绿色。如有汁液渗出，颜色较浅，说明青贮成功，如呈现深黄、棕色或黑色说明青贮过程曾发热，产生高温。

（2）气味 优质青贮通常有令人愉悦的轻微酸味，略带酒香味。如有臭味，可能青贮已变质。

（3）结构 优质青贮，茎秆、叶型清晰可辨，如果变成黏滑物质，产品已腐败。

2. 化验室评定

现场评定适用于有经验的青贮饲料制作者，有条件的地方通过化验室检测，则更为准确可靠。通常测定 pH、有机酸含量和氨态氮与总氮的比值。

（1）pH 评估 最简便实用，青贮玉米的质量与 pH 密切相关，具体见表 5-1。

表 5-1 pH 与青贮质量的关系

pH	3.5~4.1	4.2~4.5	4.6~5.0	5.1~5.6	>5.6
青贮质量	很好	好	可用	差	极差

（2）有机酸含量评估 优良的青贮料中游离酸约占 2%，游离酸中乳酸占 50%~70%，乙酸占 0%~20%，不含丁酸。质差的青贮含丁酸，有恶臭味。评定标准：乳酸占 65%~70%为满分（25 分），乙酸占 0%~20%为满分（25 分），丁酸占 0%~0.1%为满分（50 分）。三项之和为总分，具体见表 5-2。

表 5-2 用有机酸评定青贮质量标准

总分	0~20	21~40	41~60	61~80	81~100
青贮质量	失败	不合格	合格	好	很好

（3）氨态氮与总氮的比值（%）评估 氨态氮与总氮的比值越高说明蛋白质分解越多，青贮质量越差（表 5-3）。

表 5-3 用氨态氮与总氮的比值（%）评定青贮质量标准

总分	0~5	5~10	10~15	15~20	20~30	>30
青贮质量	很好	好	可用	差	坏	损坏

二、干草加工

干草是将牧草在适宜时期刈割，经自然晾晒或人工干燥调制而成的能长期贮存的青绿料草。

优良青干草叶量丰富、颜色青绿、气味芳香，是草家畜冬春季的主要补充饲草，优质干草也是正在我国兴起的新型草产业的主要商品。

（一）干草加工产品及类型

目前干草加工产品主要有4种类型，即干草捆、草粉、草块和草颗粒。干草捆是主要的饲草产品，通常占干草加工量的70%以上，草粉是我国养猪养禽行业较喜欢的草产品，草块、草颗粒是便于远距离运输的商品草类型。

1. 干草捆

我国西部地区多因气候干燥降水较少，在有灌溉条件的地方，适宜自然晒制干草，刈割后2~4 d晒干就地打捆。现在生产上通常用的是小型方草捆机，用50马力（1马力≈735 W）拖拉机牵引下完成捡拾压捆，草捆国际通用的尺寸为36 cm×46 cm×70 cm，草捆重15~20 kg。

田间打成的草捆含水量较高，为16%~22%，运回加工场再行自然风干，水分含量降至14%以下可以出售。

如果需要远距离运输（如出口销售），还需要将草捆二次压缩，有国产加工设备可供选择，二次加压后草捆重量达到每立方米380~500 kg。如出口到日本的苜蓿草主要是高密度的草捆。

如果就近养殖场饲用，更适宜生产大型的方草捆，尺寸1.22 m×1.22 m×（2~2.8)m，每捆重900 kg左右，密度多为240 kg/m^3。

我国一些牧区还采用大圆形打捆机，草捆尺寸，直径1.0~1.8 m，长1.0~1.7 m，草捆重在600~850 kg，密度为110~250 kg/m^3。

2. 干草粉

晒制的干草或经烘干后的干草用锤式或筒式粉碎机将干草粉碎成不同细度的草粉，饲喂猪或家禽。

3. 干草块

将晒制的干草捆切碎或将烘干的牧草切成草段，压制成3.2 cm×3.2 cm×（3.7~5.0）cm的方草块。我国第一家大型牧草压块工厂建在新疆的阿尔泰地区，引用美国的华润贝尔公司压块成套设备。干草块适合饲喂奶牛和肉牛，堪称奶牛和肉牛的巧克力。

4. 草颗粒

将粉碎的干草通过不同孔经的压模设备压制成直径为0.4~1.6 cm的颗粒料，密度在每立方米500~1 000 kg，颗粒长度2~4 cm，适宜饲料饲喂家禽、猪、羊、牛等，还可饲喂鱼类。北京顺义区某公司将干草捆进行茎叶分离处理，生产出含粗蛋白质为22%~27%的苜蓿叶粉颗粒，产品颇受欢迎，加工效益可观。

（二）干草加工方式

目前我国西部地区干草加工方式主要是自然晾晒，也称为风干。在降水量较多的地区也采用烘干方法，主要是用于苜蓿的脱水干燥。

田间自然晾晒的生产过程包括刈割、翻晒、打捆、运输、贮存。关键环节是尽量缩短田间晾晒时间，为此刈割时采用切割压扁机，割下的苜蓿经过压扁装置将茎叶压扁可加速干燥 1~2 d。田间打捆尽量减少叶子的损失，特别是豆科牧草，如苜蓿 70%的营养在叶子中，收获时叶片损失应控制在 5%以内，掌握在牧草晒到八成干时就打捆。

牧草烘干加工，以煤、石油、天然气或电为能源，使牧草在 300~1 000 ℃的高温下 2~10 min 内烘干。牧草烘干加工快捷，营养损失少，但需要建设牧草烘干加工厂，成本较高。

（三）牧草深加工

随着科学技术的进步，牧草深加工有广阔的前景，目前美国、法国用特殊工艺已从豆科牧草中提出可供动物和人食用的叶蛋白（LPC）。LPC 产品含粗蛋白质 50%~70%，提取的绿色叶蛋白用于饲喂动物，提取的白色叶蛋白用于人类食品添加剂。研究表明叶蛋白富含蛋白质、天然色素、维生素和矿物质，对老人、儿童、妇女的健康非常有利。此外一些供人类食用的苜蓿深加工保健品，如浓缩维生素胶囊、叶粉片剂等已摆到美国、加拿大超市的货架上。我国牧草的深加工正在研制过程中。

（四）干草产品质量检测

干草的品质决定着家畜的采食量及其生产性能。干草质量也直接影响到商品草的价格，以苜蓿干草为例，国际市场通常干草粗蛋白质每提高 1 个百分点，每吨价格增加 100 元。干草质量检测主要有两种方法，其一是感观鉴定，其二是实验室检测。

1. 感官鉴定

（1）植物组成　天然草地生产的干草质量优劣，基础在于植物组成，将随机抽取的样本分为 5 类，即禾本科草、豆科草、可食性杂草、饲用价值低的杂草、有毒有害植物。计算各类草所占的比例，禾本科、豆科牧草占比高于 60%，表示植物组成优良，某些杂草如地榆、防风、茴香等使干草有芳香气味，可增加家畜食欲。有毒有害杂草含量应不超过 1%。

（2）收割时期　收割时期是影响各类干草质量最重要的因素。兼顾干草的产量和质量，各类牧草都有最佳收获时期，如豆科牧草在现蕾至初花期（1%开花期），禾本科牧草在孕穗末至抽穗始期。延期收割会使牧草的质量迅速下降，牧草适宜收割期容易从牧草的现蕾或抽穗的程度加以判定。目前我国各地生产的干草普遍收割过晚，造成粗蛋白质含量低，粗纤维含量过高，对家畜的采食量和消化率影响极大。

（3）颜色　优质干草呈绿色，绿色越深，所含的可溶性营养物质，如胡萝卜素和维生素越多。

（4）叶量　牧草的主要营养成分存在于叶片。豆科牧草，叶片含量应在40%～50%，干草的茎叶比例与干草质量密切相关。

（5）气味　通常优良干草里有浓郁的清香味，这种香味可促进家畜的食欲。再生草的芳香味较差。

（6）含水量　干草含水量应在14%以下，手触摸，不应有潮润感。

（7）病虫害情况　受病虫侵害过的干草不但品质下降，而且有损家畜的健康。察看样本的叶、穗上是否有黄色、粉色或黑色病斑或黑色粉末等，如有上述特征不宜饲喂家畜。

（8）干草杂质含量　干草不得含有过多的泥沙等杂质，特别注意防止铁丝或有毒异物的混入。

2. 实验室检测

一般认为干草的质量应根据消化率及营养成分含量来评定。消化率是指干草被家畜采食后已消化的干物质占总采食量的百分比，可用体内、体外两种方法测定消化率。

干草的营养成分测定，通常包括粗蛋白质、粗纤维、粗脂肪、灰分和水分5种成分。其中粗蛋白质和粗纤维最为重要。现在营养学家和牧草商更重视干草中中性纤维（NDF）和酸性纤维（ADF）的含量，研究表明牧草的消化率和家畜的采食量与NDF、ADF密切相关。

近红外分析技术（NIRS）是利用有机化学物质在近红外波段内的光学特性，快速评估某一有机物中的一项或多项化学成分含量的技术，在3～5 min内即可显示测定结果。我国已经引入该项技术，并用于牧草质量分析。

3. 干草质量评定标准

1991年国家技术监督局发布了《饲料用苜蓿粉》的国家标准，后来改为农业部行业推荐性标准，具体见表5-4。

表5-4　饲料用苜蓿草粉质量标准　　单位：%

质量指标	等级			备注
	一级	二级	三级	
粗蛋白质	≥18.0	≥16.0	≥14.0	中华人民共和国国家标准 GB 10389—89
粗纤维	<25.0	<27.5	<30.0	
粗灰分	<12.5	<12.5	<12.5	

2003年农业部发布了《禾本科牧草干草质量分级》标准（NY/T 728—2003），具体见表5-5。

表 5-5　禾本科牧草干草质量分级标准　　单位:%

质量指标	特级	一级	二级	三级
粗蛋白质	12	10	7	5
水分	14	14	14	14

注：蛋白质含量以 100%干物质为基础计算。

按感观性状可以分为 4 级，即特级、一级、二级和三级，具体的标准如下。

(1) 特级　抽穗前，茎细、叶量丰富，色泽呈绿色或深绿色，有浓郁的干草香味，无沙土、霉变和病虫感染，不可食草不超过 1%。

(2) 一级　抽穗前，茎细、叶片完整，色泽呈绿色，有草香味，无沙土、霉变和病虫感染，不可食草不超过 2%。

(3) 二级　抽穗初期或抽穗期，茎粗、叶少、色泽正常，呈绿色或浅绿色，有草香味，草种类较杂，无沙土、霉变和病虫感染，不可食草不超过 5%。

(4) 三级　结实期，茎粗、叶少，叶色淡绿或浅黄，无霉变和不良气味，不可食草不超过 7%。

三、青干草的贮藏

干燥适度的青干草，应该及时进行合理的贮藏，才能减少营养物质的损失和其他浪费。能否安全合理的贮藏，是影响青干草质量的又一重要环节。已经干燥而未及时贮藏或贮藏方法不当，会造成发霉变质，使营养成分消耗殆尽，降低干草的饲用价值，完全失去干草调制的目的和意义，甚至引起火灾等严重事故。

青干草贮藏过程中，由于贮藏方法、设备条件不同，营养物质的损失有明显的差异。例如，散干草露天堆藏，营养损失常达 20%~40%，胡萝卜素损失高达 50%以上，特别是雨淋后损失更大，垛顶垛底霉烂达 1 m 左右。即使正确堆垛，由于受自然降水等外界条件的影响，经 9 个月的贮藏后，垛顶、垛周围及垛底的变质或霉烂的草层厚度常达 0.4~0.9 m。而草棚或草库保存，营养物质损失一般不超过 3%~5%，胡萝卜素损失为 20%~30%。高密度的草块贮藏，营养物质损失一般在 1%左右，胡萝卜素损失为 10%~20%。

(一) 干草贮藏过程中的变化

干燥适度的干草，即可进行贮藏。当干草贮藏后 10 h 左右，草堆发酵开始，温度逐渐上升。草堆内温度升高的原因，主要是微生物活动造成的。干草贮藏后温度升高是普遍现象，即使调制良好的干草，贮藏后温度也会上升，常常可达 44~55 ℃，适当的发酵，能使草堆自行紧实，增加干草香味，提高干草的饲用价值。

不够干燥的干草贮藏后温度逐渐上升，如果温度超过适当界限，干草中的营养物质就会大量消耗，使消化率降低。干草中最有益的干草发酵菌 40 ℃时最活跃，温度上升到75 ℃时被杀死。干草贮藏后的发酵作用，将有机物分解为二氧化碳和水。草垛中这些积存的水分会由细菌再次引起发酵作用，水分愈多，发酵作用愈盛。初次发酵作用使温度上升到56 ℃，再次发酵作用使温度上升到90 ℃，这时一切细菌都会被消灭或停止活动。细菌停止活动后，氧化作用继续进行，温度增高更快，温度上升到130 ℃时干草焦化，颜色发褐。温度上升到150 ℃时，如与空气接触，会引起自燃而起火，如草堆中空气耗尽，草垛中的干草炭化，丧失饲用价值。

草垛中温度过高的现象往往出现在干草贮藏初期，在贮藏一周后，如发现草垛温度过高，则应拆开草垛散温，使干草重新干燥。

草垛中温度增高引起的营养物质损失，主要是糖类分解为二氧化碳和水，其次是蛋白质分解为氨化物。温度越高，蛋白质的损失越大，可消化蛋白质也越少，随着草垛温度的升高，干草的颜色变得越深，牧草的消化率越低。研究表明，干草贮藏时含水量为15%，其堆贮后干物质的损失为3%，贮藏时含水量为25%，堆贮后干物质损失为5%。

（二）散干草的堆藏

当调制的干草水分含量达15%~18%时即可贮藏。干草体积大，多采用露天堆垛或草棚堆垛的贮藏方式。但若采用常温鼓风干燥，牧草含水量达到50%以下，可堆藏于草棚或草库内，进行吹风干燥。

1. 露天堆藏

露天堆藏散干草是我国传统的干草存放形式，这种堆草方式延续久远，适用于农区、牧区需贮干草很多的畜牧场，是一种既经济又省事的一种较普遍采用的一种方法。草垛的形式有长方形、圆形。长方形草垛的宽一般为4.5~5 m，高6~6.5 m，长不少于8 m；圆形草垛一般直径为4~5 m，高6~6.5 m。但干草易遭受雨雪和日晒，造成养分损失或霉烂变质。因此，为了减少养分损失，防止干草与地面接触而变质，垛址应注意选择地势平坦高燥、排水良好、背风和取用方便的地方作为堆草地点；然后筑高台，台上铺上枯枝或卵石子约25 cm；台的周围挖好排水沟，即可堆放干草。沟深20~30 cm，沟底宽20 cm，沟上宽40 cm。堆草垛时应遵守下列原则。

（1）压紧　垛草时要一层一层地堆草，长方形垛先从两端开始，垛草时要始终保持中部隆起，高于周边，便于排水。堆垛时中间必须尽力踏实，四周边缘要整齐，中央比四周高。堆垛过程中要压紧各层干草，特别是草垛的中部和顶部。

（2）堆垛　为了减少风雨损害，长垛的窄端必须对准主风方向。含水量较高的干草，应当堆在草垛的上部或四周靠边处，以便于干燥和散热，过湿的干草或结块成团的干草不能堆垛，应挑出。

（3）收顶　气候潮湿的地区，垛顶应较尖，应从草垛高度的1/2处开始收顶；干旱地区，垛顶坡度可缓慢，应从2/3处开始收顶。从垛底到收顶应逐渐放宽1 m左右（每侧加宽0.5 m），以利于排水和减轻雨水对草垛的漏湿。顶部不能有凹陷或裂缝，以免漏进雨雪水，使干草发霉。垛顶可用劣草或麦秸铺盖压紧，最后用树干或绳索以重物压住，也有的顶部用一层泥封住，以预防风害。

（4）连续作业　一个草垛不能拖延或中断几天，最好当天完成。

干草的堆藏可由人工操作完成，也可由悬挂式干草堆垛机或干草液压堆垛机完成。

散干草的堆藏虽经济简便，但易受雨淋、日晒、风吹等不良条件的影响，使干草褪色，不仅损失营养成分，还可能使干草霉烂变质。因此，堆垛时应尽量压紧，加大密度，缩小与外界环境的接触面，垛顶用塑料薄膜覆盖，以减少损失。试验结果表明，干草露天堆藏，营养物质的损失重者可达20%~30%，胡萝卜素损失最多可达50%以上。长方形草垛贮藏一年后，周围变质损失的干草，在草垛侧面厚度为10 cm，垛顶损失厚度为25 cm，基部为50 cm，其中以两侧所受损失为最小。适当增加草垛高度可减少干草贮藏中的损失。

2. 草棚贮存

草棚贮存主要是针对散干草而言的。此方法适宜气候潮湿、干草需要量不大的专业户或畜牧场，可大大减少干草的营养损失。例如，苜蓿干草分别在露天和草棚内贮藏，8个月后干物质损失分别为25%和10%。只要建一个有顶棚和底垫的草棚，防雨雪和防潮湿即可，能减少风吹、日晒、霜打和雨淋所造成的损失。在堆草时草棚顶与干草应保持一定的距离，以便通风散热。也可利用能避雨的屋檐前后和空房贮存。

（三）干草捆的贮藏

散干草堆成垛，体积大，贮运也不方便，还极易造成营养损失。为使损失减至最低限度并保持干草的优良品质，现在都采用草捆的方法，即把青干草压缩成长方形或圆形草捆进行贮藏。草捆生产是近几十年以来发展的新技术，也是最先进、最好的干草贮藏方式。目前，发达国家的干草生产基本上全部采用草捆技术贮藏干草，而且干草捆的生产已经成为美国、加拿大等国家的一项重要产业。一般禾本科牧草含水量在25%以下，豆科牧草在20%以下即可打捆贮藏。这种方法便于运输，减少贮藏空间，经压缩打捆的干草一般可节省1/2劳力，而且在干草装卸过程中，叶片、嫩枝及细碎部分也不会损失。高密度草捆可缩小与日光、空气、风、雨等外界条件的接触面积，从而减少营养物质，特别是胡萝卜素的损失，且不易发生火灾。压捆干草也便于家畜自由采食，并能提高采食量，减少饲喂的损失。而且有利于机械化作业。

干草捆体积小，密度大，便于运输，特别是远距离运输，也便于贮藏。一般露天垛成干草捆草垛，顶部加防护层或贮藏于干草棚中。小方草捆应在挡风遮雨的条件下贮存，否则，由于其暴露的表面积较大，将受天气影响而发生较大损失。通常最好的方法是室内贮存方草捆。方草捆垛也可以露天贮存，并用塑料布或防水油布覆盖，但其效果并不理想。贮存期间，风力可能会掀起干草垛的部分或全部覆盖物。另外，覆盖物下面的干草垛顶部还经常聚集水分，从而引起腐烂。用塑料膜覆盖的草垛这种情况尤其严重。

一般，大型圆草捆和草垛的贮存方式最为普遍。大型草捆的优点之一是可以露天贮存，但有时这种做法也有风险。用茎秆粗大的禾草如高粱-苏丹草杂交种以及作物秸秆打成的草捆不够紧实，易透水。另外，与大多数禾草相比，露天贮存的豆科干草损失较大。对于这类干草，要使其损失降低至最低，最好室内贮存。如果不能室内贮存，就要尽早饲喂以使其损失降至最低。

草垛的大小一般为宽 5~6 m，长 20 m，高 18~20 层。干草捆堆垛时，下面第一层（底层）草捆应将干草捆的宽面相互挤紧，窄面向上，整齐铺平，不留通风道或任何空隙。其余各层堆平（窄面在侧，宽面在上下）。为了使草捆位置稳固，上层草捆之间的接缝应和下层草捆之间接缝错开。从第 2 层草捆开始，可在每层中设置 25~30 cm 宽的通风道，在双数层开纵通风道，在单数层开横通风道，通风道的数目可根据草捆的水分含量确定。干草捆的垛壁一直堆到 8 层草捆高，第 9 层为“遮檐层”，此层的边缘突出于 8 层之外，作为遮檐，第 10、第 11、第 12 层及以后成阶梯状堆置，每一层的干草纵面比下一层缩进 2/3 捆或 1/3 捆长，这样可堆成带檐的双斜面垛顶，每垛顶共需堆置 9~10 层草捆。垛顶用草帘、篷布或塑料布覆盖，以防雨水侵入。纵横通风道应设在同一层，以便可以相互穿通通风。

调制完成的干草，除露天堆垛贮藏外，还可以贮藏在专用的仓库或干草棚内。简单的干草棚只设支柱和顶棚，四周无墙，成本低。不论何种类型的干草捆，均以室内贮存为最好。如空间允许的话，圆草捆也应在室内贮存。一旦使干草避开风雨侵蚀，即使贮存数年其营养价值也不会有大的损失。干草棚贮藏可减少营养物质的损失，营养物质损失 1%~2%，胡萝卜素损失为 18%~19%。然而，其色泽会发生变化。有时在室内贮存大型草捆不可行的情况下，可用圆形草捆机制作能防水的高密度草捆（禾草或禾草/豆草）。

大型圆草捆或草垛在露天贮存时，其贮存地点的选择至关重要。干草堆放场地一般应选择在畜舍附件不远处，这样取运方便。规模较大的贮草场应设在交通方便，地势开阔，平坦干燥，排水良好，光线充足，离居民区较远的地方。贮草场周围应设置围栏或围墙。大型圆草捆不宜贮存在金属丝围栏或其他可遭雷击的物体附近。除非对草垛加以覆盖，否则将圆草捆在一起的堆放方式是不可取的。比较理想的办法是将草捆多处贮存，品质相近的草捆可贮存一处，以便于饲喂。草捆贮存区之间的道路也可起到防火道的作用。

露天贮存的大型干草捆，大部分腐烂是由于其从地面吸潮，而并非顶部透水所致。因此，应尽可能避免或减少干草与地面的接触。可将草捆置于废旧轮胎、铁路枕木、碎石或水泥地面上。如将草捆置于山坡上，应从上到下排成纵行，这样就不会像水坝一样对地表水起到拦截作用。将草捆平整的一面南北向存放较好，这能使草捆干燥的时间加长。

制成的大型草捆或草垛应立即转移到贮存地点，以防止因草捆遮盖而导致干草田间出现死草斑块。草捆之间最好留 45 cm 左右的间距，以便降水过后尽快干燥。可将草捆首尾相接（平整的一面相接）贮存，而圆的一面相接贮存的方式不可取，因为这样会产生积水点。

推荐的干草储备量一般大于计划饲喂量，否则，一旦遭遇漫长的严冬或伏旱就会使毫无准备的生产者陷入困境。冬季饲喂期的最短期限取决于地点、草地上现有的牧草种类以及天气状况。

（四）半干草的贮藏

为了调制优质干草，或在雨水较多的地区，可在牧草含水量达到35%~40%时即打捆，打捆用机械，要压紧，使草捆内部形成厌氧条件，不会发生霉变。在湿润地区、雨季或调制叶片易脱落的豆科牧草时，为了适时刈割牧草加工优质干草，可在牧草半干时加入氨或防腐剂后进行贮藏。这样既可缩短牧草的干燥期，减少低水分含量打捆时叶片的损失，又因防腐剂可以抑制微生物的繁殖，预防牧草发霉变质。贮藏半干草选用的防腐剂应对家畜无毒，价格低，并具有轻微的挥发性，以便在干草中均匀散布。

1. 氨水处理

氨和胺类化合物能减少高水分干草贮藏过程中的微生物活动。氨已被成功地用于高水分干草的贮藏过程。牧草适时刈割后，在田间短期晾晒，当含水量为35%~40%时，即可打捆，并逐捆注入浓度为25%的氨水，然后堆垛用塑料膜覆盖密封。氨水用量是干草重的1%~3%，处理时间根据温度不同而异，一般在25 ℃左右时，至少处理21 d。氨具有较强的杀菌作用和挥发性，对半干草的防腐效果较好。用氨水处理半干豆科牧草后，可减少营养物质损失，与通风干燥相比，粗蛋白质含量提高8%~10%，胡萝卜素提高30%，干草的消化率提高10%。用3%的无水氨处理含水量40%的多年生黑麦草，贮藏20周后其体外消化率为65.1%，而未处理者为56.1%。

2. 尿素处理

尿素通过脲酶作用在半干草贮藏过程中提供氨，其操作要比氨容易得多。高水分干草上存在足够的脲酶使尿素能迅速分解为氨。添加尿素与对照相比草捆中减少了一半真菌，降低了草捆的温度，提高了牧草的适口性和消化率。禾本科牧草中添加尿素，贮藏8周后，与对照相比，消化率从49.5%上升到58.3%，贮藏16周后干物质损失率减少6.6%。

3. 有机酸处理

有机酸能有效防止高水分（25%~30%）干草的发霉和变质，并减少贮藏过程中营养物质的损失。丙酸、醋酸等具有阻止高水分干草上霉菌的活动和降低草捆温度的效应。生产实践中常用于打捆干草。对于含水量为20%~25%的小方捆有机酸的用量为0.5%~1.0%，含水量为25%~30%的小方捆，使用量不低于1.5%。豆科干草含水量为20%~25%时，用0.5%的丙酸；含水量为25%~30%的青干草，用1%的丙酸喷洒效果较好。研究表明，打捆前每100 kg紫花苜蓿喷0.5 kg丙酸处理含水量为30%的半干草，与含水量为25%的半干草（未进行任何处理）相比，粗蛋白质的含量提高20%~25%，并且获得了最佳色泽、气味（芳香）和适口性。

此外，丙酸铵、二丙酸铵、异丁酸铵等也能有效地防止产生热变和保存高水分干草的品质。这些化合物中所含的非蛋白氮，不仅有杀菌作用，而且可以提高青干草粗蛋白质的含量。

4. 微生物防腐剂处理

由美国先锋公司生产的先锋1155号微生物防腐剂专门用于紫花苜蓿半干草的防腐。

这种防腐剂使用的微生物是从天然抵抗发热和霉菌的高水分苜蓿干草上分离出来的短小芽孢杆菌菌株，它应用于苜蓿干草，在空气存在的条件下，能够有效地与干草捆中的其他腐败微生物进行竞争。先锋1155号微生物防腐剂在含水量25%的小方捆和含水量20%的大圆草捆中使用，效果明显，其消化率、家畜采食后的增重都优于对照。

（五）青草粉、草颗粒及草块的贮藏

青草粉是将适时刈割的牧草经快速干燥后，粉碎而成的青绿色草粉。目前许多国家已把青草粉作为重要的蛋白质、维生素饲料资源。青草粉加工业已逐渐形成一种产业，叫作青饲料脱水工业，即把优质牧草经人工快速干燥，然后粉碎成草粉或再加工成草颗粒，或者切成碎段后压制成草块、草饼等。这种产品是比较经济的蛋白质、维生素补充饲料。如美国每年生产苜蓿草粉190万t，绝大部分用于配合饲料，配比一般为12%~13%。

我国青草粉生产尚处于起步阶段，在配合饲料中草粉占的比例很小，有的饲料加工厂需要优质草粉，但受生产条件限制，特别是烘干设备、原料的运输，还不能很好衔接。但我国饲草资源丰富，富含蛋白质的牧草很多，很适宜加工成草粉、草颗粒、草块。目前，北京、东北、内蒙古、新疆、河北、山东等地已建立了饲草生产基地，并建立了草粉生产工厂。随着我国饲料工业的发展，草产品生产必将快速发展起来。

1. 青草粉、碎干草的贮藏

加工优质青草粉的原料主要是高产优质的豆科牧草，如苜蓿、三叶草、沙打旺、红豆草、野豌豆以及豆科和禾本科混播的牧草等。青草粉的质量与原料刈割时期有很大关系，务必在营养价值最高时期进行刈割。一般豆科牧草第一次刈割应在孕蕾初期，以后各次刈割应在孕蕾末期；禾本科牧草不迟于抽穗期。刈割后，最好用人工干燥的方法。快速人工干燥是将切碎的牧草，放入烘干机中，通过高温空气，使牧草迅速脱水，时间依机械型号而异，从几小时到几十分钟，使牧草的含水量由80%迅速降到15%以下。牧草干燥后，一般用锤式粉碎机粉碎。草屑长度应根据畜禽种类与年龄而定，一般为1~3 mm。对家禽类和仔猪来说，草屑长度为1~2 mm，成年猪2~3 mm，其他大家畜可长一些。

草粉属粉碎性饲草，颗粒较小，比面积（表面积与体积之比）大，与外界接触面积大。在贮藏和运输过程中，一方面营养物质易于氧化，造成营养物质损失；另一方面草粉的吸湿性较强，容易吸潮结块，微生物及害虫也乘机侵染和繁殖，严重时导致发热霉变、变色、变味，丧失饲用价值。

因此贮藏优质干草粉时，必须采取适当的措施，尽量减少蛋白质及维生素等营养物质的损失。

（1）干燥低温贮藏　将草粉装入袋内或散装于大容器内，含水量为12%时，于15 ℃以下贮藏，含水量在13%以上时，贮藏温度应为5~10 ℃。

（2）密闭低温贮藏　干草粉营养价值的重要指标是胡萝卜素含量的多少，在密闭低温条件下贮藏草粉，可大大减少胡萝卜素、蛋白质等营养物质的损失。将草粉密封在牢固的牛皮纸袋内，置于仓库内，使温度降低到3~9 ℃，180 d后胡萝卜素的损失可减少3倍，粗蛋白质、维生素B_1、维生素B_2及胆碱含量变化不大，而在常温下贮藏胡萝卜素损失80%～85%，蛋白质损失14%，维生素B_2损失80%以上，维生素B_1损失41%～53%。在我国北方寒冷地区，可利用自然条件进行低温密闭贮藏。

(3) *在密闭容器内调节气体环境*　将草粉置于密闭容器内，借助气体发生气和供气管道系统，把容器内的空气改变为下列成分：氮气85%～89%，二氧化碳10%～12%，氧气1%～3%。在这种条件下贮藏青草粉，可大大减少营养物质的损失。

(4) *添加抗氧化剂和防腐剂贮藏*　草粉中所含有的脂肪、维生素等物质均会在贮藏过程中因氧化而变质，不仅影响草粉的适口性，降低采食量，甚至引起家畜拒食，食入后也因影响消化而降低饲用价值。草粉中添加抗氧化剂和防腐剂可防止草粉的变质。常用的抗氧化剂有乙氧喹、丁羟甲苯、丁羟甲基苯，防腐剂有丙酸钙、丙酸铜、丙酸等。

碎干草又称干草段，是将适时刈割的牧草，快速干燥后切碎（或干燥前切碎）成8～15 cm的草段进行保存，它是草食家畜的优质饲料。其优点是营养丰富，与青干草相比，体积小，便于贮运和机械化饲喂。

干燥联合机组加工碎干草时的工作效率，要比加工草粉时的效率高20%左右。这是由于制作青干草粉时，牧草含水量要求降低到15%以下，否则难以粉碎和贮存，而制作碎干草时，牧草含水量在17%左右即可。

2. 草颗粒、草块的贮藏

为了减少草粉在贮存过程中的营养损失和便于贮运，生产中常把草粉压制成草颗粒。一般草颗粒的容重为散草粉的2～2.5倍，可减少与空气的接触面积，从而减轻氧化作用。并且在压粒的过程中，还可加入抗氧化剂，以防止胡萝卜素的损失。刚生产出的青草粉能保留95%左右的胡萝卜素，但置于纸袋中贮藏9个月后，胡萝卜素损失65%，蛋白质损失1.6%～15.7%；而草颗粒分别损失6.6%和0.35%。在需要稍远销长途运输的情况下，可显著地减少运输和贮藏的费用。而且装卸方便，无飞扬损失。

干草块是将牧草压制成高密度的草块。草块密度一般为500～900 kg/m^3，便于贮运，并有保鲜（减少牧草在贮运过程中的营养损失）、防潮、防火及促进牧草商品流通出口等优点。缺点是功耗较大，价格高于压捆。

草颗粒、草块安全贮藏的含水量一般应为12%以下。贮藏期间要注意防潮。南方较潮湿地区，安全贮存含水量一般为10%～12%，北方较干燥地区为13%～15%。草颗粒、草块最好用塑料袋或其他容器密封包装，以防止在贮藏和运输过程中吸潮发霉变质。

在高温、高湿地区，草颗粒、草块贮藏时应加入防腐剂，常用的防腐剂有甲醛、丙酸、丙酸钙、丙酸醇、乙氧喹等。许多试验证明，丙酸钙作为草颗粒的防腐剂效果较好，安全可靠。丙酸钙能抑制菌体细胞内酶的活性，使菌体蛋白变性，而达到防霉目的，其效果稳定无毒性。在含水量19.92%～21.36%兔用颗粒饲料中加入1%左右的丙酸钙作防霉剂，在平均温度25.73～31.84 ℃，平均相当湿度为68%～72%的条件下，贮存90 d，没有发霉现象。而且开口与封口保存，差异不明显。生产实践中，还应注重筛选来源广、价格低廉、效果好的防霉剂。如利用氧化钙（CaO）作为防霉剂，不仅来源广、成本低，还可作为畜禽的钙源。据张秀芬（1989）试验表明，在利用新鲜豆科牧草加工颗粒时，加入1%~1.2%（占干物重）的氧化钙，此时原料的pH为7.23~7.46。然后将颗粒料干燥（晒干或晾干）到含水量为15%~21.5%时，在平均温度为22.6 ℃，平均相对湿度为34%~54%的条件下，贮存30 d。结果发现，无论在晒干、阴干及贮藏过程中，均无发霉现象，而对照组在阴干过程中，72 h即开始出现霉点。

四、贮藏应注意的事项

（一）干草贮藏应注意的事项

1. 防止垛顶塌陷漏雨

干草堆垛后2~3周，多易发生塌顶现象。因此，应经常检查，及时修整。

2. 防止垛基受潮

草垛应选择地势高燥的场所，垛底应尽量避免与泥土接触，要用木头、树枝、秸秆、石砾等垫起铺平，高出地面40~50 cm，垛底四周挖一排水沟，深20~30 cm，底宽20 cm，沟口宽40 cm。

3. 防止干草过度发酵与自燃

干草堆垛后，养分继续发生变化，影响养分变化的主要因素是含水量。凡含水量在17%以上的干草，植物体内酶及外部微生物活动引起发酵，使温度上升到40~50 ℃。适度的发酵可使草垛紧实，并使干草产生特有的芳香味；但若发酵过度，可导致干草品质下降。实践证明，当干草水分含量下降到20%以下时，一般不至于发生发酵过度的危险；如果堆垛时干草水分在20%以上，则应设通风道。

如果堆贮的干草含水量超过25%，则有自燃的危险。因此，新鲜的青干草决不能与干燥的旧干草靠得太紧。一般，可以用一根一端用尖塞封闭，直径为5 cm，长度3 m的探管来检测干草的温度。先将管子插入草垛或大型草捆中，再向管内放入一支温度计。要从草捆的不同位置和深度测定温度。温度计在每个测温点要放置10~15 min后方可读数。如果干草温度低于50 ℃视为安全；如在50~60 ℃则视为危险区，应密切监视干草情况；如温度高于70 ℃，就有可能自燃。当发现垛温上升到65 ℃以上时，应立即穿垛降温或倒垛，将其转移到防火区域。一般2~3周内，自燃的危险性就会消除。

4. 减少胡萝卜素的损失

草堆外层的干草因阳光漂白作用，胡萝卜素含量最低，草垛中间及底层的干草，因挤压紧实，氧化作用较弱，因而胡萝卜素的损失较少。因此，贮藏干草时，应注意尽量压实，集中堆大垛，并加强垛顶的覆盖等。

（二）草粉、碎干草贮藏时应注意的事项

1. 仓库要求

贮藏草粉、碎干草的库房，可因地制宜，就地取材。但应保持干燥、凉爽、避光、通风，注意防火、防潮、灭鼠及其他酸、碱、农药等造成污染。

2. 包装堆放

草粉袋以坚固的牛皮纸袋、塑料袋为好，通透性良好的植物纤维袋也可。要特别注意贮存环境的通风，以防吸潮。包装重量以 50 kg 为宜，以便于人力搬运及饲喂。一般库房内堆放草粉袋时，按两袋一行的排放形式，堆码成高 2 m 的长方形垛。

第六章　饲料的加工贮存与饲喂技术

饲料加工的目的是根据牛羊的生理和消化特点，以及饲料的营养特点和饲喂特点，通过加工获得饲料中最大的潜在营养价值，获得最大的生产效益。

一、精饲料的加工方法

（一）能量饲料的加工

能量饲料加工的目的主要是提高饲料中淀粉的利用效率和便于进行饲料配合，提高饲料消化率和饲料利用率。能量饲料的加工方法比较简单，常用的方法有以下几种。

1. 粉碎和压扁

粉碎可使饲料中被外皮或壳所包围的营养物质暴露出来，利于接受消化过程的作用，提高这些营养物质的利用效果。饲料粉碎的粒度不应太小，否则影响反刍，容易造成消化不良。一般要求将饲料粉碎成两半或1/4颗粒即可。谷类饲料也可以在湿、软状态下压扁后直接饲喂或者晒干后饲喂，同样可以起到粉碎的饲喂效果。

2. 水浸

将坚硬的饲料和具有粉尘性质的饲料在饲喂前用少量水拌湿放置一段时间，待饲料和水分完全渗透，在饲料表面上没有游离水时即可饲喂。这一方面可使坚硬饲料得到软化、膨化，便于采食，另一方面可减少粉尘饲料对呼吸道的影响和改善适口性。

3. 液体培养

液体培养的作用是将谷物整粒饲料在水的浸泡作用下发芽，以增加饲料中某些营养物质的含量，提高饲喂效果。谷粒饲料发芽后，可使一部分蛋白质分解成氨基酸，糖分、维生素与各种酶增加，纤维素增加。发芽饲料对饲喂种公羊、母羊和羔羊有明显的效果。一般将发芽的谷物饲料加到营养贫乏的日粮中会有所助益，日粮营养越贫乏，收益越大。

（二）蛋白质饲料的加工

蛋白质饲料分为动物性蛋白质饲料和植物性蛋白质饲料，植物性蛋白质饲料又可分为豆类饲料和饼类饲料。不同种类饲料的加工方法不一样。

1. 豆类蛋白质饲料的加工

常用蒸煮和焙炒的方法来破坏大豆中对绵羊消化有影响的抗胰蛋白酶，不仅可提高大豆的消化率和营养价值，而且增加了大豆蛋白质中有效的蛋氨酸和胱氨酸，提高了蛋白质的生物学价值。但有资料表明，对于反刍家畜，由于瘤胃微生物的作用，不用加热处理。

2. 豆饼饲料的加工

豆饼根据生产工艺不同可分为熟豆饼和生豆饼，熟豆饼经粉碎后可按日粮的比例直接加入饲料中饲喂，不必进行其他处理。生豆饼由于含有抗胰蛋白酶，在粉碎后需经蒸煮或焙炒后饲喂。豆饼粉碎的细度应比玉米要细，便于配合饲料和防止羊挑食。

3. 棉籽饼的加工

棉籽饼中含有有毒物质棉酚，这是一种复杂的多元酚类化合物，饲喂过量时容易引起中毒，所以在饲喂前一定要进行脱毒处理，常用的处理方法有水煮法和硫酸亚铁水溶液浸泡法。

（1）*水煮法* 将粉碎的棉籽饼加适量的水煮沸，并不时搅动，煮沸半小时，冷却后饲喂。水煮法的另一种办法是将棉籽饼放于水中煮沸，待水开后搅拌棉籽饼，然后封火过夜后捞出，打碎拌入饲料或饲草中饲喂。煮棉籽饼的水也可以拌入饲料中饲喂。如果没有水煮的条件，可以先将棉籽饼打成碎块，用水浸泡 24 h，然后将浸透的棉籽饼再打碎饲喂，将水倒掉。

（2）*硫酸亚铁水溶液浸泡法* 其原理是游离棉酚与某些金属离子能结合成不被肠胃消化吸收的物质，丧失其毒性作用。用 1.25 kg 工业用硫酸亚铁，溶于 125 kg 的水中配制成 1%的硫酸亚铁溶液，浸泡 50 kg 的棉籽饼，中间搅拌几次，经一昼夜浸泡后即可饲用。

4. 菜籽饼的加工

菜籽饼含有苦味，适口性较差，而且还含有含硫葡萄糖甙抗营养因子，这种物质可致使家畜甲状腺肿大。因此对菜籽饼的脱毒处理显得十分重要。菜籽饼的脱毒处理常用的方法有两种。

（1）*土埋法* 挖一土坑（土的含水量为 8%左右），铺上草席，把粉碎成末的菜籽饼加水（饼水的比例为 1∶1）浸泡后装入坑内，两个月后即可饲用。土埋后的菜籽饼蛋白质的含量平均损失 7.93%，异硫氰酸盐的含量由埋前的 0.538%降到 0.059%，脱毒率为 89.35%（国家允许的残毒量为 0.05%）。

（2）*氨、碱处理法* 氨处理法是用 100 份菜籽饼（含水 6%～7%），加含 7%氨的氨水 22 份，均匀地喷洒在菜籽中，闷盖 3～5 h，再放进蒸笼中蒸 40～50 min，再炒干或晒干。碱处理法是 100 份菜籽饼中加入 24 份 14.5%～15.5%的纯碱溶液，其他的处理同上。

（三）薯类及块根茎类饲料的加工利用

这类饲料的营养较为丰富，适口性也较好，是牛羊冬季不可多得的饲料之一。加工较为简单，应注意3个方面：一是霉烂的饲料不能饲喂；二是要将饲料上的泥土洗干净，用机械或手工的方法切成片状、丝状或小块状，块大时容易造成食道堵塞；三是不喂冰冻的饲料。饲喂时最好和其他饲料混合饲喂，并现切现喂。

二、秸秆饲料的加工方法

秸秆加工的目的就是要提高秸秆的采食利用率、增加牛羊的采食量、改善秸秆的营养品质。秸秆饲料常用的加工方法有3种：物理方法、化学方法和生物方法。

1. 物理方法

（1）切碎　切碎是秸秆饲料加工最常用和最简单的加工方法，是用铡刀或切草机将秸秆饲料和其他粗饲料切成1.5~2.5 cm的碎料。

（2）粉碎　用粉碎机将粗饲料粉碎成0.5~1 cm的草粉，使粗硬的作物秸秆、牧草的茎秆破碎。草粉较细，不仅可以和饲料混合饲喂，还利于饲料的发酵处理和加工成颗粒饲料。粉碎可以最大限度地利用粗饲料，使浪费减少到最低限度，并且投资少，不受场地限制。但应注意粉碎的粒度不能太小。

（3）青、干饲料的混合碾青法　碾青法是指将青绿饲料或牧草切碎后和切碎的作物秸秆或干秸秆一起用石轨碾压，使青草的水分挤出渗入干秸秆饲料中，然后一起晾制干备用。其特点是碾压时青草的水分和营养随着液体渗出到秸秆饲料中，使营养损失降低，同时也利于青草的迅速制干。

2. 化学方法

（1）氨化处理法　氨化法就是用尿素、氨水、无水氨及其他含氮化合物溶液，按一定比例喷洒或灌注于粗饲料上，在常温、密闭条件下，经过一段时间后使粗饲料发生化学变化。氨处理可分为尿素氨化法和氨水氨化法。

尿素氨化法：在避风向阳干燥处，依氨化粗饲料的多少，挖深1.5~2 m、宽2~4 m，长度不定的长方形土坑，在坑底及四周铺上塑料薄膜，或用水泥抹面形成长久的使用坑，然后将新鲜秸秆切碎分层压入坑内，每层厚度为30 mm，并用10%的尿素溶液喷洒，其用量为100 kg秸秆需10%的尿素溶液40 kg。逐层压入、喷洒、踩实、装满，并高出地面1 m，上面及四周仍用塑料薄膜封严，再用土压实，防止漏气，土层的厚度约为50 cm。在外界温度为10~20 ℃时，经2~4周后即可开坑饲喂，冬季则需45 d左右。使用时应从坑的一侧分层取料，然后将氨化的饲料晾晒，放净氨气味，待呈糊香味时便可饲喂。饲喂时应由少到多逐渐过渡，以防急剧改变饲料引起牛羊的消化道疾病。

氨水氨化法：用氨水和无水氨氨化粗饲料，比尿素氨化的时间短，需要有氨源和容器及注氨管。氨化的形式同尿素法相同。向坑内填压、踩实秸秆时，应分点填夹注氨塑料管，管直通坑外。填好料后，通过注氨管按原料重的12%比例注入20%的氨水，或按原料重的3%注入无水氨，温度不低于20 ℃。然后用薄膜封闭压土，防止漏气。经1周后即可饲喂。饲喂前也要通风晾晒12~24 h放氨，待氨味消失后才能饲喂。此法能除去秸秆中的木质素，既可提高粗纤维的利用率，还可提高秸秆中的氨，改善其饲料营养价值。用氨水处理的秸秆，其营养价值接近于中等品质的干草。用氨化秸秆饲喂牛羊，可促进增重，并可降低饲料成本。

（2）氢氧化钠及生石灰处理法（碱化处理法）　碱化处理最常用而简便的方法是氢氧化钠和生石灰混合处理。方法是：每100 kg切碎的秸秆饲料分层喷洒160~240 kg 1.5%~2%的氢氧化钠和1.5%~2%的生石灰混合液，然后封闭压实。堆放1周后，堆内的温度达50~55 ℃，即可饲喂。经处理后的秸秆可提高其饲料的消化利用率。

三、微干贮饲料的加工方法

微干贮就是用秸秆生物发酵饲料菌种对秸秆饲料（包括青贮原料和干秸秆饲料）进行发酵处理，以提高秸秆饲料利用率和营养价值的饲料加工方法。此方法是耗氧发酵和厌氧保存，和青贮饲料的制作原理不同。其菌种的主要成分为：发酵菌种、无机盐、磷酸盐等。每500 g菌种可制作干秸秆1 t或青贮3 t。每吨干秸秆加水1 t，食盐2 kg，麸皮3 kg。海星牌“微贮王”秸秆发酵活干菌为3 g，可处理稻麦秸秆、黄玉米秸秆1 000 kg，或处理青玉米秸秆2 000 kg。

1. 菌液的配制

将菌种倒入适量的水中，加入食盐和麸皮，搅拌均匀备用。“微贮王”活干菌的配制方法是将菌种倒入200 mL的自来水中，充分溶解后在常温下静置1~2 h，使用前将菌液倒入充分溶解的1%食盐溶液中拌匀。菌液应当天用完，防止隔夜失效。

2. 饲料加工

微干贮时先按青贮饲料的加工方法挖好坑、铺好塑料薄膜，饲料切碎和装窖的方式与注意事项和青贮饲料相同，只是在装窖的同时将菌液均匀地洒在窖内切碎的饲料上，边洒边踩边装。装满后在饲料上面盖上塑料布，但不密封，过3~5 d，当窖内的温度达45 ℃以上时，均匀地覆土15~20 cm，封窖时窖口周围应厚一些，踩实，防止进气漏水。

3. 饲料的取用

窖内饲料经3~4周后变得柔软，呈醇酸香味时就可以饲喂，成年羊的饲喂量为2~3 kg/d，同时应加入20%的干秸和10%精饲料混合饲喂。取用时的注意事项和青贮相同。

第七章　肉牛饲养管理技术

一、常见肉牛品种

（一）我国五大黄牛品种

1. 秦川牛

秦川牛产于陕西省渭河流域关中平原地区，因“八百里秦川”而得名。属中国五大良种黄牛之一。毛色以紫红和红色为主，鼻镜肉红色。公牛头大额宽，母牛头清秀。角短而钝，向后或向外下方伸展。公牛颈短、粗，有明显的肩峰，母牛鬐甲低而薄。缺点是牛群中常见有尻稍斜的个体，也有前肢外弧、后肢呈“X”飞节的。

初生公犊牛重 27.4 kg，母犊牛 25 kg 左右；成年公牛平均体高 142 cm，母牛 125 cm；公牛平均体重 594 kg，母牛 381 kg；平均屠宰率为 58.28%，净肉率为 50.5%，眼肌面积为 97.02 cm^2。秦川牛的役用性能较好，肉用性能尤为突出，具有育肥快，瘦肉率高，肉质细，大理石纹状明显等特点。公牛 12 月龄性成熟。公牛、母牛初配年龄为 2 岁。母牛可繁殖到 14~15 岁。

全国已有 21 个省（区）引入秦川牛，进行纯种繁育或改良当地黄牛，都取得了很好的效果。秦川牛作为母本，曾与丹麦红牛、兼用短角牛、荷斯坦牛等品种杂交，其后代产肉、产乳性能有所提高。该牛优质肉块比例大，繁殖性能好，若用作杂交母本，可生产出大量的高档优质牛肉。秦川牛是我国优秀的地方良种，是理想的杂交配套品种，通过精心培育，有望成为我国优秀的肉用品种。

2. 南阳牛

南阳牛产于河南省南阳地区白河和唐河流域的平原地区。现群体总头数有 130 多万头。南阳牛具有适应性良好，耐粗饲，肉质性能好等特点。多年来已向全国 23 个省（区）输入种牛改良当地黄牛，效果良好。作为母本与夏洛来牛杂交改良，选育出了我国第一个肉牛新品种——夏南牛。公牛以萝卜头角为多，肩峰高。母牛角细，一般中、后躯发育良好，乳房发育差。部分牛有斜尻。毛色多为枣红色。初生公犊牛重平均达 29.9 kg，母犊牛平均达 26.4 kg。成年公牛平均体重达 650 kg，成年母牛达 382 kg。耕作能力强，持久力大，最大腕力约为体重的 55%。16~24 月龄屠宰率、净肉率分别为

59%~63%和49%~53%，肥育期平均日增重为681~961 g。母牛性成熟期较早，初情期为8~12月龄，性成熟期为9~10月龄，母牛初次配种年龄为2岁。发情周期为21 d，发情持续期为1~1.5 d，妊娠期平均为291.6 d。2岁初配，利用年限5~9年。

3. 晋南牛

晋南牛产于山西省南部汾河下游的晋南盆地。母牛头较清秀，角尖为枣红色，角形较杂。鼻镜、蹄壳为粉红色，毛色多为枣红色。公牛额短稍凸，角粗、圆，为顺风角。尻较窄略斜。乳房发育不足，乳头细小。犊牛初生重，公犊牛为25.3 kg，母犊牛为24.1 kg。在一般肥育条件下，16~24月龄屠宰率为50%~58%，净肉率为40%~50%，肥育期平均日增重为631~782 g；强度肥育条件下，屠宰率、净肉率分别为59%~63%和49%~53%，肥育期平均日增重为681~961 g，眼肌面积为77.59 cm^2。在农村一般饲养条件，泌乳期8个月，平均产乳量为745.1 kg，乳脂率5.5%~6.1%。性成熟期为9~10月龄，母牛初次配种年龄为2岁。繁殖年限，公牛为8~10岁，母牛为12~13岁。发情周期为18~24 d，平均21 d。妊娠期为285 d。产犊间隔为14~18个月。

4. 鲁西牛

鲁西牛产于山东省济宁市、菏泽地区，目前群体总头数有100余万头。体格高大而稍短，骨骼细，肌肉发育好，体躯近似长方形，具有肉用型外貌。公牛头短而宽，角较粗，鬐甲高，垂皮发达。母牛头稍窄而长，颈细长，后躯宽阔。毛色多为黄色，约70%的牛具有完全或不完全的“三粉特征”（即眼圈、嘴圈和腹下至股内侧呈粉色或毛色较浅）。成年公牛平均体高146 cm，母牛124 cm。成年公牛平均体重644 kg，成年母牛366 kg。18月龄平均屠宰率57.2%、净肉率49.0%。骨肉比为1∶6，眼肌面积89.1 cm^2。肉质细，脂肪分布均匀，大理石状花纹明显。母牛性成熟较早，一般10~12月龄开始发情，1.5~2岁初配，终生可产犊7~8头。鲁西牛耐粗饲，性情温驯，易管理，适应性好。耐寒力较弱，有抗结核病及焦虫病的特性。

5. 延边牛

延边牛产于吉林省延边朝鲜族自治州，分布于吉林、辽宁及黑龙江等省，约有120万头以上。体质粗壮结实，结构匀称。两性外貌差异明显。公牛角根粗，多向后方伸展，成一字形或倒“八”字形，颈短厚而隆起。母牛角细而长，多为龙门角。背、腰平直，尻斜。前躯发育比后躯好。毛色为深、浅不同的黄色。产肉性能良好，易肥育，肉质细嫩，呈大理石纹状结构。经180 d肥育于18月龄屠宰的公牛，平均日增重813 g，胴体重265.8 kg，屠宰率57.7%，净肉率47.2%，眼肌面积75.8 cm^2。泌乳期约6个月，产乳量为500~700 kg，乳脂率为5.8%。成年公牛平均体重达480 kg，成年母牛平均体重达380 kg。母牛8~9月龄初情期，一般20~24月龄初配，发情周期平均为20.5 d，发情持续期平均为20 h。

以利木赞牛为父本，延边黄牛为母体，经过杂交、正反回交和横交固定3个阶段，形成了含75%延边黄牛、25%利木赞牛血统的我国肉牛品种——延黄牛。

（二）常见引进肉牛品种

1. 海福特牛

产地与分布：原产于英格兰西部的海福特郡。是英国最古老的中小型早熟肉牛品种之一。典型的肉用牛体型，分布于世界各地，尤其在美国、加拿大、澳大利亚、新西兰饲养较多，在我国于1913年开始引进。

外貌特征：体躯毛色为橙黄色或黄红色，头部、颈、腹下、尾帚、肢下部为白色。头短额宽，体躯宽深，前胸发达，背腰宽平，臀部宽厚，肌肉丰满，四肢短，长方形的典型肉用牛体形。分有角和无角两种。

生产性能：早熟、增重快、产肉性能好、肉质细嫩多汁、味道鲜美。屠宰率60%~65%，高者达70%。初生公犊牛平均重为41.3 kg，母犊牛平均为38.7 kg，犊牛生长快，到12月龄可保持平均日增重1.4 kg，18月龄达到725 kg（早熟品种）。优点是早熟、生长快、肉质好、耐粗抗病、适应性强。缺点是肢蹄不良、带有跛行、单睾现象。海福特牛耐粗饲，对环境条件适应性强。繁殖能力强，比较耐寒抗病，性情温顺，适于集约饲养。遗传稳定，繁殖性能好，极少难产。改良我国小型黄牛效果显著，可作为经济杂交的父本或山区黄牛的改良者。

2. 安格斯牛

产地与分布：原产于苏格兰北部，是英国最古老的小型肉用品种之一。体格较低矮，体质结实，全身肌肉丰满，具有典型的肉牛外貌。分布于世界各地，是英国、美国、加拿大、澳大利亚、新西兰和阿根廷的主要肉牛品种。我国于1994年开始引进至北方各省。

外貌特征：被毛黑色和无角为其重要的外貌特征、故亦称无角黑牛；头小额宽、颈中等长、背腰平直、臀部发育良好；体躯宽而深、呈圆筒状、四肢短；成年公牛体重800~900 kg，母牛500~600 kg。

生产性能：早熟、胴体品质好、出肉率高、肉嫩味美、大理石状较好。被认为是世界上各种专门化肉用品种中肉质很好的品种。屠宰率60%~65%。优点是早熟、肉质好、对环境适应性好、耐粗抗寒。缺点是母牛稍有神经质，冬季被毛较长而易感外寄生虫。

3. 夏洛来牛

产地与分布：原产于法国夏洛来地区和涅夫勒省。是现代大型肉用牛育成品种之一。我国于1964年开始引进，主要分布于北方地区。

外貌特征：毛色为白色或乳黄色。体型大、额宽脸短、角向前方或两侧伸展，常形成“双肌”特征；全身肌肉非常丰满，尤其是后腿肌肉圆厚（发达）；胸宽深，肋骨弓圆，背宽肉厚，体躯呈圆筒状，四肢粗壮结实；成年公牛体重1 100~1 200 kg；成年母牛体重700~800 kg。初生公犊牛40 kg左右；初生母犊牛30 kg左右。

生产性能：生长速度快，瘦肉产量高，肉质好。屠宰率60%~70%，眼肌面积82.9 cm^2，胴体瘦肉率80%~85%。初生公犊牛重45 kg，母犊牛42 kg。优点是体型大、早熟、生长快、适应性强，产肉性能和泌乳性能好。缺点是母牛繁殖方面难产率高，公牛常有双鬐和凹背。

用夏洛来牛同我国当地黄牛杂交，杂交牛体格明显加大，增长速度加快，杂种优势明显。在粗放饲养的条件下，以当地牛为母本，夏杂一代公牛1.5岁屠宰时即可获得胴体重111 kg的效果，很容易达到目前国内平均水平；当选配的母牛是其他品种的改良牛时，尤其是西门塔尔改良母牛，则效果更明显，夏洛来的三元杂交后代1.5岁屠宰时胴体重可以达到180 kg。由于夏洛来牛晚熟，繁殖性能低，难产率高，不宜做小型黄牛的第一代父本，应选择与体型较大的经产母牛杂交，在肉牛经济杂交生产中适宜作"终端"公牛。

4. 利木赞牛

产地与分布：也叫利木辛牛，原产于法国利木辛高原，属大型肉用品种。分布于世界各地，我国于1974年开始引进，改良黄牛。

外貌特征：毛色黄棕色；头短额宽，体躯长而宽，肌肉丰满，肩部和臀部肌肉特别发达。胸宽，肋骨开张，背腰宽直，尻平。成年公牛重950~1 200 kg；成年母牛重600~800 kg；初生公犊牛重36 kg左右；初生母犊牛重35 kg左右。

生产性能：一是生长发育快、早熟、产肉性能高；二是该品种为生产早熟小牛肉的主要品种，8月龄小牛就具有成年牛大理石纹状的肌肉，肉质细嫩，沉积的脂肪少，瘦肉多；三是12月龄体重达480 kg；四是屠宰率63%~71%。优点是耐粗饲，生长快，出肉率高。缺点是毛色多、体型欠佳。因毛色接近中国黄牛，比较受群众欢迎，是用于改良我国本地牛的主要引入品种。

改良我国地方黄牛时，杂种后代体型改善，肉用特征明显，生长快，18月龄体重比本地黄牛高31%，22月龄屠宰率达58%~59%，既可用于开发高档牛肉和生产小牛肉，又能改善黄牛臀部发育差的缺点，是优秀的父本品种。

5. 皮埃蒙特牛

产地与分布：皮埃蒙特牛原产于意大利北部的皮埃蒙特地区，是意大利的新型肉用品种。该牛具有"双肌"基因，是目前国际公认的终端父本，已被世界20多个国家引进，用于杂交改良。

外貌特征：体格大，体质结实，背腰较长而宽，全身肌肉丰满，呈圆筒状。毛色为白晕色或浅灰色。成年公牛活重不低于1 100 kg，母牛平均为500~600 kg。公、母牛平均体高分别为150 cm和136 cm。平均初生公犊牛重41.3 kg，母犊牛重38.7 kg。

生产特征：一是皮埃蒙特牛屠宰率、净肉率高，眼肌面积大，肉质鲜嫩；二是该品种选育注重肌肉发达程度和皮薄骨细，该品种胴体含骨量较小，脂肪低，屠宰率及瘦肉率高，比较适合当今国际肉牛市场的需要。

我国于1986年开始从意大利引进皮埃蒙特牛的冻精及胚胎，对提高我国的肉牛生产起到了一定的作用。与南阳牛杂交，杂种公牛在适度肥育下，18月龄活重达496 kg。开展三元杂交或四元杂交，已取得一定的改良效果。皮埃蒙特牛与西门塔尔牛和本地牛的三元杂交组合的后代，在生长速度和肉用体型上都有父本的特征。其级进杂交的后代已与皮埃蒙特牛纯种形状十分接近。

6. 黑毛和牛

产地与分布：原产地为日本，是日本分布最广，数量最多的肉用牛。

外貌特征：毛色黑色，分有角与无角两个类型。有角和牛系日本土种牛选育而成，无角和牛是由安格斯牛与当地土种母牛杂交育种而形成的。成年公牛体重可达 920~1 000 kg；成年母牛体重可达 510~610 kg。

生产性能：18~20 月龄体重可达 650~750 kg；屠宰率可达到 65%。

7. 西门塔尔牛

产地与分布：原产于瑞士，主要分布于瑞士、法国、德国、奥地利等。

外貌特征：毛色黄白色或红白花，但头、胸、腹下、尾帚为白色，肋骨开张，前躯发育好，尻宽平，乳房发育好。成年公牛体重可达 800~1 200 kg；成年母牛体重可达 600~750 kg。

生产性能：原产地瑞士向乳用型发展，产乳量 4 074 kg，乳脂率 3.9%；平均日增重可达 1.6 kg，1.5 岁活重可达到 440~480 kg，屠宰率 65%左右。优点是耐粗放，适应性好，抗病力强，产肉产乳性能好。缺点是皮偏厚。

8. 短角牛

产地与分布：原产地为英国，分布于很多国家。

外貌特征：被毛多为深红色，少数为沙毛、白毛，体躯宽深，乳用性能较为明显，乳房发达。成年公牛体重为 1 000~1 200 kg；成年母牛可达 600~800 kg。

生产性能：年产奶量为 2 800~3 500 kg，乳脂率为 3.5%~4.2%；18 月龄公牛体重可达 400~480 kg，母牛可达 360~420 kg ；屠宰率可达 65%~68%。优点是体格大，耐粗抗病，早熟，肉质细嫩，脂肪沉积均匀，呈大理石纹状。

二、牛的生活习性

1. 睡眠

每日睡觉 1~1.5 h，因此夜间有充分的时间采食和反刍。

2. 群居性

放牧时，牛喜欢 3~5 头结帮活动。舍饲时，仅有 2%单独散卧，40%以上 3~5 头结帮合卧。牛群经过争斗建立起优势序列，优势者各方面得以优先。因此，放牧时牛群不宜过大，否则，影响牛的辨识能力，争头次数增加。

3. 视觉、听觉、嗅觉灵敏，记忆力强

公牛的性行为主要由视觉、听觉和嗅觉等引起，并且视觉比嗅觉更为重要。公牛的记忆力强，对它接触过的人和事，印象深刻，例如兽医或打过它的人接近它时常有反感的表现。

4. 牛的繁殖行为

牛是单胎家畜，繁殖年限为10~12年，一般无明显的繁殖季节，尤其在气候温和的条件下，常年发情，常年配种。幼牛发育到一定时期，开始表现性行为。公牛通过听觉、嗅觉判别母牛的发情状态。公牛发情无周期性，而母牛发情具有明显的周期性。

三、牛的消化特点

牛的消化特点决定了牛能利用各种粗饲料和农副产品。牛是反刍动物，具有特殊的消化机能，能充分利用各种青粗饲料和农副产品，将饲料转化成为人类所需的肉、奶、皮等畜产品供人类利用。

牛的消化系统比较复杂，分为4个胃：瘤胃、网胃、瓣胃和皱胃。瘤胃容积最大，可以看成是高度自动化的“饲料发酵罐”。牛的消化特点为发展节粮型畜牧业创造了生物学基础。

牛具有较高的粗纤维消化能力。牛属于复胃动物，和一些单胃动物如猪、马和禽类相比，具有较高的消化率。因此牛比其他畜禽更能有效地利用秸秆等粗饲料。

瘤胃微生物主要为厌氧型纤毛虫、细菌和真菌，1 g瘤胃内容物中含细菌150亿~250亿和纤毛虫60万~180万，总体积约占瘤胃液的3.6%，其中细菌和纤毛虫约各占一半。瘤胃内大量繁殖的微生物随食糜进入瘤胃消化道后，被消化液分解而解体，可为牛体提供优质的单细胞蛋白质。因此，瘤胃微生物对饲料粗纤维消化能力强；可将饲料中低品质蛋白饲料转变为高品质的菌体蛋白；另外还可合成B族维生素和维生素K。牛对人类的特殊贡献其实质主要就是靠瘤胃特殊的消化生理机能。

四、牛采食行为特点

1. 采食

牛无上切齿，啃食能力差，但舌很发达。牛依靠高度灵活的舌采食饲料，把草卷入口中，在牧食时，依靠舌和头的转摆动作扯断牧草。牛一天牧食时间4~9 h。牛日采食量约为其体重的10%，折合干物质量为其体重的2%左右。牛是草食性反刍动物，以植物为食物，主要采食植物的根、茎、叶和籽实。牛采食时非常粗糙，饲料未经仔细咀嚼吞咽入胃。在休息时瘤胃中经过浸泡的食团经逆呕重新回到口腔，再咀嚼，再混唾液，再吞咽，这一过程称为反刍。反刍行为的建立与瘤胃的发育有关，一般在9~11周龄时出现反刍。每日反刍次数为9~16次，每次反刍15~45 min。牛反刍频率和时间受年龄和牧草质量的影响。牛适宜在牧草较高的草地放牧，当草高未超过5~10 cm时，牛难以吃饱，并会因“跑青”而大量消耗体力；牛有竟食性，即在自由采食时，互相抢食。利用这一特性，群食可增加对劣质饲料的采食量；牛喜欢吃青绿饲料、精料和多汁饲料，其次是优质干草、低水分的青贮料，最不爱吃秸秆饲料，同一类饲料中，牛爱吃1 cm^3的颗粒料，最不喜欢吃粉料；牛爱吃新鲜饲料，不爱吃长时间拱食而黏附鼻镜黏液的饲料。

2. 饮水

牛的饮水量较非反刍动物大，放牧饲养牛较舍饲牛需水多50%。牛的需水量可按每千克干物质需水3~5 kg供给。

五、牛的环境适应性和应激

牛一般耐寒畏热，特别不能耐受高温。当外界气温高于其体温5 ℃时便不能长期生存。牛最适温度范围为10~20 ℃。牛在相对湿度47%~91%、11.1~14.4 ℃的低温环境中不产生异常生理反应。而在同样湿度下，当环境气温上升到23.9~38 ℃，牛将伴随明显的体温上升、呼吸加快、产奶量下降和发情抑制。

牛的性情温顺，易于管理，但若经常粗暴对待就可能产生顶人、踢人等恶习。

突然的意外刺激，也会引起牛的恐惧，奶牛产奶量减少，抑制公牛性行为。

因此对牛不要打骂、恫吓，应经常刷拭牛体，使牛养成温顺的性格，利于饲养与管理。

六、肉牛的管理

不同饲养管理水平对肉牛的肥育性能有较大影响。饲养管理水平越高，增重速度越快，达到出栏体重时间缩短，牛肉品质提高。由于我国肉牛来源复杂，各地肉牛饲养管理和育肥的方式不尽相同，应在一般饲养管理原则的基础上，因地制宜，制定可行的饲养育肥方案。

（一）肉牛饲养管理的一般原则

1. 满足肉牛的营养需要

首先提供足够的粗料，满足瘤胃微生物的活动，然后根据不同生理阶段牛的生产目的和经济效益，组织日粮。应全价营养，种类多样化，适口性强，易消化，精、粗饲料合理搭配。初生牛犊尽早哺足初乳；哺乳犊牛及早放牧，补喂植物性饲料，促进瘤胃机能发育，并锻炼适应能力；生长牛日粮以粗料为主，并根据生产目的和粗料品质，合理配比精料；育肥牛则以高精料日粮为主进行肥育；繁殖母牛妊娠后期适当补饲，以保证胎儿正常的生长发育。

2. 严格执行兽医卫生制度

定期进行消毒，保持清洁卫生的饲养环境，防止病原微生物的增加和蔓延；经常观察牛的精神状态、食欲、粪便等情况；制定科学的免疫程序，及时防病、治病，按计划适时免疫接种。对断奶犊牛和育肥前的架子牛要及时驱虫健胃。要坚持进行牛体刷拭，保持牛体清洁。

3. 加强饮水，定期运动

保证饮水清洁充足，冬季适当饮用温水。适当运动有利于牛只新陈代谢，促进消化，增强牛对外界环境急剧变化的适应能力，防止牛体质衰退和肢蹄病的发生。

（二）肉牛的肥育

肉牛在出售或屠宰前的一定时期内，集中加强饲养，以提高产肉量和改善肉品质的方法称之为肉牛的肥育。幼龄牛和成年牛均可进行肥育，但前者主要是肌肉增长，而后者则主要为脂肪的沉积。在营养充足的条件下，12 月龄以前的肉牛生长速度最快，以后逐渐变慢，当达到体成熟时，生长更慢，在生产上要根据实际情况，合理利用这一生理特点，充分发挥其经济潜力。

肌体组织影响牛的体重和牛肉质量，肌肉组织在 1 周岁前生长最快，以后是脂肪沉积加快。优质牛肉要求脂肪适度沉积，所以，在育肥牛生产中，不同年龄的牛，要控制好适度的肥育期，以保证牛肉的质量。根据牛肥育时年龄的不同，它的最佳育肥期也有所不同。肉牛肥育方法主要有以下几种。

1. 持续肥育法

持续肥育法是指犊牛断奶后，立即转入肥育阶段进行肥育，一直到出栏（12～18 月龄，体重 400～500 kg）。持续肥育在饲料利用率较高的生长阶段保持较高的增重，加上饲养期短，故总效率高。

（1）放牧加补饲持续肥育法　在牧草条件较好的地区，犊牛断奶后，以放牧为主，根据草场情况，适当补充精料或干草，使其在 18 月龄体重达 400 kg。要实现这一目标，随母牛哺乳阶段，犊牛平均日增重达到 0.9～1 kg。冬季日增重保持 0.4～0.6 kg，第二个夏季日增重在 0.9 kg，在枯草季节，对杂交牛每天每头补喂精料 1～2 kg。放牧时应做到合理分群，每群 50 头左右，分群轮放。在我国，1 头体重 120～150 kg 的牛需1.5～2 hm^2草场。放牧时要注意牛的休息和补盐。夏季防暑，狠抓秋膘。

（2）放牧—舍饲—放牧持续肥育法　此种肥育方法适应于 9—11 月出生的秋犊。犊牛出生后随母牛哺乳或人工哺乳，哺乳期日增重 0.6 kg，断奶时体重达到 70 kg。断奶后以喂粗饲料为主，进行冬季舍饲，自由采食青贮料或干草，日喂精料不超过 2 kg，平均日增重 0.9 kg。到 6 月龄体重达到 180 kg。然后在优良牧草地放牧（此时正值 4—10 月），要求平均日增重保持 1.2 kg。到 12 月龄可达到 430 kg。转入舍饲，自由采食青贮料或青干草，日喂精料 2～5 kg，平均日增重 0.9 kg，到 18 月龄，体重达 490 kg。

（3）舍饲持续肥育法　采取舍饲持续肥育法，首先制订生产计划，然后按阶段进行饲养。犊牛断奶后即进行持续肥育，犊牛的饲养取决于培育的强度和屠宰时的月龄，强度培育和 12～15 月龄屠宰时需要提供较高的饲养水平，以使肥育牛的平均日增重在 1 kg以上。制订肥育生产计划，要考虑到市场需求、饲养成本、牛场的条件、引种技术、青贮饲料、效益分析、人工授精、改良误区、流动配种、秸秆微贮、饲养规程、牛粗饲料、牛病防治、牛添加剂、品种、培育强度及屠宰上市的月龄等。按阶段饲养就是按肉牛的生理特点、生长发育规律及营养需要特征，将整个肥育期分成2~3个阶段，分别采取相应的饲养管理措施。

2. 后期集中肥育

对2岁左右未经肥育或不够屠宰体况的牛，在较短时间内集中较多精料饲喂，让其增膘的方法称为后期集中肥育。这种方法对改良牛肉品质，提高肥育牛经济效益有较明显的作用。后期集中肥育有放牧加补饲法、秸秆加精料日粮类型的舍饲肥育、青贮料日粮类型舍饲肥育及酒糟日粮类型舍饲肥育等。

(1) *放牧加补饲肥育*　此方法简单易行，以充分利用当地资源为主，投入少，效益高。我国牧区、山区可采用。

(2) *处理后的秸秆+精料*　农区有大量作物秸秆，是廉价的饲料资源。秸秆经过化学、生物处理后提高其营养价值，改善适口性及消化率。秸秆氨化技术在我国农区推广范围最大，效果较好。经氨化处理后的秸秆粗蛋白质提高1~2倍，有机物质消化率可提高20%~30%，采食量可提高15%~20%。以氨化秸秆为主，加适量的精料进行肉牛肥育。

3. 架子牛的育肥管理技术

选购架子牛时应注意以下几个问题。一是要选择杂交改良品种，如西门塔尔、夏洛莱、利木赞、海福特等纯种牛与当地牛的杂交后代。二是要选择年龄在1~2周岁，体重在250~300 kg的架子大但较瘦的牛。三是没去势的公牛为最好，其次为阉牛。四是让有经验，懂得饲养管理技术的人员去采购牛。多年的饲养实践表明，杂种牛与当地牛相比，不仅生长速度和饲料利用率高，而且采食量大，日增重高，饲养周期短，肥育效果好，资金周转快。

架子牛从引进到出栏，一般需要120 d左右，分为育肥过渡期、育肥中期和育肥后期。肉牛育肥过渡期大约15 d。通常情况下，新购进的架子牛经过长时间长途运输以及环境条件的改变，应激反应都比较大，所以要注意过渡期的饲养管理。其做法包括：一是对刚买的架子牛进行称重，按体重大小和健康状况进行分群饲养。二是前1~2 d不喂草料，只饮水，适量加盐，目的是调理肠胃，促进食欲。适应过渡期一般为15 d左右。在这段时间内，前一周只喂草不喂料，以后逐渐加料，每头架子牛每天喂精料2 kg，主要是玉米面，不喂饼类。三是新购进的架子牛在3~5 d进行一次体内外驱虫。过渡期完成后，也就是第16~60 d是架子牛快速育肥的第二阶段，即肉牛育肥中期。这期间，架子牛对干物质的采食量要逐渐达到8 kg，日粮粗蛋白质水平为11%，精粗饲料比为6∶4。这阶段，肉牛日增重1.3 kg左右。肉牛育肥中期结束后就转入快速育肥后期，即第61~120 d的育肥期。这时架子牛对干物质的采食量已达到10 kg，日粮中粗蛋白质为10%，精粗料比为7∶3。这阶段，日增重为1.5 kg左右。架子牛经过3至4个月的饲养，体重达到500 kg左右就可出栏。在整个架子牛快速育肥期间需要特别注意的是，要尽量减少新到架子牛的应激反应，让其尽快适应育肥饲料。同时，饲养管理人员要把握好饲料用量与饲喂方式。同样条件下，架子牛的肥育速度也是有一定差别的，一般公牛比阉牛的增重速度大约高出 10%，阉牛比母牛的增重速度高出 10%左右。因此，在选择架子牛时，应考虑性别对增重的影响。

肉牛育肥需要采取技术措施。一般来说，架子牛有较强的适应性，在冬季，牛有抵抗寒冷的能力，但要消耗自身能量来产生热量，这样会增加饲养成本。因此，如果要减少能量消耗，就要做到以下几点。一是牛舍要挡风保温，尽量减小湿度。要保证运动场和牛床干燥。要让牛少活动，多晒太阳，多刷拭牛体。二是要合理配制日粮，提高能量水平。适当增加玉米面在日粮中的比例，保证所需维生素和微量元素的供应和平衡。增强肉牛的免疫力，减少疾病的发生。三是冬季育肥时，每天 6:00、18:00 各喂一次，22:00 再加一次干草，用少量水拌湿后饲喂。需要注意的是，冬季不要饲喂冰冻的饲草饲料，还要给肉牛定时饮水，有条件的话，最好用温水饮牛。肥育牛体重达到 500 kg 左右时就要及时出栏，否则，当体重超过500 kg时，日增重会下降，肥育成本就会提高，利润降低。育肥牛适时出栏，是架子牛周转快、见效快的一大特点。

架子牛的育肥又称短期快速育肥或强度育肥。一般育肥期为 3~4 个月，在这段时间内，饲料的营养水平要求较高，从而改善牛肉品质，提高育肥的经济效益。架子牛的后期集中肥育有放牧加补饲肥育和舍饲肥育法，舍饲育肥法包括秸秆加精料日粮类型育肥法、青贮料日粮类型肥育法以及酒糟日粮类型肥育法等。下面介绍几种简单的肥育方法。

(1) 放牧加补饲肥育　此方法简单易行，能充分利用当地资源，投入少，效益高。7~12 月龄放牧架子牛每日补饲玉米 1.5 kg，生长素 20 g，人工盐 25 g，尿素 25 g，补饲时间一般在晚上 8 点以后；16~18 月龄的架子牛经驱虫后，进行强度肥育，全天放牧，每日补喂精料 1.5 kg，生长素 40 g，人工盐 25 g，尿素 50 g，另外还应适当补饲青草。11 月份后进入枯草季节，继续放牧达不到育肥目的，应转入舍内进行舍饲育肥。

(2) 处理后的秸秆加精料肥育　我国农区有大量作物秸秆，是廉价的饲料资源。秸秆经化学、生物处理后能改善适口性及提高消化率，大大提高其营养价值。秸秆氨化处理技术在我国农区大范围推广，效果较好。经氨化处理后的秸秆粗蛋白质可提高 1~2 倍，有机物质消化率可提高 20%~30%，采食量可提高 10%~20%。以氨化秸秆为主加适量的精料配以专用复合添加剂进行秦川牛肥育，其秦杂牛平均日增重可达 1.21 kg。

(3) 青贮饲料加精料肥育　青贮玉米是肥育牛的优质饲料，不仅制作方便，而且育肥牛效果较好。但青贮的玉米缺乏蛋白质，因此，在日粮精料中应加入蛋白类物质。据研究，在低精料水平下，饲喂青贮料也能达到较高的增重。下面提供两种参考育肥方案。

方案 1：以青贮玉米为主要粗饲料进行架子牛肥育，任牛自由采食青贮玉米秸秆，每日每头饲喂占其体重 1.6%的精料（精料的组成为每 100 kg 的日粮中所含的数玉米 43.9%、棉籽饼 25.7%、麸皮 29.2%、贝壳粉 1.2%，另加食盐少许）。

方案 2：用青贮玉米秸秆育肥 1.5~2 岁的阉牛，日头均饲喂 5 kg 精料（精料组成为玉米 53.03%、棉籽饼 16.10%、麸皮 28.41%、贝壳粉 1.51%、食盐 0.95%），青贮玉米秸秆自由采食，平均日增重可达 1.3 kg 以上。

（4）糟渣类饲料加精料肥育　糟渣类饲料包括酿酒、制粉、制糖的副产品，大多是提取了原料中的碳水化合物后剩下的多水分的残渣物质。糟渣类饲料，除了水分含量较高（70%~90%）外，粗纤维、粗蛋白质、粗脂肪等的含量也都较高，而无氮浸出物含量低。下面推荐几种方案。

方案 1：随着啤酒生产量的增大，啤酒糟的产量急剧增加，利用其育肥肉牛效果良好，参考日粮配方见表 7-1。

表 7-1　推荐饲料配方（以干物质为基础）　　单位：%

饲料种类	前期	中期	后期
玉米	13	30	47.5
大麦	10	10	15
麸皮	10	10	5
棉籽饼	10	8	6
粗料	25	20	10
酒糟	30	20	15
食盐	0.5	0.5	0.5
矿物质添加剂	1.5	1.5	1.0

方案 2：以酒糟为主，对 400 kg 以上的架子牛进行育肥的全期饲料配方为酒糟 18~20 kg，干草 4~5 kg、玉米 2~3 kg、尿素 60~80 g、添加剂 50 g、食盐 40 g。

方案 3：选择体重 300 kg 左右的架子牛，整个育肥期分为 3 个阶段。

第一阶段（15~20 d）：饲料比例为酒糟 15 kg、干草 2.5 kg、玉米面 1 kg、尿素 50 g、每天饲喂食盐 10 g。

第二阶段（30 d）：饲料比例为酒糟 15 kg、干草 3.5 kg、玉米面 1 kg、尿素 50 g、每天饲喂食盐 10 g。

第三阶段（后期 45 d）：饲料比例为酒糟 22.5 kg、干草 2 kg、玉米面 1 kg、尿素 22.5 g、每天饲喂食盐 50 g。

七、合理利用精饲料进行肉牛育肥

在利用农作物秸秆和糟渣类饲料作为粗饲料育肥肉牛时，每天必须供应混合精饲料，精饲料的饲喂量视牛的体重而定，一般每 100 kg 体重饲喂精料 0.5 kg 左右。过多增加精饲料喂量虽然会引起育肥牛的日增重明显上升，但易导致育肥牛发生疾病及饲料的浪费。在不影响牛体健康的前提下，可分阶段增加精料喂量，当牛日增重达到一定限度，再增加精料不利经济效益时，就可以停止增加精料。因此，掌握适宜的精料喂量，对于提高育肥效益非常重要。

精料用量的多少还与饲养牛的品种、年龄、体重、性别有关，国外肉牛品种、杂交牛、淘汰奶牛等大型牛种精料用量可适当多一些，地方品种牛的精料喂量应少一些。犊牛（包括奶牛公犊）的育肥，到1.5~2月龄断奶时，喂给粗蛋白质含量17%的混合精料，在体重达到100 kg以上时精料中可消化粗蛋白质降低到14%，体重达到250 kg时，把精料中的可消化粗蛋白质降到12%，使育肥犊牛在周岁时体重达到400 kg左右即可出栏。犊牛育肥时精饲料的喂量要随着体重的增大而不断增加，日饲喂量相当于牛体重的0.6%~1%，幼龄期比例适当高些，粗饲料不限制。

对于1.5~2岁、体重300 kg左右的架子牛（一般为杂交公牛），采用短期强度育肥方案（整个育肥期以精饲料为主），经3~4月体重可达500~600 kg。精粗料配比如下：购牛后前20 d是适应期，日粮粗料占55%，每日每头干物质8 kg；21~60 d，日粮中粗料占45%，每日每头干物质8.5 kg；61~150 d，日粮中粗料比例为30%，每日每头干物质10 kg。

八、肉牛育肥需要掌握的关键因素

1. 育肥牛的选择

挑选口阔体正，性情温顺，腹部发育良好（肋骨圆而直的牛采食不好，较难育肥）的健康牛，对购进的牛首先要进行仔细检查，发现患病牛，根据病情轻重立即采取相应措施，患较难治愈疾病的牛应马上处理，以减少经济损失。

2. 精料选择

棉籽饼、菜籽饼、芝麻饼（小磨油饼）等饼粕的育肥效果较好，特别是对200~400 kg的育肥牛，建议这些饼粕在精料中的比例应达到50%以上。

3. 育肥牛的管理

购牛后要立即进行驱虫、健胃和疫病防控（注射疫苗和添加保健药物等）工作；150 kg以下的育肥牛要有一定的运动时间，每隔两天自由运动一次，每次2 h，以增强育肥牛的体质；200 kg以上的育肥牛要限制运动，舍内拴系，缰绳不可过长，一般60 cm即可。每天坚持对牛体刷拭5 min，这样不但保持牛体卫生清洁，还能使牛代谢旺盛，增强牛体抗病能力。保持饮水卫生，冬季防冰冻，夏季要新鲜；注意天气炎热时，饲喂后牛槽内要经常有一定量的清洁饮水。

4. 适时出栏

当育肥牛体重达到400~600 kg，后臀丰满，双脊宽平，食量下降，日增重减少时，即可出栏。

第八章　绵羊饲养管理技术

一、常见绵羊品种

（一）常见地方绵羊品种

1. 蒙古羊

蒙古羊产于蒙古高原，是一个十分古老的地方品种，也是在中国分布最广的一个绵羊品种，除内蒙古外，在东北、华北、西北均有分布。

蒙古羊属短脂尾羊，其体形外貌由于所处自然生态条件、饲养管理水平不同而有较大差别。一般表现为体质结实，骨骼健壮，头略显狭长。公羊多有角，母羊多无角或有小角，鼻梁隆起，颈长短适中，胸深，肋骨不够开张，背腰平直，四肢细长而强健。体躯被毛多为白色，头、颈与四肢则多有黑或褐色斑块。繁殖力不高，产羔率低，一般1胎1羔。

蒙古羊被毛属异质毛，一年春秋共剪两次毛，成年公羊剪毛量1.5~2.2 kg，成年母羊为1~1.8 kg。春毛毛丛长度为6.5~7.5 cm。各类型纤维重量比，不同地区差异较大，无髓毛和两型毛的重量比从东北向西南逐渐递增，而干、死毛的重量比则相反。呼伦贝尔高原区蒙古羊的有髓毛，两型毛，干和死毛的重量比为52.41%、5.16%、0%、42.43%；乌兰察布高原区相应为59.24%、3.65%、3.45%、33.66%；阿拉善高原区相应为58.56%、15.09%、5.87%、24.38%；河套平原区相应为76.83%、3.02%、15.53%、4.56%。

蒙古羊从东北向西南体形由大变小。苏尼特左旗成年公、母羊平均体重为99.7 kg和54.2 kg；乌兰察布市公、母羊为49 kg和38 kg；阿拉善左旗成年公、母羊为47 kg和32 kg。

蒙古羊的产肉性能较好。据1981年苏尼特左旗家畜改良站测定，成年羯羊屠宰前体重为67.6 kg，胴体重36.8 kg，屠宰率54.3%，净肉重27.5 kg，净肉率40.7%；1.5岁羯羊相应为51.6 kg、26.0 kg、50.6%、19.5 kg、37.7%。

蒙古羊无髓毛平均细度为19.34~22.27 μm，有髓毛平均细度为39.50~48.21 μm。

1986年调查存量为2 000万只。

2. 西藏羊

西藏羊又称藏羊、藏系羊，是中国三大粗毛绵羊品种之一。西藏羊产于青藏高原的西藏和青海，四川、甘肃、云南和贵州等省也有分布。

由于分布面积很广，各地的海拔、水热条件差异大，在长期的自然和人工选择下，藏羊形成了一些各具特点的自然类群。主要有高原型（草地型）和山谷型两大类型。各省、区根据本地的特点，又将藏羊分列出一些中间或独具特点的类型。如：西藏将藏羊分为雅鲁藏布型藏羊、三江型西藏羊；青海分出欧拉型藏羊；甘肃将草地型西藏羊分成甘加型、欧拉型和乔科型 3 个型；云南分出一个腾冲型；四川分出一个山地型西藏羊。

高原型（草地型）这一类型是藏羊的主体，数量最多。西藏境内主要分布于冈底斯山、念青唐古拉山以北的藏北高原和雅鲁藏布江地带；青海境内主要分布在海北、海南、海西、黄南、玉树、果洛六州的高寒牧区；甘肃境内，80%的羊分布在甘南藏族自治州的各县；四川境内分布在甘孜、阿坝州北部牧区。

产区海拔 2 500~5 000 m，多数地区年均气温-1.9~6 ℃，年降水量 300~800 mm，相对湿度 40%~70%。草场类型有高原草原草场、高原荒漠草场、亚高山草甸草场、半干旱草场等。

高原型藏羊体质结实，体格高大，四肢较长，体躯近似方型。公、母羊均有角，公羊角长而粗壮，呈螺旋状向左右平伸，母羊角细而短，多数呈螺旋状向外上方斜伸。鼻梁隆起，耳大。前胸开阔，背腰平直，十字部稍高，紧贴臀部有扁锥形小尾。体躯被毛以白色为主，被毛异质，毛纤维长，两型毛含量高，光泽和弹性好，强度大，两型毛和有髓毛较粗，绒毛比例适中，因此由它织成的产品有良好的回弹力和耐磨性，是织造地毯、提花毛毯等的上等原料。这一类型藏羊所产羊毛，即为著名的“西宁毛”。

高原型藏羊成年公、母羊体重约为 51.0 kg 和 43.6 kg，公、母羊剪毛量为 1.40~1.72 kg 和 0.84~1.20 kg，净毛率 70%左右。被毛纤维类型组成中，按重量百分比计，无髓毛占 53.59%，两型毛占 30.57%，有髓毛占 15.03%，干、死毛占 0.81%。无髓毛羊毛细度为 20~22 μm，两型毛为 40~45 μm，有髓毛为 70~90 μm，体侧毛辫长度20~30 cm。

高原型藏羊繁殖力不高，母羊每年产羔一次，每次产羔一只，双羔率极少。屠宰率 43.0%~47.5%。藏羊的小羔皮、二毛皮和大毛皮为制裘的良好原料。

山谷型藏羊主要分布在青海省南部的班玛、昂欠两县的部分地区，四川省阿坝南部牧区，云南的昭通、曲靖、丽江等地区及保山市腾冲市等。产区海拔 1 800~4 000 m，主要是高山峡谷地带，气候垂直变化明显。年平均气温 2.4~13 ℃，年降水量 500~800 mm。草场以草甸草场和灌丛草场为主。

山谷型藏羊体格较小，结构紧凑，体躯呈圆桶状，颈稍长，背腰平直。头呈三角形，公羊多有角，短小，向后上方弯曲，母羊多无角，四肢矫健有力，善爬山远牧。被毛主要有白色、黑色和花色，多呈毛丛结构，被毛中普遍有干、死毛，毛质较差。剪毛量一般 0.8~1.5 kg。成年公羊体重 40.65 kg，成年母羊为 31.66 kg。屠宰率 48%左右。

欧拉型藏羊是藏系绵羊的一个特殊生态类型，主产于甘肃的玛曲县及毗邻地区，青海省的河南县和久治县也有分布。

欧拉型羊具有草地型藏羊的外形特征，体格高大粗壮，头稍狭长，多数具肉髯。公羊前胸着生黄褐色毛，而母羊不明显。被毛短，死毛含量很高，头、颈、四肢多为黄褐色花斑，全白色羊极少。成年公羊体重 75.85 kg，剪毛量 1.08 kg，成年母羊体重 58.51 kg，剪毛量 0.77 kg。欧拉型藏羊产肉性能较好，成年羯羊宰前活重 76.55 kg，胴体重 35.18 kg，屠宰率 50.18%。

藏羊对高寒地区恶劣气候环境和粗放的饲养管理条件具有良好的适应能力，是产区人民赖以为生的重要畜种之一。

据调查，目前青藏高原地区藏羊存量为 5 000 余万只。

3. 哈萨克羊

哈萨克羊主要分布在新疆天山北麓、阿尔泰山南麓和塔城等地，甘肃、青海、新疆三省（区）交界处亦有少量分布。

产区气候变化剧烈，夏热冬寒。1 月平均气温为 -15 ~ -10 ℃，7 月平均气温 22~26 ℃。年降水量 200~600 mm，年蒸发量 1 500~2 300 mm，无霜期 102~185 d。草地类型主要有高寒草甸草场、山地草甸草场、山地草原草场和山地荒漠草原草场等。

哈萨克羊的饲养管理粗放，终年放牧，很少补饲，一般没有羊舍。因而形成了哈萨克羊结实的体格，四肢高，善于行走爬山，在夏、秋较短暂的季节具有迅速积聚脂肪的能力。

哈萨克羊体质结实，公羊多有粗大的螺旋形角，母羊多数无角，鼻梁明显隆起，耳大下垂。背腰平直，四肢高、粗壮结实。异质被毛，毛色棕褐色，纯白或纯黑的个体很少。脂肪沉积于尾根而形成肥大椭圆形脂臀，称为“肥臀羊”，属肉脂兼用品种，具有较高的肉脂生产性能。

成年公、母羊春季平均体重为 60.34 kg 和 44.90 kg，周岁公、母羊为 42.95 kg 和 35.80 kg。成年公、母羊剪毛量为 2.03 kg 和 1.88 kg，净毛率分别为 57.8%和 68.9%。成年公羊体侧部毛股自然长度为 13.57 cm。哈萨克羊肌肉发达，后躯发育好，产肉性能高，屠宰率 45.5%。初产母羊平均产羔率为 101.24%，成年母羊为 101.95%，双羔率很低。

1986 年调查在新疆境内的存量为 150 万只。

4. 大尾寒羊

大尾寒羊原属寒羊的大尾型，脂肉性能好，属农区绵羊品种。

产地和分布：大尾寒羊产于冀东南、鲁西聊城地区及豫中密县一带。自 20 世纪 60 年代开展绵羊杂交改良工作以来，大尾寒羊的分布地区和数量逐渐缩小和减少，现主要分布在河北的黑龙港地区，邯郸、邢台地区以东各县及沧州地区运河以西，山东聊城地区的临清、冠县、高唐及河南范县等地。1980 年统计的羊存量为 47 万只，其中河北占 89.36%，山东占 6.38%，河南占 4.26%。

品种形成：大尾寒羊按尾型分类属脂尾羊的一个亚型——长脂尾型羊。大尾寒羊存在于中原地带约有 400 余年的历史。

大尾寒羊产区为华北平原的腹地，属典型的温带大陆性季风气候，冬季寒冷干燥，夏季炎热多雨。是我国北方小麦、杂粮和经济作物的主要产区之一。农作物一年两熟或两年三熟，为大尾寒羊提供较丰富的农副产品。野生牧草生长期长，绵羊可终年放牧。

长期以来，受中原地区优越的自然生态环境影响，当地群众对公母羊进行有意识的选择，使大尾寒羊形成了具有毛被基本同质、裘皮品质好的大脂尾的特点。

特征和特性：体型外貌方面，大尾寒羊性情温驯。鼻梁隆起，耳大下垂，产于山东、河北地区的公母羊均无角，河南的公、母羊有角。前躯发育较差，后躯比前躯高，因脂尾庞大肥硕下垂，而使尻部倾斜，臀端不明显。四肢粗壮，蹄质坚实。公、母羊的尾都超过飞节，长者可接近或拖及地面，形成明显尾沟。体躯被毛大部为白色，杂色斑点少；体重方面，大尾寒羊羔羊初生重，公羔平均为 3.7 kg，母羔平均为 3.7 kg。断奶重（3 月龄），公羔平均为 25.0 kg，母羔平均为 17.5 kg。周岁公羊平均为 41.6 kg，周岁母羊平均为 29.2 kg。成年公羊平均为 72.0 kg（最大达 105.0 kg），成年母羊平均为 52.0 kg。成年公羊脂尾重一般为 15~20 kg，最重的可达 35.0 kg。成年母羊的脂尾一般为 4.0~6.0 kg，最重的达 10.0 kg 以上。生产性能如下。一是剪毛量和羊毛品质。产区一年剪毛 2 次或 3 次，剪毛量，公羊平均为 3.30 kg（1.80~4.80 kg），母羊平均为 2.70 kg（0.5~4.30）。被毛长度（据春季测量体侧部），公羊平均为 10.40 cm（8.90~11.50 cm），母羊平均为 10.20 cm（5.0~13.0 cm）。羊毛伸直长度为 12.0~18.0 cm。被毛同质或基本同质。被毛纤维类型重量百分比：细毛和两型毛占 95.0%，粗毛约占 5.0%（内有极少量死毛）。羊毛细度，肩部平均为 26 μm，体侧平均为 32 μm。净毛率为 45.0%~63.0%。二是裘皮品质。大尾寒羊的羔皮和二毛皮，毛股洁白、光泽好，有明显的花穗，毛股弯曲，由大浅圆形到深弯曲构成，一般有 6~8 个弯曲。毛皮加工后质地柔软，美观轻便，毛股不易松散。以周岁内羔皮质量最好，颇受群众欢迎。三是产肉性能。大尾寒羊具有屠宰率和净肉率高、尾脂肪多的特点。据河北邢台和邯郸两地区 1980 年 12 月屠宰测定结果，一岁公、母羊的屠宰率平均为 55.0%~64.0%，净肉率为 46.0%~48.0%，脂尾重为 8.5 kg。2~3 岁公、母羊的屠宰率为 62.0%~69.0%，净肉率为 46.0%~57.0%。成年母羊脂尾平均重为 10.7 kg。大尾寒羊脂肪蓄积在尾部，胴体内脂肪较少。肉质鲜嫩多汁、味美，以羔羊肉较佳。膘情好的羊的脂尾出油多，炼油率可达 80.0%。四是繁殖性能。大尾寒羊母羊 5~7 个月龄、公羊 6~8 个月龄达性成熟。母羊发情周期平均为 18 d（17~20 d），发情持续期为 2.5 d（1.5~3 d）。妊娠期为 149~155 d。母羊初配年龄为 10~12 月龄。母羊一年四季发情，1 年 2 胎或 2 年 3 胎。一般一胎多产双羔，个别的一胎产 3 羔、4 羔，产羔率为 185.0%~205.0%。

饲养管理：大尾寒羊全年以放牧为主，多数农家以放牧和舍饲结合饲养。尾型较大的羊只多舍饲，羊只抗炎热及腐蹄病的能力强。

评价和展望：大尾寒羊被毛同质性好，羊毛可用于纺织呢绒、毛线等。成年羊和羔羊的毛皮轻薄，毛股的花穗美观，其二毛裘皮和羔皮深受群众欢迎。产肉性能和肉质好，繁殖力高。为此，应将山东聊城地区和河北的黑龙港及河南地区划为保种区，开展本品种选育，提高被毛品质。同时着重选育多胎性，推行生产肥羔。

5. 小尾寒羊

小尾寒羊是我国乃至世界著名的肉裘（皮）兼用、多胎、多产的地方优良绵羊品种，具有繁殖力高、早熟、生长发育快、体格高大、产肉性能高、裘皮品质优、遗传性能稳定和适应性强等优良特点。小尾寒羊为蒙古羊的亚系，迄今已有2 000余年的繁育史。随着时代推移、社会变革、民族迁移、贸易往来，这种生长在草原地区、终年放牧的蒙古羊逐渐繁殖于中原地区。由于气候条件和饲养条件的改善，以及经过长期的选育，蒙古羊逐渐变成了具有新的特点的小尾寒羊。1980年有羊77万多只。

外貌特征：小尾寒羊体形结构匀称，侧视略成正方形；鼻梁隆起，耳大下垂；短脂尾呈圆形，尾尖上翻，尾长不超过飞节；胸部宽深、肋骨开张，背腰平直。体躯长，呈圆筒状；四肢高，健壮端正。公羊头大颈粗，有发达的螺旋形大角，角根粗硬；前躯发达，四肢粗壮，有悍威、善抵斗。母羊头小颈长，大都有角，形状不一，有镰刀状、鹿角状、姜芽状等，极少数无角。全身被毛白色、异质、有少量干、死毛，少数个体头部有色斑。按照被毛类型可分为裘皮型、细毛型和粗毛型3类，裘毛型毛股清晰、花弯适中美观。

生长发育：小尾寒羊生长发育快、成熟早，群众中有“一年成羊”的说法。周岁时，生长发育即近于成熟，早于一般国外品种。在一般饲养管理条件下，周岁公羊体高平均可达100 cm，体长100 cm，体重130 kg；周岁母羊体高85 cm，体长85 cm，体重80 kg。成年公羊体高平均可达105 cm，体长110 cm，体重170 kg。成年母羊体高平均90 cm，体长95 cm，体重90 kg。公羊最大体高达115 cm，体重190 kg；母羊最大体高达105 cm，体重140 kg。

生产性能：5月龄即可发情，6月龄即可配种，当年即可产羔。全年均可发情，但多集中于春、秋两季。发情周期17~21 d，发情持续期36 h，妊娠期148~152 d。1年2胎或2年3胎，每胎2~6只，也有达8只的。初产母羊产羔率为200%以上，经产母羊产羔率为260%以上。公、母羊的繁殖利用年限为6~8岁。周岁羊体重75 kg，胴体重42 kg，净肉重35 kg，屠宰率为55%，净肉率为41%。肉质好，无膻味。生长快，成熟早。羔羊日增重可达300 g以上，周岁体重可达95 kg，成年体重可达130~182 kg。体尺、体重在周岁时已占到成年时（3岁）的85%。

经济效益：4月龄即可育肥出栏，年出栏率可达400%以上。劳动回报率高，它是农户脱贫致富奔小康的最佳项目之一，也是国家扶贫工作的最稳妥工程。

适应地区：小尾寒羊适宜于舍饲，也可放牧。小尾寒羊虽是蒙古羊系，但千百年来在鲁西南地区已养成“舍饲圈养”的习惯，舍饲圈养能使日晒、雨淋、严寒等自然条件得到调节，能使灾害性气候的危害程度得到缓解，能使羊的抗逆性增强，因此，小尾寒羊有广泛的适应地区。养羊专家陈济生的经验是：凡是人能生活的地方，只要能坚持舍饲不跑山，饲养小尾寒羊就能成功。

6. 同羊

同羊又名同州羊，据考证该羊已有1 200多年的历史。主要分布在陕西渭南、咸阳两地区北部各县，延安地区南部和秦岭山区有少量分布。据1981年调查，存量为3.6

万余只。

产区属半干旱农区，地形多为沟壑纵横山地，海拔 1 000 m 左右。年平均气温 9.1~14.3 ℃，最高气温 36.3~43 ℃，最低气温-24.3~-20.1 ℃，年平均降水量 550~730 mm，无霜期 150~240 d。

同羊有“耳茧、尾扇、角栗、肋筋”四大外貌特征。耳大而薄（形如茧壳），向下倾斜。公、母羊均无角，部分公羊有栗状角痕。颈较长，部分个体颈下有一对肉垂。胸部较宽深，肋骨细如筋，拱张良好。背部公羊微凹，母羊短直较宽，腹部圆大。尾大如扇，按其长度是否超过飞节，可分为长脂尾和短脂尾两大类型，90%以上为短脂尾。全身被毛洁白，中心产区 59%的羊只产同质毛和基本同质毛，其他地区同质毛羊只较少。腹毛着生不良，多由刺毛覆盖。

周岁公、母羊平均体重为 33.10 kg 和 29.14 kg；成年公、母羊体重为 44.0 kg 和 36.2 kg。剪毛量成年公、母羊为 1.40 kg 和 1.20 kg，周岁公、母羊为 1.00 kg 和 1.20 kg。毛纤维类型重量百分比：绒毛 81.12%~90.77%，两型毛占 5.77%~17.53%，粗毛占0.21%~3.00%，死毛占 0%~3.60%。羊毛细度，成年公、母羊为 23.61 μm 和 23.05 μm。周岁公、母羊羊毛长度均在 9.0 cm 以上。净毛率平均为 55.35%。同羊肉肥嫩多汁，瘦肉绯红，肌纤维细嫩，烹之易烂，食之可口。具有陕西关中独特地方风味的“羊肉泡馍”“腊羊肉”“水盆羊肉”等食品，皆以同羊肉为上选。周岁羯羊屠宰率为 51.75%，成年羯羊为 57.64%，净肉率 41.11%。

同羊生后 6~7 月龄即达性成熟，1.5 岁配种。全年可多次发情、配种，一般 2 年 3 胎，但产羔率很低，一般 1 胎 1 羔。

7. 乌珠穆沁羊

乌珠穆沁羊主产于内蒙古自治区锡林郭勒盟东北部乌珠穆沁草原，主要分布在东乌珠穆沁旗和西乌珠穆沁旗以及毗邻的阿巴哈纳尔旗、阿巴嘎旗部分地区，是肉脂兼用短脂尾粗毛羊品种。据 1980 年调查，该羊存量为 100 余万只。

产区处于蒙古高原东南部，海拔 800~1 200 m。气候寒冷，年平均气温 0~1.4 ℃，1 月平均气温-24 ℃，最低温度-40 ℃，7 月平均气温 20 ℃，最高温度 39 ℃。年降水量 250~300 mm，无霜期 90~120 d。草原类型为森林草原、典型草原、干旱草原，牧草以菊科和禾本科为主，羊群终年放牧。

乌珠穆沁羊体质结实，体格高大，体躯长，背腰宽平，肌肉丰满。公羊多数有角，呈螺旋形，母羊多数无角。耳大下垂，鼻梁隆起。胸宽深，肋骨开张良好，背腰宽平，后躯发育良好，有较好的肉用羊体型。尾肥大，尾中部有一纵沟，将尾分成左右两半。毛色全身白色者较少，约 10%，体躯花色者约 11%，体躯白色，头颈黑色者占 62%左右。

乌珠穆沁成年公、母羊年平均剪毛量为 1.9 kg 和 1.4 kg，周岁公、母羊相应为 1.4 kg和 1.0 kg，为异质毛，各类型毛纤维重量百分比为：成年公羊绒毛占 52.98%，粗毛占 1.72%，干毛占 27.9%，死毛占 17.4%；成年母羊相应为 31.65%、12.5%、26.4%和 29.5%。净毛率 72.3%，产羔率 100.69%。

乌珠穆沁羊生长发育较快，早熟，肉用性能好。6~7 月龄的公、母羊体重达 39.6 kg

和35.9 kg。成年公羊体重74.43 kg，成年母羊为58.4 kg，屠宰率50.0%~51.4%。

8. 阿勒泰羊

阿勒泰羊是哈萨克羊中的一个优良分支，属肉脂兼用粗毛羊。主要分布在新疆维吾尔自治区北部阿勒泰地区。1980年该品种羊有129万只。

阿勒泰羊体格大，体质结实。公羊鼻梁隆起，具有较大的螺旋形角，母羊60%以上的个体有角，耳大下垂。胸宽深，背平直，肌肉发育良好。四肢高而结实，股部肌肉丰满，沉积在尾根基部的脂肪形成方圆形大尾，下缘正中有一浅沟将其分成对称的两半。母羊乳房大，发育良好。被毛41.0%为棕褐色，头为黄色或黑色，体躯为白色的占27%，其余的为纯白、纯黑羊，比例相当。

成年公、母羊平均体重为85.6 kg和67.4 kg；1.5岁公、母羊为61.1 kg和52.8 kg；4月龄断奶公、母羔为38.9 kg和36.6 kg。3~4岁羯羊屠宰率53.0%，1.5岁羯羊为50.0%。

阿勒泰羊毛质较差，用以擀毡。成年公、母羊剪毛量为2.4 kg和1.63 kg，毛纤维类型的重量百分比为：绒毛占59.55%，两型毛占3.97%，粗毛占7.75%，干、死毛占28.73%。无髓毛的平均细度为21.03 μm，长度为9.8 cm，有髓毛的平均细度为41.89 μm，长度为14.3 cm。净毛率为71.24%。产羔率为110.0%。

9. 湖羊

湖羊产于太湖流域，分布在浙江湖州（原吴兴县）、桐乡、嘉兴、长兴、德清、余杭、海宁和杭州市郊，江苏吴江等县以及上海的部分郊区县。湖羊以生长发育快、成熟早、四季发情、多胎多产、所产羔皮花纹美观而著称，为我国特有的羔皮用绵羊品种，也是目前世界上少有的白色羔皮品种。据1980年调查，该品种羊存量为170万只。

产区为蚕桑和稻田集约化的农业生产区，气候湿润，雨量充沛。年平均气温15~16 ℃。1月最冷，月平均气温在0 ℃以上，最低气温-7~-3 ℃，7月最热，月平均气温28 ℃左右，最高气温达40 ℃。年降水量1 006~1 500 mm，年平均相对湿度高达80%，无霜期260 d。

湖羊头狭长，鼻梁隆起，眼大突出，耳大下垂（部分地区湖羊耳小，甚至无突出的耳），公、母羊均无角。颈细长，胸狭窄，背平直，四肢纤细。短脂尾，尾大呈扁圆形，尾尖上翘。全身白色，少数个体的眼圈及四肢有黑、褐色斑点。成年公羊体重为42~50 kg，成年母羊为32~45 kg。湖羊生长发育快，在较好饲养管理条件下，6月龄羔羊体重可达到成年羊体重的87.0%。湖羊毛属异质毛，成年公、母羊年平均剪毛量为1.7 kg和1.2 kg。净毛率50%左右。成年母羊的屠宰率为54%~56%。

羔羊生后1~2 d内宰剥的羔皮称为“小湖羊皮”，为我国传统出口商品。羔皮毛色洁白光润，有丝一般光泽，皮板轻柔，花纹呈波浪形，紧贴皮板，扑而不散，在国际市场上享有很高的声誉，有“软宝石”之称。

羔羊生后60 d以内屠剥的皮称为“袍羔皮”，皮板轻薄，毛细柔，光泽好，也是上好的裘皮原料。

湖羊繁殖能力强，母性好，泌乳性能高，性成熟很早，母羊4~5月龄性成熟。公羊一般在8月龄、母羊在6月龄配种。四季发情，可年产2胎或2年3胎，每胎多产，产羔率平均为229%，产单羔的占17.35%，2~3羔的79.56%，4羔的占3.03%，6羔的占0.06%。

湖羊对潮湿、多雨的亚热带产区气候和长年舍饲的饲养管理方式适应性强。

10. 滩羊

滩羊是我国独特的裘皮用绵羊品种，以产二毛皮著称。

产地和分布：滩羊主要产于宁夏贺兰山东麓的银川市附近各县。主要分布于宁夏、甘肃、内蒙古、陕西和宁夏毗邻的地区。

为发展滩羊，提高品质，20世纪50年代末在宁夏建立了选育场。1962年制定了发展区域规划及鉴定标准，广泛地开展滩羊选育工作。1973年成立宁夏滩羊育种协作组。1977年成立陕西、甘肃、内蒙古、宁夏4地滩羊育种协作组。通过以上措施和进行科研活动，促使滩羊的数量和质量有了一定的发展和提高。

据1980年统计，有羊250万只，其中宁夏占60.0%，甘肃占32.0%，内蒙古和陕西占8.0%。

品种形成：产区地貌复杂，海拔一般1 000~2 000 m。气候干旱，年降水量180~300 mm，多集中在7—9月，年蒸发量160~2 400 mm，为降水量的8~10倍。热量资源丰富，日照时间长，年日照时数2 180~3 390 h，日照率50%~80%，年平均气温7~8 ℃，夏季中午炎热，早晚凉爽，冬季较长，昼夜温差较大。土壤有灰钙土、黑垆土、栗钙土、草甸土、沼泽土、盐渍土等。土质较薄，土层干燥，有机质缺乏。但矿物质含量丰富，主要含碳酸盐、硫酸盐和氯化物，水质矿化度较高，低洼地盐碱化普遍。

产区植被稀疏低矮，以耐旱的小半灌木、短花针茅、小禾草及豆科、菊科、藜科等植物为主。产草量低，但干物质含量高，蛋白质丰富，饲用价值较高。

（1）特征和特性　体型外貌：滩羊体格中等，体质结实。鼻梁稍隆起，耳有大、中、小3种，公羊角呈螺旋形向外伸展，母羊一般无角或有小角。背腰平直，胸较深。四肢端正，蹄质结实。属脂尾羊，尾根部宽大，尾尖细，呈三角形，下垂过飞节。体躯毛色纯白，多数头部有褐、黑、黄色斑块。被毛中有髓毛细长柔软，无髓毛含量适中，无干、死毛，毛股明显，呈长毛辫状。

滩羊羔初生时从头至尾部和四肢都长有较长的具有波浪形弯曲的结实毛股。随着日龄的增长和绒毛的增多，毛股逐渐变粗变长，花穗更为紧实美观。到1月龄左右宰剥的毛皮称为“二毛皮”。二毛期过后随着毛股的增长，花穗日趋松散，二毛皮的优良特性即逐渐消失。

（2）生产性能　二毛皮是滩羊的主要产品，为羔羊1月龄左右时宰剥的毛皮。其特点是：毛色洁白，毛长而呈波浪形弯曲，形成美丽的花案，毛皮轻盈柔软。滩羊羔不论在胎儿期还是出生后，被毛生长速度比较快，为其他品种绵羊所不及。初生时毛股长为5.4 cm左右，生后30 d毛股长度可达8 cm左右。这时，毛股长而紧实，制成的裘皮衣服长期穿着毛股不松散。

根据二毛皮毛股粗细、弯曲形状、弧度大小和绒毛含量的不同，属于优等花型的有以下两种。

串字花——毛股弯曲数较多，一般为 5~7 个，弧度均匀，呈波浪形弯曲排列在同一水平面上，形似“串”字，故称串字花。串字花毛股紧，根部柔软，能向四方弯倒，弯曲部分占毛股全长 2/3~3/4，光泽柔和呈玉白色。这种花穗紧实清晰，花穗顶端是扁的，不易松散和毡结。有少数具有串字花的二毛皮，其毛股较细小，弯曲多（6~8 个）而弧度小，称为小串字花。

软大花——较串字花的毛股粗大，且不甚紧实，弯曲的弧度也较大，一般每个毛股上有弯曲 4~6 个，弯曲部分占毛股全长的 1/2~2/3。花穗顶端呈柱状，扭成卷曲，这类花穗由于下部绒毛含量较多，裘皮保暖性较强，但不如串字花美观。

此外，还有“卧花”“核桃花”“笔筒花”“钉字花”“头顶一枝花”“蒜瓣花”等花型。这些花穗散乱，弯曲数少，弧度不匀，毛股粗短而松散，绒毛长而含量多，易于毡结，欠美观，故品质不及前两种。

二毛皮的毛纤维较细而柔软，有髓毛平均细度为 26.6 μm，无髓毛为 17.4 μm。两者的细度差异不大。毛被纤维类型数量百分比：无髓毛占 15.3%，有髓毛占 84.7%。毛纤维类型和密度与羔羊日龄有关，初生时绒毛含量少，随着日龄的增长，绒毛含量也在增加。二毛裘皮保暖性良好，并且有髓毛与无髓毛比例适中，不易毡结。

二毛皮皮板弹性好，致密结实，皮板厚度平均为 0.78 mm（0~3 480 根）。鞣制好的二毛裘皮平均重 0.35 kg。一般 8~10 张，重量 2 kg 左右；74~80 cm 长的皮衣需皮 5~6 张，重量 1.5 kg 左右，比较轻便。

（3）产肉性能　滩羊肉质细嫩，脂肪分布均匀，无膻味。在放牧条件下，成年羯羊体重可达 51.0~60.0 kg，屠宰率为 45%；成年母羊体重达 41~50 kg，屠宰率为 40%。二毛羔羊体重为 6~8 kg，屠宰率为 50%。脂肪含量少，肉质更为细嫩可口。

（4）繁殖性能　滩羊公羊到 6~7 月龄、母羊到 7~8 月龄时，性已成熟。适宜繁殖年龄，公羊为 2.5~6 岁，母羊为 1.5~7 岁。每年于 7 月开始发情，8—9 月为发情旺季，发情周期为 17~18 d，发情持续期为 26~32 h。妊娠期为 151~155 d。产羔率为 101%~103%。

11. 岷县黑裘皮羊

岷县黑裘皮羊产于甘肃洮河和岷江上游一带，主要分布在岷县境内洮河两岸及其毗邻县区。该品种又称“岷县黑紫羔羊”，以生产黑色二毛裘皮著称。据 1986 年调查，该品种羊有 10.4 万只。

岷县黑裘皮羊体质细致，结构紧凑。头清秀，公羊有角，母羊多数无角，少数有小角。背平直，全身背毛黑色。成年公羊体高 56.2 cm，体长 58.7 cm，体重 31.1 kg；成年母羊体高 54.3 cm，体长 55.7 cm，体重 27.5 kg；平均剪毛量 0.75 kg。成年羯羊屠宰率 44.2%。繁殖力差，一般 1 年 1 胎，多产单羔。

岷县黑二毛皮的特点是毛长不少于 7 cm，毛股明显呈花穗，尖端呈环形或半环形，有 3~5 个弯曲，毛纤维从尖到根全黑，光泽悦目，皮板较薄，面积 1 350 cm^2。

12. 贵德黑裘皮羊

贵德黑裘皮羊，亦称“贵德黑紫羔羊”或“青海黑藏羊”，以生产黑色二毛皮著称。主要分布在青海海南藏族自治州的贵南、贵德、同德等县。据 1986 年调查，在贵南县该品种羊存量为 2 万只。

贵德黑裘皮羊所处环境条件与草原型白藏羊基本相似，其外貌特征，除毛色及皮肤为黑色外，其他与白藏羊相同。毛色初生时为纯黑色，随年龄增长，逐渐发生变化。成年羊的毛色，黑微红色占 18.18%，黑红色占 46.60%，灰色占 35.21%。成年公羊体高 75 cm，体长 75.5 cm，体重 56.0 kg；成年母羊体高 70.0 cm，体长 72.0 cm，体重 43.0 kg；成年公羊剪毛量 1.8 kg，成年母羊 1.6 kg，净毛率 70%，屠宰率 43%~46%。产羔率 101.0%。

贵德黑紫羔皮，主要是指羔羊生后一个月左右所产的二毛皮。其特点是，毛股长 4~7 cm，每厘米上有弯曲 1.73 个，分布于毛股的上 1/3 或 1/4 处。毛黑艳，光泽悦目，图案美观，皮板致密，保暖性强，干皮面积为 1 765 cm^2。

13. 多浪羊

主要分布在塔克拉玛干大沙漠的西南边缘，叶尔羌河流域的麦盖提、巴楚、岳普湖、莎车等县。目前，该品种羊总数在 10 万只以上，因其中心产区在麦盖提县，故又称麦盖提羊。

多浪羊是用阿富汗的瓦尔吉尔肥羊与当地土种羊杂交，经 70 余年的精心选育培育而成。

被毛分为粗毛型和半粗毛型两种，粗毛型毛质较粗，干、死毛含量较多，半粗毛型中两型毛含量比例大，干、死毛少，是较优良的地毯用毛。成年公羊产毛量 3.0~3.5 kg，成年母羊 2.0~2.5 kg。

多浪羊特点是生长发育快，体格硕大，母羊常年发情，繁殖性能高。饲养方式以舍饲为主，辅以放牧，小群饲养，精心管理。一般日喂鲜草 5~8 kg，补饲精料 0.3~0.5 kg；冬季饲料主要为玉米秸秆、麦秸秆及田间杂草，辅以农林副产品及少量苜蓿。

多浪羊肉用性能良好，周岁公羊胴体重 32.71 kg，净肉重 22.69 kg，尾脂重 4.15 kg，屠宰率 56.1%，胴体净肉率 69.38%，尾脂占胴体重的 12.69%；周岁母羊上述指标相应为 23.64 kg、16.90 kg、2.32 kg，54.82%、71.49%、9.81%；成年公羊相应为 59.75 kg、40.56 kg、9.95 kg、59.75%、67.88%、16.70%；成年母羊相应为 55.20 kg、25.78 kg、3.29 kg、55.20%、46.70%、9.25%。

多浪羊性成熟早，在舍饲条件下常年发情，初配年龄一般为 8 月龄，大部分母羊可以两年三产，饲养条件好时一年可两产，双羔率可达 50%~60%，3 羔率 5%~12%，并有产 4 羔者。据调查，80%以上的母羊能保持多胎的特性，产羔率在 200%以上。

应当指出，作为肉羊要求，多浪羊还有许多不足之处，如四肢过高，颈长而细，肋骨开张不理想，前胸和后腿欠丰满，有的个体还出现凹背、弓腰、尾脂过多，毛色不一致，被毛中含有干、死毛等。今后应加强本品种选育，必要时可导入外血，使其向现代肉羊方向发展。

（二）中国培育绵羊品种

1. 新疆细毛羊

1954年育成于新疆维吾尔自治区巩乃斯种羊场，是我国育成的第一个细毛羊品种。

新疆细毛羊的育种工作始于1934年。当时从苏联引入了一批高加索、泊列考斯等绵羊品种，分别饲养在伊犁、塔城、巴里坤、乌鲁木齐和喀什等地，主要用来对当时属于牧主、商人和国民党政府土产公司的哈萨克羊和蒙古羊进行杂交改良。巩乃斯种羊场的羊群是1939年从乌鲁木齐南山种畜场迁去的，主要是一、二代杂种母羊及少量三代母羊，还从民间收集了部分杂种羊，共有2 600多只，在此基础上，继续用高加索羊、泊列考斯细毛公羊分两个父系进行级进杂交，比重以高加索公羊为主，1942年开始试行少量的四代横交。1944年以后，由于纯种公羊大部分损失或老死，绝大部分杂种羊不得不转入无计划的横交。从1946年开始，又加入了少数哈萨克粗毛母羊，并用高代杂种公羊交配。因此，1949年巩乃斯种羊场的羊群是以四代为主（包括少部分级进到五、六代的杂种自交群），还有少数用杂种公羊配哈萨克母羊的后代，共9 000余只，当时称为“兰哈羊”。这些羊群饲养管理相当粗放，缺乏系统的育种工作和必要的育种记载，生产性能较低，品质很不整齐。但在中华人民共和国成立前后，已有部分“兰哈羊”作为细毛种羊推广。

中华人民共和国成立后，各级畜牧业领导部门抓了以巩乃斯种羊场为重点的细毛羊育种工作。1950—1953年，对巩乃斯种羊场进行了整顿，加强了领导和技术力量，初步建立了饲料生产基地，逐步改善了饲养管理，建立了初步的育种记载系统，加强了羊群的选种选配等育种工作，大幅度淘汰品质差的个体，从而使羊群趋于整齐，品质得到迅速提高。与此同时，还扩大了羊群的繁育区，增建了新的育种基地，相继建立了霍城、察布查尔、塔城和乌鲁木齐南山等种羊场，共同进行细毛羊新品种的培育工作，使“兰哈羊”的质量有了较大的提高，数量有了较大增加，分布地区更加广泛。1953年由农业部、西北畜牧部和新疆畜牧厅联合组成鉴定工作组，对巩乃斯种羊场的羊群进行现场鉴定。1954年经农业部批准成为新品种，命名为“新疆毛肉兼用细毛羊”，简称“新疆细毛羊”。

新疆细毛羊育成后，针对该品种羊存在的问题，为进一步提高质量，1954—1957年，巩乃斯羊场从全场7 000只基础母羊中挑出700只优秀母羊组成育种核心群，进行较为细致的育种工作。育种核心群又根据品质特点的不同分成毛长组、毛密组、体重组和毛重组等4个组。然后，为每组母羊选配符合其特点的公羊，目的在于巩固各组特点，再采用不同组之间交配的办法来达到提高新疆细毛羊羊毛品质的目的。但育种结果除毛长组和毛密组的效果突出外，其他两组特点并不显著，说明按组的同质选配没有达到预期效果。

1958—1962年育种期间，改变了按组选配的方法，明确提出了新疆细毛羊的理想型，最低生产性能指标和鉴定分级标准，并以提高羊毛长度、产毛量和改善腹毛着生和覆盖为中心任务。在这一阶段工作中，细致地进行了等级群的选配。羊群被分为Ⅰ、Ⅱ、Ⅲ和Ⅳ 4个级别，其中Ⅰ、Ⅱ、Ⅲ级羊各分成两个类型：生产性能较高的属于A

型，生产性能较低的属于B型（Ⅳ级羊本身没有一致的品质特点，个体差异大），然后为每个类型的母羊选配能改善其缺点的公羊。在这一阶段的育种工作中，还特别重视对后备种公羊的培育以及种公羊的后裔测验工作。

在1963—1967年的育种计划期间，主要任务是巩固已有的适应能力和放牧性能，继续改进和提高羊毛长度、产毛量、活重及腹毛覆盖，同时着手建立新品系等工作。通过以上几个阶段有目的、有计划的育种提高工作，巩乃斯种羊场的新疆细毛羊在各个方面，与品种形成时相比，均得到了比较显著的提高。与此同时，其他饲养新疆细毛羊的种羊场亦都加强了育种工作，引进了巩乃斯种羊场培育的优秀种公羊，使羊群的品质有较大幅度的提高。1966—1970年，在农业部、新疆畜牧厅和伊犁哈萨克自治州的组织领导下，开展了"伊犁—博尔塔拉地区百万细毛羊样板"工作，大大推进了这一地区新疆细毛羊和绵羊改良的发展，使羊群质量发生了很大的变化。到1970年，伊犁—博尔塔拉地区12个县的同质细毛羊达到了150.9万只，其中纯种新疆细毛羊为23.5万只。

为了迅速改进和提高新疆细毛羊的被毛品质和净毛产量，巩乃斯、南山及霍城等种羊场，在加强纯种繁育工作的同时，曾分别在部分羊群中导入阿尔泰、苏联美利奴、斯塔夫洛波、哈萨克和波尔华斯等品种的血液，后因未获得预期效果而中止，但对这些羊场的部分羊群产生了一定的影响。从1972年起，巩乃斯和乌鲁木齐南山种羊场的新疆细毛羊导入澳洲美利奴羊的血液，结果得到：新疆细毛羊导入适量的澳洲美利奴羊的血液以后，在基本保持体重或稍有下降的情况下，可以显著提高羊毛长度、净毛率、净毛量和改善羊毛的光泽及油汗颜色，经毛纺工业大样试纺，认为羊毛品质已达到进口澳毛的水平。

1981年国家标准总局正式发布了国家标准《新疆细毛羊》(GB 2426—81)。

新疆细毛羊体质结实，结构匀称。公羊鼻梁微有隆起，母羊鼻梁呈直线或几乎呈直线。公羊大多数有螺旋形角，母羊大部分无角或只有小角。公羊颈部有1~2个完全或不完全的横皱褶，母羊有一个横皱褶或发达的纵皱褶，体躯无皱，皮肤宽松。胸宽深，背直而宽，腹线平直，体躯深长，后躯丰满。四肢结实，肢势端正。有的个体的眼圈、耳、唇部皮肤有小的色斑。被毛闭合性良好。羊毛着生头部至两眼连线，前肢到腕关节，后肢至飞节或以下，腹毛着生良好。成年公羊平均体高75.3 cm，成年母羊为65.9 cm；成年公羊体长平均81.9 cm，成年母羊为72.6 cm；成年公羊胸围平均101.7 cm，成年母羊为86.7 cm。

新疆细毛羊在全年以四季轮换放牧为主，部分羊群在冬春季节少量补饲条件下，较一些外来品种更能显示出其善牧耐粗、增膘快、生命力强和适应严峻气候的品种特色。以巩乃斯种羊场为例，该场海拔900~2 900 m，每年11月降雪，3月融雪，积雪期130~150 d，最低气温-34 ℃，积雪厚度阴山谷地70~120 cm，阳山坡地为50~60 cm，该羊在冬季扒雪采食，夏季高山放牧，每年四季牧场的驱赶往返路程250 km左右，羊群依靠夏季放牧抓膘，从6月剪毛后到9月配种前，75 d个体平均增重10 kg以上。现新疆细毛羊的主要生产性能如下：周岁公羊剪毛后体重42.5 kg，最高100.0 kg；周岁母羊35.9 kg，最高69.0 kg；成年公羊88.0 kg，最高143.0 kg；成年母羊48.6 kg，最高94.0 kg。周岁公羊剪毛量4.9 kg，最高17.0 kg，周岁母羊4.5 kg，最高12.9 kg；成年公羊11.57 kg，最高21.2 kg；成年母羊5.24 kg，最高12.9 kg。净毛率48.06%~51.53%。12个月羊毛长度周岁公羊7.8 cm，周岁母羊7.7 cm；成年公羊9.4 cm，成羊母羊7.2 cm。羊毛主体细度64支，据毛纺厂对几个羊场的新疆细毛羊羊毛分选结果，64~66支的羊毛占80%以上，66支毛的平均直径21.0 μm，断裂强度6.8 g，伸度41.6%。64支毛的平均直径22.2 μm，断裂强度8.1 g，伸度41.6%。羊毛油汗主要为乳白色及淡黄色，含脂率12.57%~14.96%。经产母羊产羔率130%左右。2.5岁以上的羯羊经夏季牧场放牧后的屠宰率为49.47%~51.39%。

新疆细毛羊自育成以来，向全国20多个省（区）大量推广。经长期饲养和繁殖实践证明，在全国大多数饲养绵羊的省（区），都表现出较好的适应性，获得了良好的效果。

新疆细毛羊是我国育成历史最久，数量最多的细毛羊品种，具有较高的毛肉生产性能及经济效益。它的适应性强，抗逆性好，具有许多外来品种所不及的优点。但新疆细毛羊若与居于世界首位的澳洲美利奴羊相比，还有相当差距。主要表现在个体平均净毛产量低，毛长不足，羊毛的光泽、弹性、白度不理想；在体型结构方面，后躯不够丰满，背线不够宽平，胸围偏小等。因此，新疆细毛羊今后的发展方向应当是：在保持生命力强，适应性广的前提下，坚持毛肉兼用方向，既要提高净毛产量、羊毛长度和羊毛品质，又要重视改善体型结构，提高体重和产肉性能。

2. 中国美利奴羊

中国美利奴羊是1972—1985年在新疆的巩乃斯种羊场、紫泥泉种羊场、内蒙古嘎达苏种畜场和吉林查干花种畜场联合育成的，1985年经鉴定验收正式命名。它是我国细毛羊中的一个高水平新品种。它的育成，标志着我国细毛羊养羊业进入了一个新的阶段。

（1）育种工作简况　中华人民共和国成立以来，我国的细毛养羊业有了较大发展，但细毛及改良毛的产量和质量远远不能满足毛纺工业对细毛原料的需要。毛纺工业上使用外毛的比例已超过国毛。我国原有培育的细毛羊品种及其改良羊的羊毛品质较差，普遍存在羊毛偏短、净毛量和净毛率低的缺点，羊毛强度、弯曲、油汗、色泽和羊毛光泽都不及澳毛。因此，培育我国具有产毛量高、羊毛品质好、遗传性稳定的细毛羊新品种，提高现有细毛羊及改良羊羊毛品质，是自力更生地解决毛纺工业优质细毛原料的关键，也是我国细毛养羊业上的一个迫切任务。

1972年，国家克服了种种困难，从澳大利亚引进29只澳洲美利奴品种公羊，分配给新疆、吉林、内蒙古和黑龙江等地饲养。1975年，农业部多次召开会议，研究并组织良种细毛羊的培育工作。1976年将良种细毛羊培育工作列为国家重点科学技术研究项目。1977年农业部成立良种细毛羊培育领导小组和技术小组，并确定在新疆巩乃斯种羊场、柴泥泉种羊场、内蒙古嘎达苏种羊场、吉林查干花种羊场进行有计划、有组织的联合育种工作，并组织有关科研单位和高等院校协作。1982年，国家科委攻关局为了加快良种细毛羊的培育工作，在北京召开两次该课题的论证会。1983年将“良种细毛羊的选育”列为国家“六五”期间科技攻关项目，由国家经委与承担单位内蒙古畜牧科学院、新疆紫泥泉绵羊研究所、吉林省农业科学院畜牧研究所、北京农业大学畜牧系签订专项合同（后来又增加新疆巩乃斯协作组），明确规定了4个育种场完成的良种细毛羊数量和质量攻关指标。1986年5—6月，三省（区）科委和畜牧主管部门及邀请的专家教授组成鉴定委员会，分别对本省（区）的良种细毛羊按攻关指标进行鉴定验收。结果表明，4个育种场提前一年超额完成各项攻关指标。1985年8月在新疆紫泥泉绵羊研究所召开的课题总结会上，提请国家正式验收时，将新品种命名为“中国美利奴羊”。1985年12月由国家经委和农牧渔业部在石家庄召开鉴定验收会议，鉴于良种细毛羊的生产性能和羊毛品质已达到国际上同类细毛羊的先进水平，由国家经委负责同志在会上正式宣布命名为“中国美利奴羊”。中国美利奴羊再按育种场所在地区区分为中国美利奴新疆型、军垦型、内蒙古科尔沁型和吉林型。各型内各场还可以培育不同品系。中国美利奴羊的育成历时13年。

（2）育种方法　在农业部畜牧局的直接领导下，制定了良种细毛羊的育种目标，确定了理想型的外貌特征和育成羊与成年羊剪毛后体重、净毛量、净毛率和毛长四项指标。总体上，类型应一致，被毛密度大，毛丛长度在9.0 cm以上，羊毛细度60~64支，腹毛着生良好，油汗白色或乳白色，大弯曲，羊毛光泽好，并要求适应性强，遗传性能稳定。

1972年引进的澳洲美利奴公羊属中毛型，体型结构良好，4个育种场主要用的9只公羊，剪毛后体重在90 kg以上，净毛产量在8 kg以上，净毛率在50%以上，毛长在11 cm以上，羊毛细度60~64支，符合育种目标的要求。

4个育种场的基础母羊分别有波尔华斯羊和澳美与波尔华斯的杂交羊、新疆细毛羊、军垦细毛羊。一般剪毛后平均体重40 kg左右，净毛产量2.5~2.7 kg，净毛率50%左右，毛长7.5~10 cm，羊毛细度以64支为主体。

根据不同杂交代数和育种工作的分析，以二、三代中出现的理想型羊只较多，既具有澳洲美利奴羊羊毛品质好的特点，又具有原有细毛羊品种适应性强的优点。经过严格选择，各场都选择出一些优良的种公羊，并与理想型母羊进行横交固定，经进一步选择和淘汰不符合要求的个体后，所留羊只不仅类型一致，而且主要经济性状都能达到要求。采用复杂育成杂交方法，后代的遗传性稳定，各项主要经济性能指标均超过原有母本，也出现一批优良种公羊，其个体品质超过引进的种公羊，因此，有的种羊场的这些公羊已成为育成新品种的核心和建立新品系的基础。

（3）中国美利奴羊的生产性能　根据1985年6月鉴定时统计，4个育种场羊只总数达4.6万余只，其中基础母羊18万只左右。4个育种场达到攻关指标的特级母羊，剪毛后平均体重45.84 kg，毛量7.21 kg，体侧净毛率60.87%，平均毛长10.5 cm。一级母羊平均剪毛后体重40.9 kg，剪毛量6.4 kg，体侧净毛率60.84%，平均毛长10.2 cm，这一生产水平已达到国际同类羊的先进水平。

羊毛经过试纺，64支的羊毛平均细度22 μm，单纤维强度在8.4 g以上，伸度46%以上，卷曲弹性率92%以上，净毛率55%左右，比56型澳毛低10%左右。毛纤维长度在8.5 cm以上，比56型澳毛低0.5 cm左右。油汗呈白色，油汗高度占毛丛长度2/3以上。单位长度弯曲数与进口56型澳毛相似，经过试纺证明，产品的各项理化性能指标与进口 56 型澳毛接近，可做高档精纺产品衣料。

根据嘎达苏种羊场屠宰试验的结果（1979—1980），淘汰公羔去势后单独组群饲养，常年放牧，不补精料，仅在 12 月至翌年 3 月末补喂野干草 90 kg，2.5 岁羊屠宰前平均体重 42.8 kg，胴体重 18.5 kg，净肉重 15.2 kg，屠宰率 43.4%，净肉率 35.5%，骨肉比为 1∶4.5；3.5 岁羊相应为 50.6 kg、22.2 kg、19.0 kg、43.9%、37.5%、1∶5.82。

各场经产母羊产羔率 120%以上。

根据各场羊只主要经济性状的分析，遗传力都在中等以上，主要经济性状的遗传变异基本处于稳定状态，个体表型选择获得良好效果，适合在干旱草原地区饲养。

近年来，各地引用中国美利奴羊与细毛羊进行大量杂交试验，平均可提高毛长 1.0 cm，净毛量 300~500 g，净毛率 5%~7%，大弯曲和白油汗比例在 80%以上，羊毛品质显著改善，由于净毛产量的增加和羊毛等级的提高，经济效益也显著提高。

（4）*建立繁育体系，加速转化为生产力* 中国美利奴羊的培育成功，标志着我国细毛养羊业进入一个新的阶段。不仅可以节省购买国外种羊的大量外汇，也可以减少优质细毛的进口量。为加速这一成果转化成生产力，1992 年 10 月，正式成立了中国美利奴羊品种协会。在品种协会领导下，进行有组织、有计划、有步骤地开展选育提高工作和推广工作。首先是在已有 4 个中心育种场的基础上，分别在 4 片地区组织二级场和三级场，并组织科研单位和院校、地方业务部门和畜牧兽医站等，充分发挥各方面的力量，把繁育体系建立了起来。

在繁育体系内，首要的是培育生产性能高的优良种公羊，组织好人工授精工作，扩大优良种公羊的利用，每年按中国美利奴羊的标准鉴定整群，根据各场具体情况建立核心群和育种群，为了缩短世代间隔，加速遗传进展，要精心培育羔羊以补充母羊群，要组织好冬春季节绵羊的饲养。为了节省冬春草场，合理利用天然草场和建立人工草场，繁育体系内中国美利奴羊数量愈多，特级、一级比例愈大，育种工作水平就愈高。中国美利奴羊的大量推广已产生了巨大的经济效益和社会效益，对我国养羊业的发展产生了深远影响。

3. 甘肃高山细毛羊

甘肃高山细毛羊育成于甘肃皇城绵羊育种试验场皇城区和天祝藏族自治县境内的场、社。1981 年甘肃省人民政府正式批准为新品种，命名为“甘肃高山细毛羊”，属毛肉兼用细毛羊品种。

育种区属高寒牧区，海拔 2 400~4 070 m，年平均气温 1.9 ℃，最低为-30 ℃，最高为 31 ℃，年降水量为 257~461.1 mm，无霜期 60~120 d。农作物主要为青稞、大麦、燕麦。天然草场分高山草甸草场、干旱草场和森林灌丛草场 3 个类型。羊只终年放牧，冬春补饲少量精料和饲草。

甘肃高山细毛羊的育成主要经历了 3 个阶段。即，自 1950 年开始的杂交改良阶段，此阶段共进行了 6 个杂交组合的试验，以“新×蒙”和“新×高蒙”的杂交组合后代较理想，藏系羊的杂交后代不佳；自 1957 年起开始的横交固定阶段，此阶段以杂种三代羊为主，选择具有良好生产性能和坚强适应性能的二、三代中的理想型羊全面开展了横交固定工作；自1974年开始的选育提高阶段，此阶段成立了甘肃细毛羊领导小组，统一了育种计划和指标，制订了鉴定标准，实行了场、社联合育种，此期间还着重抓了改善羊群饲养管理条件，严格鉴定，建立和扩大育种核心群，加强种公羊的选择和培育，提高优良种公羊的利用率，建立品系，少量导入外血等措施，收到了统一羊群类型、提高生产性能、扩大理想型羊数量和稳定遗传性的良好效果。

甘肃高山细毛羊体格中等，体质结实，结构匀称，体躯长，胸宽深，后躯丰满。公羊有螺旋形大角，母羊无角或有小角。公羊颈部有1~2个横皱，母羊颈部有发达的纵垂皮，被毛闭合良好，密度中等。细毛着生于头部至两眼连线，前肢至腕关节，后肢至飞节。

成年公、母羊剪毛后体重为80.0 kg和42.91 kg，剪毛量为8.5 kg和4.4 kg，平均毛丛长度8.24 cm和7.4 cm。主体细度64支，其断裂强度为6.0~6.83 g，伸度为36.2%~45.7%。净毛率为43%~45%。油汗多白色和乳白色，黄色较少。经产母羊的产羔率为110%。

本品种羊产肉和沉积脂肪能力良好，肉质鲜嫩，膻味较轻。在终年放牧条件下，成年羯羊宰前活重57.6 kg，胴体重25.9 kg，屠宰率为44.4%~50.2%。

甘肃高山细毛羊对海拔2 600 m以上的高寒山区适应性良好。

4. 青海细毛羊

青海细毛羊是自20世纪50年代开始，由位于青海刚察县境内的青海省三角城种羊场，用新疆细毛羊、高加索细毛羊、萨尔细毛羊为父系，西藏羊为母系，进行复杂育成杂交于1976年育成的，全名为“青海毛肉兼用细毛羊”，简称“青海细毛羊”。

成年公羊剪毛后体重72.2 kg，成年母羊43.02 kg；成年公羊剪毛量8.6 kg，成年母羊4.96 kg，净毛率47.3%。成年公羊羊毛长度9.62 cm，成年母羊8.67 cm，羊毛细度60~64支。产羔率102%~107%，屠宰率44.41%。

青海毛肉兼用细毛羊体质结实，对高寒牧区自然条件有很好的适应能力，善于登山远牧，耐粗放管理，在终年放牧冬春少量补饲情况下，具有良好的忍耐力和抗病力，对海拔3 000 m左右的高寒地区有良好的适应性。

5. 青海高原半细毛羊

青海高原半细毛羊于1987年育成，经青海省政府批准命名，是“青海高原毛肉兼用半细毛羊品种”的简称。育种基地主要分布于青海的海南藏族自治州、海北藏族自治州和海西蒙古族、藏族、哈萨克族自治州的英德尔种羊场、河卡种羊场、海晏县、乌兰县巴音乡、都兰县巴隆乡和格尔木市乌图美仁乡等地。

产区地势高寒，冬春营地在海拔2 700~3 200 m，夏季牧地在海拔4 000 m以上。因地区不同，年平均气温0.3~3.6 ℃，最低月均温（1月）−20.4~−13 ℃，最高月均温（7月）11.2~23.7 ℃。年相对湿度37%~65%，年平均降水量41.5~434 mm。枯草期7个月左右。羊群终年放牧。

该品种羊育种工作于1963年开始。先用新疆细毛羊和茨盖羊与当地的藏羊和蒙古羊杂交，后又引入罗姆尼羊增加羊毛的纤维直径，然后在海北、海南地区用含有1/2罗姆尼羊血液，海西地区含1/4罗姆尼羊血液的基础上横交固定而成。因含罗姆尼羊血液不同，青海高原半细毛羊分为罗茨新藏和茨新藏两个类型。罗茨新藏型头稍宽短，体躯粗深，四肢稍矮，蹄壳多为黑色或黑白相间，公、母羊均无角。茨新藏型体型外貌近似茨盖羊，体躯较长，四肢较高，蹄壳多为乳白色或黑白相间，公羊多有螺旋形角，母羊无角或有小角。成年公羊剪毛后体重70.1 kg，成年母羊为35.0 kg。剪毛量成年公羊5.98 kg，成年母羊3.10 kg。净毛率60.8%。成年公羊羊毛长度11.7 cm，成年母羊10.0 cm。羊毛细度50~56支，以56~58支为主。羊毛弯曲呈明显或不明显的波状弯曲。油汗多为白色或乳黄色。公母羊一般都在1.5岁时第一次配种，多产单羔，繁殖成活率65%~75%。成年羯羊屠宰率48.69%。

青海高原半细毛羊对海拔3 000 m左右的青藏高原严酷的生态环境，适应性强，抗逆性好。

6. 中国卡拉库尔羊

中国卡拉库尔羊是以卡拉库尔羊为父系，库车羊、哈萨克羊及蒙古羊为母系，采用级进杂交方法于1982年育成的羔皮羊品种。主要分布在新疆的库车、沙雅、新和、尉犁、轮台、阿瓦提等县和北疆准噶尔盆地莫索湾地区的新疆生产建设兵团农场，在内蒙古主要分布于鄂尔多斯市鄂托克旗、准格尔旗、阿拉善盟的阿拉善左、右旗和巴彦淖尔市的乌拉特后旗等地。

主产区主要为荒漠、半荒漠地区。新疆主产区位于塔里木河流域的塔克拉玛干沙漠北缘，年平均气温10 ℃左右，绝对最低气温-28.7 ℃，绝对最高气温41.5 ℃，年降水量40~60 mm，无霜期为191~249 d。内蒙古主产区年平均气温6.3 ℃，绝对最低气温-32.4 ℃，绝对最高气温35 ℃，年平均降水量276.7 mm，无霜期120~150 d。

中国卡拉库尔羊头稍长，耳大下垂，公羊多有螺旋形向外伸展的角，母羊多无角。胸深体宽，四肢结实，长肥尾羊。毛色主要为黑色、灰色、金色，银色较少。

成年公羊体重77.3 kg，成年母羊46.3 kg。异质被毛，成年公羊剪毛量3.0 kg，成年母羊2.0 kg。净毛率65.0%。产羔率105%~115%，屠宰率51.0%。种羊羔皮光泽正常或强丝性正常，毛卷多以平轴卷、鬣形卷为主，毛色99%为黑色，极少数为灰色和苏尔色。被毛纤维类型重量百分比：绒毛占20.79%，粗毛占63.43%，两型毛占15.78%。

（三）常见引进国外绵羊品种

1. 澳洲美利奴羊

从1797年开始，由英国及南非引进的西班牙美利奴、德国萨克逊美利奴、法国和美国的兰布列品种杂交育成，是世界上最著名的细毛羊品种。

澳洲美利奴羊体型近似长方形，腿短，体宽，背部平直，后躯肌肉丰满；公羊颈部有1~3个发育完全或不完全的横皱褶，母羊有发达的纵皱褶。该品种羊的被毛，毛丛结构良好，毛密度大，细度均匀，油汗白色，弯曲均匀整齐而明显，光泽良好。羊毛覆盖头部至两眼连线，前肢至腕关节或腕关节以下，后肢至飞节或飞节以下。在澳大利亚，美利奴羊分为3种类型，分别是超细型和细毛型、中毛型及强毛型。其中又分为有角系与无角系两种。无角是由隐性基因控制的，通过选择无角公羊与母羊交配而培育出美利奴羊无角系。

超细型和细毛型美利奴羊主要分布于澳大利亚新南威尔士州北部和南部地区，维多利亚州的西部地区和塔斯马尼亚的内陆地区，饲养条件相对较好。其中，超细型美利奴羊体型较小，羊毛颜色好，手感柔软，密度大，纤维直径 18 μm，毛丛长度 7.0~8.7 cm（表8-1）。细毛型美利奴羊中等体型，结构紧凑，纤维直径 19 μm，毛丛长度 7.5 cm。此类型羊毛主要用于制造流行服装。

表 8-1 不同类型的澳洲美利奴羊的生产性能

类型	体重（kg）		产毛量（kg）		细度（支）	净毛率（%）	毛长（cm）
	公羊	母羊	公羊	母羊			
超细型	50~60	34~40	7~8	4~4.5	70	65~70	7.0~8.7
细毛型	60~70	34~42	7.5~8	4.5~5	64~66	63~68	8.5
中毛型	65~90	40~44	8~12	5~6	60~64	62~65	9.0
强毛型	70~100	42~48	8~14	5~6.3	58~60	60~65	10.0

中毛型美利奴是美利奴羊的主要代表，分布于澳大利亚新南威尔士州、昆士兰州、西澳的广大牧区。体型较大，相对无皱，产毛量高，毛手感柔软，颜色洁白，纤维直径为 20~23 μm，毛丛长度接近 9.0 cm。此类型羊毛占澳大利亚产毛量的70%，主要用于制造西装等织品。

强毛型美利奴羊主要分布于新南威尔士州西部、昆士兰州、南澳和西澳，尤其适应于澳大利亚的炎热、干燥的干旱、半干旱地区。该羊体型大，光脸无皱褶，易管理，纤维直径 23~25 μm，毛丛长度约 10.0 cm。此类型羊所产羊毛主要用于制作较重的布料以及运动衫。

我国于 1972 年开始引入澳洲美利奴羊，对提高和改进我国的细毛羊品质有显著效果。

2. 德国美利奴羊

原产于德国，是用泊列考斯和莱斯特品种公羊与德国原有的美利奴羊杂交培育而成。这一品种在苏联有广泛的分布，苏联养羊工作者认为，从德国引入苏联的德国美利奴羊与泊列考斯等品种有共同的起源，故他们把这些品种通称为“泊列考斯”。

德国美利奴羊属肉毛兼用细毛羊，其特点是体格大，成熟早，胸宽深，背腰平直，肌肉丰满，后躯发育良好，公、母羊均无角。成年公羊体重 90~100 kg，成年母羊 60~65 kg，成年公羊剪毛量 10~11 kg，成年母羊剪毛量 4.5~5.0 kg，毛长 7.5~9.0 cm，细度 60~64 支，净毛率 45%~52%，产羔率 140%~175%。早熟，6 月龄羔羊体重可达 40~45 kg，比较好的个体可达 50~55 kg。

我国 1958 年曾有引入，分别饲养在甘肃、安徽、江苏、内蒙古、山东等省（区），曾参与了内蒙古细毛羊新品种的育成。但据各地反映，各场纯种繁殖后代中，公羊的隐睾率比较高。如江苏铜山种羊场的德美纯繁后代，1973—1983 年统计，公羊的隐睾率平均为 12.72%，今后使用该品种时应注意这个问题。

3. 边区莱斯特羊

边区莱斯特羊是 19 世纪中叶，在英国北部苏格兰，用莱斯特羊与山地雪维特品种母羊杂交培育而成，1860 年为与莱斯特羊相区别，称为“边区莱斯特羊”。

边区莱斯特羊体质结实，体型结构良好，体躯长，背宽平。公、母羊均无角，鼻梁隆起，两耳竖立，头部及四肢无羊毛覆盖。成年公羊体重 70~85 kg，成年母羊为 55~65 kg。成年公羊剪毛量 5~9 kg，成年母羊 3~5 kg，净毛率 65%~68%，毛长 20~25 cm，细度 44~48 支。该羊早熟性能好，4~5 月龄羔羊的胴体重 20~22 kg。母性强，产羔率 150%~180%。

从 1966 年起，我国从英国和澳大利亚引入，在四川、云南等省繁育效果比较好，而饲养在青海、内蒙古的则比较差。该品种是培育凉山半细毛羊新品种的主要父系之一，也是各省（区）进行羊肉生产杂交组合中重要的参与品种。

4. 萨福克羊

原产于英国，用南丘羊与黑头有角的诺福克绵羊（Norfolk）杂交，于 1859 年培育而成。体格较大，骨骼坚强，头长无角，耳长，胸宽，背腰和臀部长宽而平，肌肉丰满，后躯发育良好。脸和四肢为黑色，头肢无羊毛覆盖。成年公羊 113~159 kg，成年母羊为 81~113 kg，成年公羊剪毛量 5~6 kg，成年母羊 2.5~3.6 kg，被毛白色，毛长 8.0~9.0 cm，细度 50~58 支。产羔率 130%~140%。4 月龄肥育羔羊胴体重公羔 24.2 kg，母羔为 19.7 kg。

我国新疆、宁夏已引进，适应性和杂交改良地方绵羊效果很好。

5. 无角陶赛特羊

无角陶塞特是在澳大利亚和新西兰用有角陶塞特与考力代羊（Corriedale）或雷兰羊（Ryeland）杂交，然后回交保持有角陶塞特羊的特点，属肉用型羊。具有生长发育快、易肥育、肌肉发育良好、瘦肉率高的特点。在新西兰，是作为生产反季节羊肉的专门化品种。

无角陶塞特光脸，羊毛覆盖至两眼连线，耳中等大，体躯长、宽而深，肋骨开张良好，肌肉丰满，后躯发育良好，全身白色，成年公羊体重 90~110 kg，成年母羊 65~75 kg，成年母羊净毛量为 2.3~2.7 kg，毛长 8~10 cm，细度 56~58 支，母羊四季发情，产羔率 110%~130%，4~6 月龄肥羔体重可达 38~42 kg，胴体重公羔为 19~21 kg。

我国新疆、甘肃、北京已引进，纯种羊适应性和用其改良地方绵羊效果良好。

6. 特克塞尔羊

德克塞尔羊源于荷兰北海岸德克塞尔岛的老德克塞尔羊，19 世纪中期引入林肯和莱斯特与之杂交育成。具有肌肉发育良好，瘦肉多等特点。现在美国、澳大利亚、新西兰等有大量饲养，被用于肥羔生产。

德克塞尔羊公母无角，耳短，头及四肢无羊毛覆盖，仅有白色的发毛，头部宽短，鼻部黑色。背腰平直，肋骨开张良好。羊毛46~56支，剪毛量3.5~4.5 kg，毛长10 cm左右。羔羊生长发育快，4~5月龄可达40~50 kg。屠宰率55%~60%，产羔率150%~160%。该羊一般用于做肥羔生产的父系品种，并有取代萨福克羊地位的趋势。

我国黑龙江、宁夏等省区已引进，效果良好。

7. 波德代羊

波德代羊是20世纪30年代开始在新西兰用边区莱斯特羊和考力代羊杂交，然后横交固定而育成的肉毛兼用型长毛种羊。1972年成立品种协会。

波德代羊公母无角，耳朵直而平伸，脸部毛覆盖至两眼连线，四肢下部无被毛覆盖。背腰平直，肋骨开张良好。成年公羊73~95 kg，成年母羊体重55~70 kg，纤维直径30~40 μm，毛丛长度10.0~15.0 cm。剪毛量4.5~6.0 kg，净毛率72%。产羔率120%~160%。母羊泌乳量高，羔羊生长发育快，8月龄体重可达45 kg。适应性强，耐干旱，耐粗饲，羔羊成活率高。

2000年甘肃永昌肉用种羊场已引进，纯种繁育和杂交改良地方绵羊效果良好。

8. 杜泊羊

杜泊品种绵羊，原产于南非共和国，是该国1942—1950年用从英国引入的有角陶赛特品种公羊与当地的波斯黑头品种母羊杂交，经选择和培育育成的肉用绵羊品种。南非于1950年成立杜泊肉用绵羊品种协会，促使该品种得到迅速发展。目前，杜泊绵羊品种已分布到南非各地，主要分布在干旱地区，但在热带地区，如Kwa-Zulu-Nacal省也有分布，总数约700万只。杜泊绵羊分长毛型和短毛型。长毛型羊生产地毯毛，较适应寒冷的气候条件；短毛型羊毛短，没有纺织价值，但能较好地抗炎热和雨淋。大多数南非人喜欢饲养短毛型杜泊羊，因此，现在该品种的选育方向主要是短毛型。

杜泊绵羊头颈为黑色，体躯和四肢为白色，也有全身为白色群体，但有的羊腿部有时也出现色斑。一般无角，头顶平直，长度适中，额宽，鼻梁隆起，耳大稍垂，既不短也不过宽。颈短粗，肩宽厚，背平直，肋骨拱圆，前胸丰满，后躯肌肉发达。四肢强健，肢势端正。长瘦尾。

杜泊绵羊早熟，生长发育快。100日龄重：公羔34.72 kg，母羔31.29 kg；成年公羊体重100~110 kg，成年母羊体重75~90 kg。体高：1岁公羊72.7 cm，3岁公羊75.3 cm。

杜泊绵羊的繁殖表现主要取决于营养和管理水平，因此在年度间、种群间和地区之间差异较大。正常情况下，产羔率为140%，其中产单羔母羊占61%，产双羔母羊占30%，产3羔母羊占4%。但在良好的饲养管理条件下，可进行2年产3胎，产羔率180%。同时，母羊泌乳力强，护羔性好。

杜泊绵羊体质结实，对炎热、干旱、潮湿、寒冷多种气候条件有良好的适应性。同时抗病力较强，但在潮湿条件下，易感染肝片吸虫病，羔羊易感球虫病。

9. 白萨福克

萨福克肉羊原产于英国，是世界公认的用于终端杂交的优良父本品种。澳洲白萨福克是在原有基础上导入白头和多产基因新培育而成的优秀肉用品种。体格大，颈长而粗，胸宽而深，背腰平直，后躯发育丰满，呈桶型，公母羊均无角。四肢粗壮。早熟，生长快，肉质好，繁殖率很高，适应性很强。

成年公羊体重 110~150 kg，成年母羊体重 70~100 kg，4 月龄体重 56~58 kg，繁殖率175%~210%。

10. 澳洲白绵羊

澳洲白绵羊是澳大利亚第一个利用现代基因测定手段培育的品种。该品种集成了白杜泊绵羊，万瑞绵羊、无角陶赛特绵羊和特克赛尔绵羊等品种基因，通过对多个品种羊特定肌肉生长基因标记和抗寄生虫基因标记的选择（MyoMAX，LoinMAX，WormSTAR），培育而成的专门用于与杜泊绵羊配套的、粗毛型的中、大型肉羊品种，2009 年 10 月在澳大利亚注册。

澳洲白绵羊的特点是体型大、生长快、成熟早、全年发情，有很好的自动换毛能力。在放牧条件下 5~6 月龄胴体重可达 23 kg，舍饲条件下，该品种 6 月龄胴体重可达 26 kg，且脂肪覆盖均匀，板皮质量具佳。此品种使养殖者能够在各种养殖条件下用作三元配套的终端父本，可以产出在生长速率、个体重量、出肉率和出栏周期等方面理想的商品羔羊。

澳洲白绵羊的外貌特征为头略短小，软质型（颌下、脑后、颈脂肪多），鼻宽，鼻孔大；皮肤及其附属物色素沉积（嘴唇、鼻镜、眼角无毛处、外阴、肛门、蹄甲）；体高，躯身呈长筒形，腰背平直；皮厚、被毛为粗毛粗发。

头：侧面观，头部呈三角形状，鼻尖钝。下颌宽大，结实，肌肉发达，牙齿整齐。头部宽度适中。鼻梁宽大，略微隆起。额平，公母均无角。耳朵中等大小，半下垂。公羊，头部刚健，雄性特征明显。母羊，头部略窄，清秀。

颈：长短适中，公羊，颈部强壮，宽厚。母羊，颈部结实，但更加精致。

肩：宽度适中，肩胛与背平齐。肩胛骨宽平，附着肌肉发达。肩部紧致，运动时，无耸肩。

胸部：胸深，深度达到肘关节，呈桶状，胸宽适中，利于运动。

前腿：粗大有力，垂直，腕关节以上部分长，腕骨略短，关节大而结合紧凑，趾骨短且直立。

臀部：臀部宽而长，后躯深，肌肉发达饱满，臀部后视，呈方形。

后腿：后腿分开宽度适中。粗壮，垂直于骨盆，没有可辨别的向外或向内弯曲，无镰刀形，后腿上部肌肉发达，向外鼓起，腿关节大，飞节上部长，下部短，趾骨短，结构紧致。

被毛和颜色：澳洲白被毛白色，在耳朵和鼻偶见小黑点，季节性换毛，头部和腿被毛短。嘴唇、鼻、眼角无毛处、外阴、肛门、蹄甲有色素沉积，呈暗黑灰色。

二、绵羊的生活习性和群体行为

（一）绵羊的生活习性

了解绵羊的生活习性，有助于人们更好地饲养管理和利用它，只有通过实践，多和它接触，才能更好地熟悉绵羊的生活习性。现将绵羊的主要生活习性说明如下。

1. 合群性强

绵羊有较强的合群性，受到侵扰时，互相依靠和拥挤在一起。驱赶时，有跟“头羊”的行为和发出保持联系的叫声。但由于群居行为强，羊群间距离近时，容易混群。所以，在管理上应避免混群。

2. 觅食能力强，饲料利用范围广

绵羊嘴较窄、嘴唇薄而灵活、牙齿锋利，能啃食接触地面的短草，利用许多其他家畜不能利用的饲草饲料。而且羊四肢强健有力，蹄质坚硬，能边走边采食。利用饲草饲料资源广泛，如多种牧草、灌木、农副产品以及禾谷类籽实等均能利用。在冬天，当草地积雪时，绵羊可扒开雪面采食牧草。试验证明，绵羊可采食占给饲植物种类80%的植物，对粗纤维的利用率可达50%~80%。

3. 爱清洁

绵羊具有爱清洁的习性。羊喜吃干净的饲料，饮清凉卫生的水。草料、饮水一经污染或有异味，就不愿采食、饮用。因此，在舍内补饲时，应少喂勤添，以免造成草料浪费。平时要加强饲养管理，注意绵羊的饲草饲料清洁卫生，饲槽要勤扫，饮水要勤换。

4. 喜干燥，怕湿热

绵羊适宜在干燥、凉爽的环境中生活。羊舍潮湿、闷热，牧地低洼潮湿，容易使羊感染寄生虫病和传染病，导致羊毛品质下降，腐蹄病增多，影响羊的生长发育。汗腺不发达，散热机能差，在炎热天气应避免湿热对羊体的影响。

5. 性情温驯，胆小易惊

绵羊性情温驯，在各种家畜中是最胆小的畜种，自卫能力差。突然的惊吓，容易“炸群”。羊一受惊就不易上膘，管理人员平常对羊要和蔼，不应高声吆喝、扑打，以免引起惊吓。

6. 嗅觉和听觉灵敏

绵羊嗅觉灵敏，母羊主要凭嗅觉鉴别自己的羔羊，视觉和听觉起辅助作用。分娩后，母羊会舔干羔羊体表的羊水，并熟悉羔羊的气味。羔羊吮乳时母羊总要先嗅一嗅羔羊后躯部，以气味来识别是不是自己的羔羊。利用这一特点，寄养羔羊时，只要在被寄养的孤羔和多胎羔羊身上涂抹保姆羊的羊水，寄养多会成功。个体羊有其自身的气味，一群羊有群体气味，一旦两群羊混群，羊可由气味辨别出是否是同群的羊。在放牧中一旦离群或与羔羊失散，靠长叫声互相呼应。

7. 扎窝特性

羊被毛较厚、体表散热较慢，故羊怕热不怕冷。夏季炎热时，常有“扎窝子”现象，即羊将头部扎在另一只羊的腹下取凉，互相扎在一起，越扎越热，越热越扎，挤在一起，很容易伤羊。所以，夏季应设置防暑措施，防止“扎窝子”，要使羊休息乘凉，羊场要有遮阴设备，可栽树或搭遮阴棚，或驱赶至高山。

8. 抗病力强

绵羊的抗病力较强。体况良好的羊只对疾病有较强的耐受能力，病情较轻时，一般不表现症状，有的甚至临死前还能勉强跟群吃草。因此，在放牧管理中必须细心观察，才能及时发现病羊。如果等到羊只已停止采食或反刍时再进行治疗，疗效往往不佳，会给生产带来很大损失。

9. 绵羊的调情特点

公羊对发情母羊分泌的外激素很敏感。公羊追嗅母羊外阴部的尿水，并发生反唇卷鼻行为，有时用前肢拍击母羊并发出求爱的叫声，同时做出爬胯动作。母羊在发情旺盛时，有的主动接近公羊，或公羊追逐时站立不动，小母羊胆子小，公羊追逐时惊慌失措，在公羊竭力追逐下才接受交配。

（二）绵羊的群体行为

绵羊是合群性的动物，主要活动在白天进行。合群活动时，个体间相互以视线保持全群联系。低头采食，不时伴以抬头环视同伴，是一明显特征。鸣叫是合群性的另一表征。离群羊用鸣叫呼唤同伴，同伴则应答以同样鸣叫，召唤离群羊回群。离群羊在听不到同伴应答声时，鸣叫加剧，骚动不安，摄食行为中断。

羊群多半按直线前进，宽道上的行进比窄道上的行进顺利。行进道路中遇有阻碍，即使是一不大的陌生物体，羊群往往在阻碍物前 3~5 m 处止步，先止步的前头羊转身回走。另外，羊群行进途中，后面的羊要能看到前边的羊。走在拐弯处，前边的羊转过不见，对后面羊的跟上有影响。行进中不宜让前边的羊看到后面的羊，不然，前边的羊会停步不前，甚至转过来往回走。

绵羊生性胆怯，可以从暗处到明处，而不愿从明处走向暗处。遇有物体的折光、反光或闪光，例如，药浴池和水坑的水面，门窗栅条的折射光线，板缝和洞眼的透光等，常表现畏惧不前。这时，指挥带头羊先入或关进几头羊，哪怕是人抓、绳拴，也能带动全群移动。

绵羊喜登高。在山地，羊群行进走上坡路比下坡路好，上坡时能采食头前够得到的草叶，但不吃下坡草。在山道狭窄时，能自动列队，首尾相衔，随带头羊前走。

绵羊怕孤单，特别是刚离群时，单个被赶路、单圈时都难指挥，不易接近，表现激动不安，但当同圈同路有一两个同伴，能减轻其不安程度。

三、绵羊饲养的一般原则

1. 多种饲料合理化搭配

应以饲养标准中各种营养物质的建议量作为配合日粮的依据，并按实际情况进行调整。尽可能采用多种饲料，包括青饲料（青草、青贮料）、粗饲料（干草、农作物秸秆）、精饲料（能量饲料、蛋白质饲料）、添加剂饲料（矿物质、微量元素非蛋白氮）等，发挥营养物质的互补作用。

2. 切实注意饲料品质，合理调制饲料

要考虑饲料的适口性和饲用价值，有些饲料（如棉、菜籽饼等）营养价值虽高，但适口性差或含有害物质，应限制其在日粮中的用量，并注意脱毒处理。青、粗及多汁饲料在羊的日粮中占有较大比例，其品质优劣对羊的生长发育影响较大，在日常饲养中必须引起足够重视，特别是秸秆类粗饲料，既要注意防霉变质，又要在饲喂前铡短或柔碎。

3. 更换饲料应逐步过渡

在反刍动物饲养中，由于日粮的变化处理不当而引起死亡的例子很多。对于单胃动物如猪，改变饲料成分很少有什么危险，而反刍动物如羊，突然改变日粮成分则可能是致命的，或者至少会引起消化不良。这是因为反刍动物瘤胃微生物区系对特定日粮饲料类型是相对固定的，日粮中饲料成分变化，会引起瘤胃微生物区系的变化，当日粮饲料成分突然变化时，特别是从高比例粗饲料日粮突然转变为高比例精饲料日粮，此时瘤胃微生物区系还未进行适应性改变，瘤胃中还不存在许多乳酸分解菌，最后由于产生过多的乳酸积累而引起酸中毒综合征。为了避免发生这种情况，日粮成分的改变应该逐渐进行，至少要过渡 2 周，过渡时间的长短取决于喂饲精料的数量，精料加工的程度以及喂饲的次数。

4. 制订合理的饲喂制度

为了给瘤胃微生物群落创造良好的环境条件，使其保持对纤维素分解的最佳状况，繁殖生长更多的微生物菌体蛋白，在羊的饲养中除要注意日粮蛋白、能量饲料的合理搭配及日粮饲料成分的相对稳定外，还要制订合理的饲喂方式、喂量及饲喂次数。反刍动物瘤胃分解纤维素的微生物菌群对瘤胃过量的酸很敏感，一般 pH 为 6.4～7.0 时最适合，如果 pH 低于 6.2，纤维发酵菌的生长速率将降低，若 pH 低于 6.0 时，其活动就会完全停止。所以在饲喂羊时，需要设方延长羊的采食时间和反刍时间，通过增加唾液（碱性的）分泌量来中和瘤胃中的酸，提高瘤胃液的 pH。合理的饲喂制度应该是定时定量，“少吃多餐”，形成良好的条件反射，能提高饲料的消化率和饲料的利用率。

5. 保证清洁的饮水

羊场供水方式有井水、河水、湖塘水、降水等分散式给水和自来水供水的集中式给

水。提供饮羊的井要建在没有污染的非低洼地方，井周围 20~30 m 范围内不得设置渗水厕所、渗水坑、粪坑、垃圾堆和废渣堆等污染源。在水井 3~5 m 的范围，最好设防护栏，禁止在此地带洗衣服、倒污水和脏物，水井至少距畜舍 30 m。湖、塘水周围应建立防护设施，禁止在其内洗衣或让其他动物进入饮水区。利用降水、河水时，应修带有沉淀、过滤处理的贮水池，取水点附近 20 m 以内，不要设厕所、粪坑和堆放垃圾。

四、绵羊管理的一般程序

1. 注意卫生，保持干燥

羊喜吃干净的饲料，饮清凉卫生的水。草料、饮水被污染或有异味，宁可受饿、受渴也不采食、饮用。因此，在舍内补饲时，应少喂勤添。给草过多，一经践踏或被粪尿污染，羊就不吃。即使有草架，如投草过多，羊在采食时呼出的气体使草受潮，羊也不吃而造成浪费。

羊群经常活动的场所，应选高燥、通风、向阳的地方。羊圈潮湿、闷热，牧地低洼潮湿，寄生虫容易滋生，易导致羊群发病，使毛质降低，脱毛加重，腐蹄病增多。

2. 保持安静，防止兽害

羊是胆量较小的家畜，易受惊吓，缺乏自卫能力，遇敌兽不抵抗，只是逃窜或团团不动。所以羊群放牧或在羊场舍饲，必须注意保持周围环境安静，以避免影响其采食等活动。另外还要特别注意防止狼等兽害对羊群的侵袭，造成经济损失。

3. 夏季防暑，冬季防寒

绵羊夏季怕热，山羊冬季怕冷。绵羊汗腺不发达，散热性能差，在炎热天气相互间有借腹蔽荫行为（俗称“扎窝子”）。

一般认为羊对于热和寒冷都具有较好的耐受能力，这是因为羊毛具有绝热作用，既能阻止体热散发，又能阻止太阳辐射迅速传到皮肤，也能防御寒冷空气的侵袭。相比之下，绵羊较为怕热而不怕冷，山羊怕冷而不怕热。在炎热的夏季绵羊常有停止采食、喘气和“扎窝子”等现象，应注意遮阴避热。山羊对于寒冷都具有一定的抵御能力，到秋后羊体肥壮，皮下脂肪增多，羊皮增厚，羊毛长而密，虽能减少体热散发和阻止寒冷空气的影响。但环境温度过低，低于 5 ℃，则应注意挡风保暖。

4. 合理分群，便于管理

绵羊和山羊的合群性、采食能力和行走速度及对牧草的选择能力有差异，因而放牧前应首先将绵羊与山羊分开。绵羊属于沉静型，反应迟钝，行动缓慢。不能攀登高山陡坡，采食时喜欢低着头、采食短小、稀疏的嫩草。山羊属活泼型，反应灵敏，行动灵活，喜欢登高采食，可在绵羊所不能利用的陡坡和山峦上放牧。

羊群的组织规模（一人一群的管理方式）具体如下。

种公羊群：　　20~50 只

绵羊母羊群：　　300~350 只

青年羊群： 300~350 只
断奶羔羊群： 250~300 只
羯羊群： 400~450 只

若采用放牧小组管理法，由 2~3 个放牧员组成放牧小组，同放一群羊，这种羊群的组织规模具体如下。

绵羊母羊群： 500~700 只
青年羊群： 500~600 只
断奶羔羊群： 400~450 只
羯羊群： 700~800 只

5. 适当运动，增强体质

种羊及舍饲养羊必须有适当的运动，种公羊必须每天驱赶运动 2 h 以上，舍饲养羊要有足够的畜舍面积和羊的运动场地，可以供羊自由进出，自由活动。山羊青年羊群的运动场内还可设置小山、小丘、供其踩踐，以增强体质。

五、绵羊的营养需要

绵羊的营养需要按生理活动可分为维持需要和生产需要两大部分。按生产活动又可分为妊娠、泌乳、产肉、产毛。维持需要是指羊为了维持其正常的生命活动所需要的营养，如空怀的母羊，它不妊娠，亦不泌乳，只需维持需要。而生产需要则是以维持需要为基数，再加上繁殖、生长、泌乳、肥育和产毛的营养需要。

（一）绵羊需要的主要营养物质

1. 碳水化合物

碳水化合物又称为“糖类”，是自然界的一大类有机物质，是家畜的主要能源。它含有碳、氢、氧 3 种元素。其中氢和氧的比例大多数为 2∶1。它可分为单糖（葡萄糖）、双糖（麦芽糖）和多糖（淀粉、纤维素）。植物性饲料中，碳水化合物含量很高。籽实饲料中，如淀粉、青草、青干草和蒿秆中的纤维素，以及甘蔗与甜菜中的蔗糖，都属于碳水化合物。碳水化合物是绵羊的主要能量来源。

2. 蛋白质

蛋白质是由多种氨基酸合成的一类高分子化合物，也是动植物体各种细胞与组织的主要组成物质之一。绵羊食入饲料蛋白质，能合成畜体蛋白质，是形成新的畜体细胞与组织的主要物质。蛋白质是家畜生命活动的基础物质。畜产品，如肉、奶、毛、角等均是蛋白质形成的。完成消化作用的淀粉酶、蛋白酶和脂肪酶，完成呼吸作用的血红素与碳酸酐酶，促进家畜代谢的磷酸酶、核酸酶、酰胺酶、脱氢酶及辅酶等都是蛋白质。畜体内产生的免疫抗体也是蛋白质。因此，绵羊日粮中必须供给足够的蛋白质，如果长期缺乏蛋白质就会使羊体消瘦、衰弱，发生贫血，同时也降低了抗病力、生长发育强度、繁殖功能及生产水平（包括产肉、产毛、泌乳等）。种公羊缺乏会造成精液品质下降。母羊缺乏会造成胎儿发育不良，产死胎、畸形胎，泌乳减少，幼龄羊生长发育受阻，严重者发生贫血、水肿，抗病力弱，甚至引起死亡。豆科籽实、各种油饼（如亚麻仁油饼、菜籽饼、花生饼、棉籽饼和葵花籽饼）及其他蛋白质补充饲料（如肉粉、血粉、鱼粉、蚕蛹和虾粉）等均含有丰富的蛋白质，是绵羊的良好蛋白质饲料。

3. 脂肪

脂肪由甘油和各种脂肪酸构成。脂肪酸又分为饱和脂肪酸和不饱和脂肪酸。在不饱和脂肪酸中，亚油酸（十八碳二烯酸，又称亚麻油酸）、亚麻酸（十八碳三烯酸，又称次亚麻油酸）和花生油酸（二十碳四烯酸）是动物营养中必不可缺的脂肪酸，称为必需脂肪酸。羊的各种器官、组织，如神经、肌肉、皮肤、血液等都含有脂肪。脂肪不仅是构成羊体的重要成分，也是热能的重要来源。另外，脂肪也是脂溶性维生素的溶剂，饲料中的脂溶性维生素包括维生素 A、维生素 D、维生素 E、维生素 K 和胡萝卜素，只有被脂肪溶解后，才能被羊体吸收利用。羊体内脂肪主要由饲料中的碳水化合物转化为脂肪酸后再合成体脂肪，但羊体不能直接合成十八碳二烯酸、十八碳三烯酸和二十碳四烯酸这 3 种不饱和脂肪酸，必须从饲料中获得。若日粮中缺乏这些脂肪酸，羔羊生长发育缓慢，皮肤干燥，被毛粗直，成年羊消瘦，有时易患维生素 A、维生素 D、维生素 E 缺乏症。必需脂肪酸缺乏时，会出现皮肤鳞片化，尾部坏死，生长停止，繁殖性能降低，水肿和皮下出血等症状，羔羊尤为明显。豆科作物籽实、玉米糠及稻糠等均含丰富脂肪，是羊脂肪重要来源，一般羊日粮中不必添加脂肪，羊日粮中脂肪含量超过 10%，会影响羊的瘤胃微生物发酵，阻碍羊体对其他营养物质的吸收和利用。

4. 粗纤维

粗纤维是植物饲料细胞壁的主要组成部分，其中含有纤维素、半纤维素、多缩戊糖和镶嵌物质（木质素、角质等），是饲料中最难消化的营养物质。各类饲料的粗纤维含量不等。秸秆含粗纤维最多，高达 30%～45%；秕壳中次之，15%～30%；糠麸类在 10%左右；禾本科籽实类较少，除燕麦外，一般在 5%以内。粗纤维是羊不可缺少的饲料，有填充胃肠的作用，使羊有饱腹感，能刺激胃肠，有利于粪便排出。

5. 矿物质

矿物质是羊体组织、细胞、骨骼和体液的重要成分，有些是酶和维生素的重要成分，如钴是维生素 B_{12}的重要成分，硒是谷胱甘肽过氧化物酶、过氧化物歧化酶、过氧化氢酶的主要成分，锌是碳酸酐酶、羧肽酶和胰岛素的必需成分。羊体缺乏矿物质，会引起神经系统、肌肉运动、消化系统、营养输送、血液凝固和酸碱平衡等功能紊乱，直接影响羊体的健康、生长发育、繁殖、生产性能及其产品质量，严重时可导致死亡。羊体内的矿物质以钙最多，磷次之，还有钾、钠、氯、硫、镁，这 7 种元素称为常量元素；铁、锌、铜、锰、碘、鲒、钼、硒、铬、镍等称为微量元素。羊最易缺乏的矿物质是钙、磷和食盐。成年羊体内钙的 90%、磷的 87%存在于骨组织中，钙、磷比例为2∶1，但其比例量随幼年羊的年龄增加而减少，成年后钙、磷比例应调整为（1～1.2）∶1。钙、磷不足会引起胚胎发育不良、佝偻病和骨软化等。植物性饲料中所含的钠和氯不能满足羊的需要，必须给羊补充氯化钠。

6. 维生素

维生素是羊体所必需的少量营养物质，但不是供应机体能量或构成机体组织的原料。在食入饲料中它们的含量虽少，但参加羊体内营养物质的代谢作用，是机体代谢过程中的催化剂和加速剂，是羊正常生长、繁殖、生产和维持健康所必需的微量有机化合物，生命活动的各个方面均与它们有关。维生素 B，参与碳水化合物的代谢；维生素 B_2参与蛋白质的代谢；维生素 B_1 参与蛋白质、碳水化合物与脂肪的代谢。维生素 D 参与钙、磷的代谢，当体内维生素供给不足时，即可引起体内营养物质代谢作用紊乱，严重时则发生维生素缺乏症。缺乏维生素 A，能促使羊只上皮角质化。消化器官上皮角质化后，可使大、小肠发生炎症，导致溃疡，妨碍消化和产生腹泻，羔羊因缺乏维生素 A，经常腹泻；呼吸器官上皮角质化后，羊只易患气管炎及肺炎；泌尿系统上皮组织角质化后，羊容易发生肾结石及膀胱结石；皮肤上皮组织角质化后，羊体脂肪腺与汗腺萎缩，皮肤干燥，失去光泽；眼结膜上皮角质化后，羊只则发生干眼症。胡萝卜素在一般青绿饲料中含量较高，如胡萝卜、黄玉米中含胡萝卜素丰富。羊主要通过小肠将胡萝卜素转化为维生素 A。多用这类饲料喂羊，可防止维生素 A 缺乏。维生素 E 是一种抗氧化物质，能保护和促进维生素 A 的吸收、贮存，同时对调节碳水化合物、肌酸、糖原的代谢起重要作用。维生素 E 和硒缺乏都易引起羔羊白肌病的发生，严重时，则病羊死亡。青鲜牧草、青干草及谷实饲料，特别是胚油，都含丰富的维生素 E。B 族维生素和维生素 K 可由羊消化道中的微生物合成，其他维生素一般都从植物性饲料中获得。尽管反刍动物瘤胃微生物可以合成 B 族维生素，但在羔羊阶段仍要在日粮中添加 B 族维生素。

7. 水

水是组成羊体液的主要成分，对羊体的正常物质代谢有特殊的作用。羊体的水摄入量与羊体的消耗量相等。羊体摄入的水包括饲料中的水、饮水与营养物质代谢产生的水；羊体消耗的水包括粪中、尿中、泌乳、呼吸系统、皮肤表面排汗与蒸发的水。如果羊体摄入的水不能满足羊体消耗的水量，则羊体存积水减少，严重时造成脱水现象，影响羊体的生理功能与健康。如果水的摄入量多于水的消耗量，则羊体中水的存积量增加。水是羊体内的一种重要溶剂，各种营养物质的吸收和运输，代谢产物的排出需溶解在水中后才能进行；水是羊体化学反应的介质，水参与氧化还原反应、有机物质合成以及细胞呼吸过程；水对体温调节起重要作用，天热时羊通过喘息和排汗使水分蒸发散热，以保持体温恒定；水还是一种润滑剂，如关节腔内的润滑液能使关节转动时减少摩擦，唾液能使饲料容易吞咽等。缺水可使羊的食欲减低、健康受损，生长羊生长发育受阻，成年羊生产力下降。轻度缺水往往不易发现，但常不知不觉地造成很大经济损失。羊如脱水 5%则食欲减退，脱水 10%则生理失常，脱水 20%即可致死。构成机体的成分中以水分含量最多，是羊体内各种器官、组织的重要成分，羊体内含水量可达体重的 50%以上。初生羔羊身体含水量 80%左右，成年羊含水量 50%。血液含水量达 80%以上，肌肉中含水量为 72%~78%，骨骼中含水量为 45%。羊体内水分的含量随年龄增长而下降，随营养状况的增加而减少。一般来讲，瘦羊体内的含水量为61%，肥羊体内的含水量为46%。羊体需水量受机体代谢水平、环境温度、生理阶段、体重、采食量和饲料组成等多种因素影响。采食1 kg饲料干物质，需水1~2 kg。成年羊一般每日需饮水3~4 kg。春末、夏季、秋初饮水量较大，冬季、春初和秋末饮水量较少。舍饲养殖必须供给足够的饮水，经常保持清洁的饮水。

（二）维持需要

绵羊在维持阶段，仍要进行生理活动，需要从饲草、饲料中摄入的营养物质，包括碳水化合物、粗蛋白质、粗脂肪、粗纤维、矿物质、维生素和水等。绵羊从饲草饲料中摄取的营养物质，大部分用来作维持需要，其余部分才能用来长肉、泌乳和产毛。羊的维持需要得不到满足，就会动用体内贮存的养分来弥补亏损，导致体重下降和体质衰弱等不良后果。只有当日粮中的能量和蛋白质等营养物质超出羊的维持需要时，羊才具有一定的生产能力。空怀母羊和非配种季节的成年公羊，大都处于维持状态，对营养水平要求不高。

（三）生产需要

1. 公、母羊繁殖对营养的需要

要使公、母羊保持正常的繁殖力，必须供给足够的粗蛋白质、脂肪、矿物质和维生素，因为精液中包含有白蛋白、球蛋白、核蛋白、黏液蛋白和硬蛋白。羊体内的蛋白质随年龄和营养状况而有所不同的含量，瘦羊体内蛋白质含量为16%，而肥羊则为11%。蛋白质是羊体所有细胞、各种器官组织的主要成分，体内的酶、抗体、色素及对其起消化、代谢、保护作用的特殊物质均由蛋白质构成。合理调整日粮的能量和蛋白质水平，公、母羊只有获得充分的蛋白质时，性功能才旺盛，精子密度大，母羊受胎率高。公羊的射精量平均为1 mL，每毫升精液所消耗的营养物质约相当于50 g可消化蛋白质。繁殖母羊在较高的营养水平下，可以促进排卵、发情整齐、产羔期集中、多羔顺产。

当羊体内缺乏蛋白质时，羔羊和幼龄羊生长受阻，成年羊消瘦，胎儿发育不良，母羊泌乳量下降，种公羊精液品质差，繁殖力降低。碳水化合物对繁殖似乎没有特殊的影响，但如果缺少脂肪，公、母羊均受到损害，如不饱和脂肪酸、亚麻油酸、次亚麻油酸和花生油酸，是合成公、母羊性激素的必需品，严重不足时，则妨碍繁殖能力。维生素A对公、母羊的繁殖力影响也很大，不足时公羊性欲不强，精液品质差。母羊则阴道、子宫和胎盘的黏膜角质化，妨碍受胎，或早期流产。维生素D不足，可引起母羊和胚胎钙、磷代谢的障碍。维生素E不足，则在生殖上皮和精子形成上发生病理变化，母羊早期流产。B族维生素虽然在羊的瘤胃内可合成，但它不足时，公羊出现睾丸萎缩，性欲减退，母羊则繁殖停止。维生素C亦是保持公羊正常性功能的营养物质。饲料中缺磷，母羊不孕或流产，公羊精子形成受到影响，缺钙亦降低其繁殖力。

2. 胎儿发育对营养物质的需要

母羊在妊娠前期（前3个月）对日粮的营养水平要求不高，但必须提供一定数量的优质蛋白质、矿物质和维生素，以满足胎儿生长发育的营养需要。在放牧条件较差的地区，母羊要补喂一定量的混合精料或干草。妊娠后期（后2个月），胎儿和母羊自身的增重加快，对蛋白质、矿物质和维生素的需要明显增加，50 kg重的成年母羊，日需可消化蛋白质90~120 g、钙8.8 g、磷4.0 g，钙、磷比例为2∶1左右。更重要的是，营养丰富而均匀，则羔裘皮品质较好，其毛卷、花纹和花穗发育完全，被毛有足够的油性，良好的光泽，优等羔裘皮的比例高。如果母羊妊娠期营养不良，膘情状况差，则使胎儿的毛卷和花穗发育不足，丝性和光泽度差，小花增多，弯曲减少，羔裘皮面积变小，同时羔羊体质虚弱，生活力降低，抗病力差，影响羔羊生长发育和羔裘皮品质。但母羊在妊娠后期若营养过于丰富，则使胚胎毛卷发育过度，造成卷曲松散，皮板特性和毛卷紧实性降低，大花增多，皮板增厚，也会大大降低羔裘皮品质。因此，后期通常日粮的营养水平比维持需要高10%~20%，即能满足需要。

3. 生长时期的营养需要

营养水平与羊的生长发育关系密切，羊从出生、哺乳到1.5~2岁开始配种，肌肉、骨骼和各器官组织的生长发育较快，需要大量的蛋白质、矿物质和维生素，尤其在出生至5月龄这一阶段，是羔羊生长发育最快的阶段，对营养需求量较高。羔羊在哺乳前期（8周）主要由母乳供给营养，采食饲料较少，哺乳后期（8周）靠母乳和补饲（以吃料为主，哺乳为辅），整个哺乳期羔羊生长迅速，日增重可达200~300 g。要求蛋白质的质量高，以使羔羊加快生长发育。断奶后到了育成阶段则单纯靠饲料供给营养，羔羊在育成阶段的营养充足与否，直接影响其体重与体型，营养水平先好后差，则四肢高，体躯窄而浅；营养水平先差后好，则影响长度的生长，体型表现为不匀称。因此，只有均衡的营养水平，才能把羊培育成体大、背宽、胸深、各部位匀称的个体。

4. 肥育对营养的需要

肥育的目的就是增加羊肉和脂肪，以改善羊肉的品质。羔羊的肥育以增加肌肉为主，而成年羊肥育主要是增加脂肪，改善肉质。因此，羔羊肥育蛋白质水平要求较高。成年羊的肥育，对日粮蛋白质水平要求不高，只要能提供充足的能量饲料，就能取得较好的肥育效果。

5. 泌乳对营养的需要

哺乳期的羔羊，每增重100 g，就需母羊奶500 g，即羔羊在哺乳期增重量同所食母乳量之比为1∶5。而母羊生产500 g的奶，需要0.3 kg的饲料、33 g的可消化蛋白质、1.2 g的磷、1.8 g的钙。羊奶中含有乳酪素、乳白蛋白、乳糖和乳脂、矿物质及维生素，这些营养成分都是饲料中不存在的，都是由乳腺分泌的。当饲料中蛋白质、碳水化合物、矿物质和维生素供给不足时，羊奶的产量和质量都会受影响，且泌乳期缩短。因此，在羊的哺乳期，给羊提供充足的青绿多汁饲料，有促进产奶的作用。

6. 产毛对营养的需要

羊毛是一种复杂的蛋白质化合物，其中胱氨酸的含量占角蛋白总量的9%~14%。产毛对营养物质的需要较低。但是，日粮的粗蛋白质水平低于5.8%，则不能满足产毛的最低需要。矿物质对羊毛品质也有明显影响，其中以硫和铜比较重要。毛纤维在毛囊中发生角质化过程中，有机硫是一种重要的刺激素，既可增加羊毛产量，也可改善羊毛的弹性和手感。饲料中硫和氮的比例以 1∶10 为宜。缺铜时，毛囊内代谢受阻，毛的弯曲减少，毛色素的形成也受影响。严重缺铜还能引起铁的代谢紊乱，造成贫血，产毛量也下降。维生素 A 对羊毛生长和羊皮肤健康十分重要。在冬、春季节因牧草枯黄后，维生素 A 已基本上被破坏，不能满足放牧羊的需要。对以舍饲饲养为主的羊，应提供一定的青绿多汁饲料或青贮料，以弥补维生素的不足。

放牧羊的营养状况则表现为营养成分不均衡。牧草丰盛期，蛋白质远远高于营养需要，成年母羊的粗蛋白质采食量甚至比营养需要高出 127.07%，羔羊也高出营养需要 81.25%；而在枯草季节各种养分则均处于贫乏状态。

六、不同生理阶段绵羊的饲养管理

（一）种公羊的饲养管理

种公羊应常年保持健壮的体况，营养良好而不过肥，这样才能在配种期性欲旺盛，精液品质优良。

1. 不同生理阶段种公羊的饲养管理

配种期为配种开始前 45 d 左右至配种结束这阶段时间。这个阶段的任务是从营养上把公羊准备好，以适应紧张繁重的配种任务。这时把公羊应安排在最好的草场上放牧，同时给公羊补饲富含粗蛋白质、维生素、矿物质的混合精料和干草。蛋白质对提高公羊性欲、增加精子密度和射精量有决定性作用；维生素缺乏可引起公羊的睾丸萎缩、精子受精能力降低、畸形精子增加、射精量减少；钙、磷等矿物质也是保证精子品质和体质不可缺少的重要元素。据研究，一次射精需蛋白质 25~37 g。一只主配公羊每天采精 5~6 次，需消耗大量的营养物质和体力。所以，配种期间应喂给公羊充足的全价日粮。

种公羊的日粮应由种类多、品质好、且为公羊所喜食的饲料组成。豆类、燕麦、青稞、黍、高粱、大麦、麸皮都是公羊喜吃的良好精料；干草以豆科青干草和燕麦青干草为佳。此外，胡萝卜、玉米青贮料等多汁饲料也是很好的维生素饲料；玉米籽实是良好的能量饲料，但喂量不宜过多，占精料量的 1/4~1/3 即可。

公羊的补饲定额，应根据公羊体重、膘情和采精次数来决定。目前，我国尚没有统一的种公羊饲养标准。一般在配种季节每头每日补饲混合精料 1.0~1.5 kg，青干草（冬配时）任意采食，骨粉 10 g，食盐 15~20 g，采精次数较多时可加喂鸡蛋 2~3 个（带皮揉碎，均匀拌在精料中），或喂食脱脂乳 1~2 kg。种公羊的日粮体积不能过大，同时配种前准备阶段的日粮水平应逐渐提高，到配种开始时达到标准。

配种季节快结束时，就应逐渐减少精料的补饲量。转入非配种期以后，应以放牧为主，每天早晚补饲混合精料 0.4~0.6 kg、多汁料 1.0~1.5 kg，夜间添给青干草 1.0~

1.5 kg。早晚饮水两次。

2. 加强公羊的运动

公羊的运动是配种期种公羊管理的重要内容。运动量的多少直接关系到精液质量和种公羊的体质。一般每天应坚持驱赶运动 2 h 左右。公羊运动时，应快步驱赶和自由行走相交替，快步驱赶的速度以使羊体皮肤发热而不致喘气为宜。运动量以平均 5 km/h 左右为宜。

3. 提前有计划地调教初配种公羊

如果公羊是初配羊，则在配种前 1 个月左右，要有计划地对其进行调教。一般调教方法是让初配公羊在采精室与发情母羊进行自然交配几次；如果公羊性欲低，可把发情母羊的阴道分泌物抹在公羊鼻尖上以刺激其性欲，同时每天用温水把阴囊洗干净、擦干，然后用手由上而下地轻轻按摩睾丸，早、晚各一次，每次 10 min，在其他公羊采精时，让初配公羊在旁边“观摩”。

有些公羊到性成熟年龄时，甚至到体成熟之后，性机能的活动仍表现不正常，除进行上述调教外，可配以合理的喂养及运动，还可使用外源激素治疗，提高血液中睾酮的浓度。方法是每只羊皮下或肌肉注射丙酸睾酮 100 mg，或皮下埋藏 100～250 mg；每只羊一次皮下注射孕马血清 500～1 200 IU，或注射孕马血清 10～15 mL，可用两点或多点注射的方法；每只羊注射绒毛膜促性腺激素 100～500 IU；还可以使用促黄体素（LH）治疗。将公羊与发情母羊同群放牧，或同圈饲养，以直接刺激公羊的性机能活动。

4. 制定合理的操作程序，建立良好的条件反射

为使公羊在配种期养成良好的条件反射，必须制定严格的种公羊饲养管理程序，其日程一般如下。

6:00　舍外运动。

7:00　饮水。

8:00　喂精料 1/3，在草架上添加青干草。放牧员休息。

9:00　按顺序采精。

11:30　喂精料 1/3，鸡蛋，添青干草。

12:30　放牧员吃午饭，休息。

13:30　放牧。

15:00　回圈，添青干草。

15:30　按顺序采精。

17:30　喂精料 1/3。

18:30　饮水，添青干草。放牧员吃晚饭。

21:00　添夜草，查群。放牧员休息。

（二）母羊的饲养管理

配种准备期，即由羔羊断奶至配种受胎时期。此期是母羊抓膘复壮，为配种妊娠贮备营养的时期，只有将羊膘抓好，才可能达到全配满怀、全生全壮的目的。

妊娠前期，在此期的3个月中，胎儿发育较慢，所需营养并无显著增多，但要求母羊能继续保持良好膘情。日粮可根据当地具体情况而定，一般来说可由50%的苜蓿青干草、25%的氨化麦秸、15%的青贮玉米和10%的精料来组成。管理上要避免吃霜冻饲草和霉变饲料，不使羊只受惊猛跑，不饮冰碴水，以防止早期流产。

妊娠后期，妊娠后期的两个月中，胎儿发育很快，90%的初生重在此期完成。因此，应有充足的营养，如果营养不足，会造成羊出生重小、抵抗力弱的现象。所以，在临产前的5~6周内可将精料量提高到日粮的22%左右。此期的管理措施，要围绕保胎来考虑，进出圈要慢，不要使羊快跑和跨越沟坎等。饮水和喂精料要防止拥挤。治病时不要投服大量的泻药和子宫收缩药，以免用药不当导致流产。同时，妊娠后期让其适量运动和给母羊增加适量的维生素A、维生素D，同样也是非常重要的。

围产期和哺乳期，产后两个月是哺乳母羊的关键阶段（尤其是前一个月），此时羔羊的生长发育主要靠母乳，应给母羊补些优质饲料，如优质苜蓿青干草、胡萝卜、青贮玉米及足量的优质精料等。待羔羊能自己采食较多的草料时，再逐渐降低母羊的精饲料用量。

另外，在产前10 d左右可多喂一些多汁料和精料，以促进乳腺分泌。产后3~5 d内应减少一些精料和多汁料，因为此时羔羊较小，初乳吃不完，假如多汁料和精料过多，易患乳房炎。产后10 d左右就可转入正常饲养。断奶前7~10 d应少喂精料和多汁料，以减少乳房炎的发生。

（三）羔羊的饲养管理

1. 接产

首先剪去临产母羊乳房周围和后肢内侧的羊毛，用温水洗净乳房，并挤出几滴初乳，再将母羊尾根、外阴部、肛门洗净，用1%来苏尔消毒。母羊生产多数能正常进行，羊膜破水后10~30 min，羔羊即能顺利产出，两前肢和头部先出，当头也露出后，羔羊就能随母羊努责而顺利产出。产双羔时，先后间隔5~30 min，个别时间会更长些，母羊产出第一只羔羊后，仍表现不安，卧地不起，或起来又卧下等，就有可能是双羔，此时用手在母羊腹部前方用力向上推举，则能触到一个硬而光滑的羔体。经产母羊产羔较初产母羊要快。

羔羊产出后，应迅速将羔羊口、鼻、耳中的黏液抠出，以免引起窒息或异物性肺炎。羔羊身上的黏液必须让母羊舔净，既可促进新生羔羊血液循环，并有助于母羊认羔。冬天接产工作应迅速，避免感冒。

羔羊出生后，一般母羊站起会使脐带自然断裂，这时用0.5%碘酒在断端消毒。如果脐带未断，先将脐带内血向羔羊脐部挤压，在离羔羊腹部3~4 cm处剪断，涂抹碘酒消毒。胎衣通常在母羊产羔后0.5~1 h能自然排出，接产人员一旦发现胎衣排出，应立即取走，防止被母羊吃后养成咬羔、吃羔等恶癖。

2. 羔羊的饲养管理

羔羊生长发育快，可塑性大，合理地进行羔羊的培育，可促使其充分发挥先天的性能，又能加强对外界条件的适应能力，有利于个体发育，提高生产力。研究表明，精心培育的羔羊，体重可提高 29%~87%，经济收入可增加 50%。初生羔羊体质较弱，抵抗力差，易发病，搞好羔羊的护理工作是提高羔羊成活率的关键，管理要点如下：

（1）尽早吃饱初乳　初乳是指母羊产后 3~5 d 内分泌的乳汁，其乳质黏稠、营养丰富，易被羔羊消化，是任何食物不可代替的食料。同时，初乳中富含镁盐，镁离子具有轻泻作用，能促进胎粪排出，防止便秘；初乳中还含有较多的免疫球蛋白和白蛋白以及其他抗体和溶菌酶，对抵抗疾病、增强体质具有重要作用。

羔羊在初生后半小时内应该保证吃到初乳，对吃不到初乳的羔羊，最好能让其吃到其他母羊的初乳，否则很难成活。对不会吃乳的羔羊要进行人工辅助。

（2）编群　羔羊出生后对母、仔羊进行编群。一般可按出生天数来分群，生后 3~7 d 母仔在一起单独管理，可将 5~10 只母羊合为一小群；7 d 以后，可将产羔母羊 10 只合为一群；20 d 以后，可大群管理。分群原则是：羔羊日龄越小，羊群就要越小，日龄越大，组群就越大，同时还要考虑到羊舍大小、羔羊强弱等因素。在编群时，应将发育相似的羔羊编群在一起。

（3）人工喂养　多羔母羊或泌乳量少的母羊，其乳汁不能满足羔羊的需要，应对其羔羊进行补喂。可用牛奶、羊奶粉或其他流动液体食物进行喂养，当用牛奶、羊奶喂羔羊，要尽量用鲜奶，因新鲜奶味道及营养成分均好，且病菌及杂质也较小，用奶粉喂羊时应该先用少量冷水或开水，把奶粉溶开，然后再加热水，使总加水量达奶粉总量的 5~7 倍。羔羊越小，胃也越小，奶粉兑水量应该越少。有条件可加点植物油、鱼肝油、胡萝卜汁及多种维生素、微量元素、蛋白质等。也可喂其他流体食物如豆浆、小米汤、代乳粉或婴幼儿米粉。这些食物在饲喂前应加少量的食盐及骨粉，有条件再加些鱼油、蛋黄及胡萝卜汁等。

（4）补喂　补喂关键是做好“四定”，即：定人、定时、定温、定量，同时要注意卫生条件。

定人：是指自始至终固定专人喂养，使饲养员熟悉羔羊生活习性，掌握吃饱程度、食欲情况及健康与否。

定温：是要掌握好人工乳的温度，一般冬季喂 1 月龄内的羔羊，应把奶凉到 35~41 ℃，夏季还可再低些。随着日龄的增长，奶温可以降低。一般可用奶瓶贴到脸上，不烫不凉即可。温度过高，不仅伤害羔羊，而且会使羔羊发生便秘；温度过低，往往导致消化不良、下痢、鼓胀等。

定量：是指限定每次的喂量，掌握在七成饱的程度，切忌过饱。具体给量可按羔羊体重或体格大小来定。一般全天给奶量相当于初生重的 1/5 为宜。喂给粥或汤时，应根据浓度进行定量。全天喂量应低于喂奶量标准。最初 2~3 d，先少给，待羔羊适应后再加量。

定时：是指每天固定时间对羔羊进行饲喂，轻易不变动。初生羔每天喂 6 次，每隔 3~5 h 喂一次，夜间可延长时间或减少次数。10 d 以后每天喂 4~5 次，到羔羊吃料时，可减少到 3~4 次。

（5）人工奶粉配制　有条件的羊场可自行配制人工奶粉或代乳粉。人工合成奶粉的主要成分：脱脂奶粉、牛奶、乳糖、玉米淀粉、面粉、磷酸钙、食盐和硫酸镁。用法：先将人工奶粉加少量不高于 40 ℃的温开水摇晃至全溶，然后再加水。温度保持在 38~39 ℃。一般 4~7 日龄的羔羊需 200 g 人工合成奶粉，加水 1 000 mL。

（6）代乳粉配制　代乳粉的主要成分：大豆、花生、豆饼类、玉米面、可溶性粮食蒸馏物、磷酸二钙、碳酸钙、碳酸钠、食盐和氧化铁。可按代乳粉 30%、玉米面 20%、麸皮 10%、燕麦 10%、大麦 30%的比例融成液体喂给羔羊。代乳品配制可参考下述配方：面粉 50%、乳糖 24%、油脂 20%、磷酸氢钙 2%、食盐 1%、特制料 3%。将上述物品按比例标准在热火锅内炒制混匀即可。使用时以 1：5 的比例加入 40 ℃开水调成糊状，然后加入 3%的特制料，搅拌均匀即可饲喂。

（7）提供良好的卫生条件　卫生条件是培育羔羊的重要环节，保持良好的卫生条件有利于羔羊的生长发育。舍内最好垫一些干净的垫草，室温保持在 5~10 ℃。

（8）加强运动　运动可使羔羊增加食欲，增强体质，促进生长和减少疾病，为提高其肉用性能奠定基础。随着羔羊日龄的增长，逐渐加长在运动场的运动时间。

（9）断奶　采用一次性断奶法，断奶后母羊移走，羔羊继续留在原舍饲养，尽量给羔羊保持原来环境。

以上各关键环节，任一出现差错，都可导致羔羊生病，影响羔羊的生长发育。

（四）育成羊的饲养管理

育成羊是指由断乳至初配，即 5~18 月龄的公母羊。

羊在生后第 1 年的生长发育最旺盛，这一时期饲养管理的好坏，将影响羊的未来。育成羊在越冬期间，除坚持放牧外，首先要保证有足够的青干草和青贮料来补饲，每天补给混合精料 0. 2~0. 5 kg，对后备公、母羊要适当多一些。由冬季转入春季，也是由舍饲转入青草期的过渡，主要抓住跑青环节，在饲草安排上，应尽量留些干草，以便出牧前补饲。

七、绵羊的放牧与补饲

（一）绵羊的放牧

羊是草食家畜，天然牧草是其主要饲料。科学的放牧，可以节省饲草料和管理费用，提高养羊业生产水平及加强畜产品开发利用。放牧是一项非常复杂的工作，应根据自然条件、季节、气候、品种和年龄等不同情况，因地制宜，灵活掌握。

1. 春季放牧

春季青草萌生，放牧时健康羊会一味领头往前跑，不但吃不饱，甚至会跑乏，使部分瘦弱羊只更加衰竭。因此要切忌让羊“跑青”。一定要控制住羊群，走在前面挡住放。在山区先放滩地及阴坡吃枯草，等阴坡青草萌发时，再把羊群赶到阳坡进行全日放青。放牧时应照顾好瘦弱羊只，最好适当补给些精料，使其慢慢复壮，或分出就近放牧。

春季气候变化较大，如遇大风沙天，可采取背风方式放牧；暴风天应即时归牧，以免造成损失。

2. 夏季放牧

夏季青草旺盛，是羊只一年抓膘的好季节。夏季放牧应选在高山、丘陵及其他地势较高的地带，这里较干燥，风大风多，蚊虫少，羊能安静采食。由于绵羊怕热，要乘凉放牧，抓两头歇中间。夏季天长，一天可放牧 10 h 左右，清晨凉爽时早出发，中午天热时将羊群赶到山坡通风处或树荫下休息，下午凉爽时再抓紧放一段。

夏季如遇雷阵雨时，应尽量避开河槽及山沟，避免山洪给羊群造成损失。雨淋后的羊群，归牧后应先在圈外风干，再行入圈，以免羊体受热和影响被毛。

3. 秋季放牧

秋季牧草枯老，草籽成熟，是抓膘的又一个好时期，也是决定来年产羔好坏的重要季节。

应多变更牧地，使羊能吃到多种杂草和草籽。有条件的先放山坡草，等吃半饱后再放秋茬地。跑茬在农区对抓膘尤为重要，羊不仅可以吃到散落在地上的籽粒谷粮，还能吃到多样鲜嫩幼草和地埂上的杂草。在禾本科作物茬地放牧手法可松一些，放豆茬地前不宜空腹和牧后立即饮水。

秋季无霜时应早出晚归，晚秋霜降后应迟出早归，避免羊只吃霜草。同时要防止羊群吃霜后蓖麻叶、荞麦芽、高粱芽等，以免中毒。

4. 冬季放牧

冬季放牧不但可以锻炼羊的体质和抗寒能力，节省饲草料费用，而且对妊娠母羊的安全分娩和顺利越冬也是非常重要的。

冬季放牧，应选用背风向阳、干燥暖和、牧草较高的地方为冬季牧地。采用晴天放远坡，留下近坡以备天气恶劣时应用。放牧方法采用顶风出牧、顺风归牧。顶风出牧边走边吃，不至于使风直接吹开被毛受冷，顺风归牧则羊只行走较快，避免乏力走失。尽管冬季放牧草地广阔，也应准备气候变化和乏弱羊的补饲。

（二）绵羊的补饲

1. 补饲的意义

冬春不但草枯而少，而且粗蛋白质含量严重不足，加之此时又是全年气温最低，能量消耗加大，母羊妊娠、哺乳、营养需要增多的时期。此时单纯依靠放牧，往往不能满足羊的营养需要，越是高产的羊，其亏损越大。

实践证明，羔羊的发病死亡，主要出在母羊身上，而母羊的泌乳多少，问题又主要出在本身的膘情变化上。

2. 补饲时间

补饲开始的早晚，要根据具体羊群和草料储备情况而定。原则是从体重出现下降时开始，最迟不能晚于春节前后。补饲过早，会显著降低羊本身对过冬的努力，对降低经营成本也不利。此时要使冬季母羊体重超过其维持体重是很不经济的，补饲所获得的增益，仅为补充草料成本的1/6。但如补饲过晚，等到羊群十分乏瘦、体重已降到临界值时才开始，那就等于病危求医，难免会落个羊草两空，“早喂在腿上，晚喂在嘴上”，就深刻说明了这个道理。

补饲一旦开始，就应连续进行，直至能接上吃青。三天补两天停，反而会弄得羊群惶惶不安，直接影响放牧吃草。

3. 补饲方法

补饲安排在出牧前好，还是归牧后好，两者各有利弊，都可实行。大体来说，如果仅补草，最好安排在归牧后。如果草料俱补，对种公羊和核心群母羊的补饲量应多些。而对其他等级的成年和育成羊，则可按优羊优饲、先幼后壮的原则进行。

在草料利用上，要先喂次草次料，再喂好草好料，以免吃惯好草料后，不愿再吃次草料。在开始补饲和结束补饲上，也应遵循逐渐过渡的原则来进行。

日补饲量，一般可按一羊0.5~1 kg干草和0.1~0.3 kg混合精料来安排。

补草最好安排在草架上进行，一则可避免干草的践踏浪费，二则可避免草渣、草屑混入被毛。对妊娠母羊补饲青贮料时，切忌酸度过高，以免引起流产。

八、绵羊的育肥

（一）绵羊的育肥方式

1. 放牧育肥

利用天然草场、人工草场或秋茬地放牧，是绵羊抓膘的一种育肥方式。

大羊包括淘汰的公、母种羊，两年未孕不宜繁殖的空怀母羊和有乳房炎的母羊。因其活重的增加主要决定于脂肪组织，故适于放牧禾本科牧草较多的草场。羔羊主要指断奶后的非后备公羔羊。因其增重主要靠蛋白质的增加，故适宜在以豆科牧草为主的草场放牧。成年羊放牧肥育时，日采食量可达7~8 kg，平均日增重150~280 g。育肥期羯羊群可在夏场结束；淘汰母羊群在秋场结束；中下等膘情羊群和当年羔在放牧后，适当抓膘补饲，达到上市标准后结束。

2. 舍饲育肥

按饲养标准配制日粮，是肥育期较短的一种育肥方式，舍饲肥育效果好、肥育期短，能提前上市，适于饲草料资源丰富的农区或半农半牧区。

羔羊，包括各个时期的羔羊，是舍饲育肥羊的主体。大羊主要来源于放牧育肥的羊群，一般是认定能尽快达到上市体重的羊。

舍饲肥育的精料可以占到日粮的45%~60%，随着精料比例的增高，羊只育肥强度加大，故要注意预防过食精料引起的肠毒血症和钙磷比例失调引起的尿结石症等。料型以颗粒料的饲喂效果较好，圈舍要保持干燥、通风、安静和卫生，育肥期不宜过长，达到上市要求即可出售。

3. 混合育肥

放牧与舍饲相结合的育肥方式，既能充分利用生长季节的牧草，又可取得一定的强度育肥效果。

放牧羊只是否转入舍饲肥育主要视其膘情和屠宰重而定。根据牧草生长状况和羊采食情况，采取分批舍饲与上市的方法，效果较好。

（二）绵羊育肥前的准备工作

一是根据绵羊来源、大小和品种类型，制订育肥的进度。绵羊来源不同，体况、大小相差大时，应采取不同方案，区别对待。绵羊增重速度有别，育肥指标不强求一致。羔羊育肥，一般10月龄结束。采用强度育肥，结合舍饲育肥和精料型日粮，可提高增重指标。如采取放牧育肥，则成本较低，但需加强放牧管理，适当补饲，并延长育肥期。

二是根据育肥方案，选择合适的饲养标准和育肥日粮。能量饲料是决定日粮成本的主要消耗，应以就地生产、就地取材为原则，一般先从粗饲料计算能满足日粮的能量程度，不足部分再适当调整各种饲料比例，达到既能满足能量需要，又能降低饲料开支的最优配合。日粮中蛋白质不足，首先考虑豆、粕类植物性高蛋白质饲料。

三是结合当地经验和资源并参考成熟技术，确定育肥饲料总用量。应保证育肥全期不断料，不轻易变更饲料。同时，对各种饲料的营养成分含量有个全面了解，委托有关单位取样分析或查阅有关资料，为日粮配制提供依据。

四是做好育肥圈舍消毒和绵羊进圈前的驱虫工作，特别注意肠毒血症和尿结石的预防。防止肠毒血症，主要靠注射四联苗。为防止尿结石，在以谷类饲料和棉籽饼为主的日粮中，可将钙含量提高到0.5%的水平或加0.25%的氯化铵，避免日粮中钙、磷比例失调。

五是自繁自养的羔羊，最好在出生后半月龄提前隔栏补饲，这对提高日后育肥效果、缩短育肥期限、提前出栏等有明显作用。

六是提高有关绵羊生产人员的业务素质，逐步改变传统育肥观念。

（三）绵羊育肥开始后的注意事项

第一，育肥开始后，一切工作围绕着高增重、高效益进行安排。进圈育肥羊如果来源杂，体况、大小、壮弱不齐，首先要打乱重新整群，分出瘦弱羔，按大小、体重分组，针对各组体况、健康状况和育肥要求，变通日粮和饲养方法。育肥开始头两三周，勤检查，勤观察，一天巡视2~3次，挑出伤、病羊，检查有无肺炎和消化道疾病，改进环境卫生。

第二，收购来的绵羊到达当天，不宜喂饲，只饮水和给以少量干草，在遮阴处休息，避免惊扰。休息过后，分组称重，注射四联苗和灌药驱虫。

第三，羊进圈后，应保持有一定的活动、歇卧面积，羔羊每头按 0.75～0.95 m^2，大羊按 1.1～1.5 m^2计算。

第四，保持圈舍地面干燥，通风良好。这对绵羊增重有利。据估计，一只大羊 1 d 排粪尿 2.7 kg，一只羔羊 1.8 kg。如果圈养 100 只羊，粪尿加上垫草和土杂等，1 d 可以堆 0.28 m^3（大羊）和 0.18 m^3（羔羊）。

第五，保证饲料品质，不喂湿、霉、变质饲料。喂饲时避免拥挤、争食，因此，饲槽长度要与羊数相称，一只大羊应有饲槽长度按 40～50 cm 计算，羔羊按 23～30 cm 计算。给饲后应注意绵羊采食情况，投给量不宜有较多剩余，以吃完不剩最为理想，说明日粮中营养物质和饲料干物质计算量与实际进食量相符。必要时，可以重新计算日粮配制用量，核查有无计算错误及少给日粮投给量。

第六，注意饮水卫生，夏防晒，冬防冻。被粪尿污染的饮水，常是内寄生虫扩散的途径。羔羊育肥圈内必须保证有足够的清洁饮水，多饮水，有助于减少消化道疾病、肠毒血症和尿结石的出现率，同时也有较高的增重速度。冬季不宜饮用雪水或冰水。

第七，育肥期间应避免过快地变换饲料种类和日粮类型，绝不可在 1～2 d 内改喂新换饲料。精饲料间的变换，应新旧搭配，逐渐加大新饲料比例，3～5 d 内全部换完。粗饲料换精饲料，换替的速度还要慢一些，14 d 换完。如果用普通饲槽人工投料，1 d 喂两次，早饲时仍给原饲料，午饲时将新饲料加在原饲料上面，混合喂，逐步加多新饲料，3～5 d 替换完。

第八，天气条件允许时，可以育肥开始前剪毛，对育肥增重有利，同时也可减少蚊蝇骚扰和羔羊在天热时扎堆不动的现象。

(四) 羔羊早期育肥

1.5 月龄断奶的羔羊，可以采用任何一种谷物类饲料进行全精料育肥，而玉米等高能量饲料效果最好。饲料配合比例为：整粒玉米 83%、豆饼 15%、石灰石粉 1.4%、食盐 0.5%、维生素和微量元素 0.1%。其中维生素和微量元素的添加量按每千克饲料计算为维生素 A 5 000 IU、维生素 D 1 000 IU、维生素 E 20 IU，硫酸锌 150 mg，硫酸锰 80 mg，氧化镁 200 mg，硫酸钴 5 mg，碘酸钾 1 mg。若没有黄豆饼，可用 10%的鱼粉替代，同时把玉米比例调整为 88%。

羔羊自由采食、自由饮水，饲料的投给最好采用自制的简易自动饲槽，以防止羔羊四肢踩入槽内，造成饲料污染，降低饲料摄入量，扩大球虫病与其他病菌的传播。饲槽离地高度应随羔羊日龄增长而提高，以饲槽内饲料不堆积或不溢出为宜。如发现某些羔羊啃食圈墙时，应在运动场内添设盐槽，槽内放入食盐或食盐加等量的石灰石粉，让羔羊自由采食。饮水器或水槽内应始终有清洁的饮水。

羔羊断奶前半月龄实行隔栏补饲，或让羔羊早、晚一定时间与母羊分开，独处一圈活动，活动区内设料槽和饮水器，其余时期母子仍同处。羔羊育肥期常见的传染病是肠毒血症和出血性败血症。肠毒血症疫苗可在产羔前给母羊注射或断奶前给羔羊注射。一般情况下，也可以在育肥开始前注射快疫、猝疽和肠毒血症三联苗。

断奶前补饲的饲料应与断奶后育肥饲料相同。玉米粒不要加工成粉状，可以在刚开始时稍加破碎，待习惯后则以整粒饲喂为宜。羔羊在采食整粒玉米初期，有吐出玉米粒的现象，反刍次数增加，此为正常现象，不影响育肥效果。

育肥期一般为 50~60 d，此间不断水、不断料。育肥期的长短主要取决于育肥的最后体重，而体重又与品种类型和育肥初重有关，故适时屠宰体重应视具体情况而定。

哺乳羔羊育肥时，羔羊不提前断奶，保留原有的母子对，提高隔栏补饲水平，3 月龄后挑选体重达到 25~27 kg 的羔羊出栏上市，活重达不到此标准者则留群继续饲养。其目的是利用母羊的繁殖特性，安排秋季和冬季产羔，供节日应时特需的羔羊肉。

（五）断奶后羔羊育肥技术

断奶后羔羊育肥需经过预饲期和正式育肥期两个阶段，方可出栏。

预饲期大约为 15 d，可分为 3 个阶段。每天喂料 2 次，每次投料量以 30~45 min 内吃净为佳，不够再添，量多则要清扫；料槽位置要充足；加大喂量和变换饲料配方都应在 3 d 内完成。断奶后羔羊运出之前应先集中，空腹 1 夜后次日早晨称重运出；入舍羊只应保持安静，供足饮水，1~2 d 只喂一般易消化的干草；全面驱虫和预防注射。要根据羔羊的体格强弱及采食行为差异调整日粮类型。

第一阶段 1~3 d，只喂干草，让羔羊适应新的环境。第二阶段 7~10 d，从第 3 d 起逐步用第二阶段日粮更换干草日粮至第 7 d 换完，喂到第 10 d。日粮配方为：玉米粒 25%、干草 64%、糖蜜 5%、油饼 5%、食盐 1%，另加抗生素 50 mg。此配方含蛋白质 12.9%、钙 0.78%、磷 0.24%，精粗比为 36：64。第三阶段是 10~14 d，日粮配方为：玉米粒 39%、干草 50%、糖蜜 5%、油饼 5%、食盐 1%，抗生素 35 mg。此配方含蛋白质 12.2%、钙 0.62%，精粗比为 50：50。预饲期于第 15 d 结束后转入正式育肥期。

精料型日粮仅适于体重较大的健壮羔羊肥育用，如初重 35 kg 左右，经 40~55 d 的强度育肥，出栏体重达到 48~50 kg。日粮配方为：玉米粒 96%、蛋白质平衡剂 4%，矿物质自由采食。其中，蛋白质平衡剂的组分为上等苜蓿 62%、尿素 31%、黏固剂 4%、磷酸氢钙 3%，经粉碎均匀后制成直径为 0.6 cm 的颗粒；矿物质成分为石灰石 50%、氯化钾 15%、硫酸钾 5%；矿物质成分是在日常喂盐、钙、磷之外，再加入双倍食盐量的骨粉，具体比例为食盐 32%、骨粉 65%、多种微量元素 3%。本日粮配方中，每千克风干饲料含蛋白质 12.5%，总消化养分 85%。

管理上要保证羔羊每只每日食入粗饲料 45~90 g，可以单独喂给少量秸秆，也可用秸秆当垫草来满足。进圈羊只活重较大，绵羊为 35 kg 左右。进圈羊只休息 3~5 d 注射三联疫苗，预防肠毒血症，再隔 14~15 d 注射 1 次。保证饮水，从外地购来羊只要在水中加抗生素，连服 5 d。在用自动饲槽时，要保持槽内饲料不出现间断，每只羔羊应占有 70~80 cm 的槽位。羔羊对饲料的适应期一般不低于 10 d。

粗饲料型日粮可按投料方式分为两种，一种普通饲槽用，把精料和粗料分开喂给；另一种自动饲槽用，把精粗料合在一起喂给。为减少饲料浪费，对有一定规模化的肉羊饲养场，采用自动饲槽用粗饲料型日粮。自动饲槽日粮中的干草应以豆科牧草为主，其蛋白质含量不低于 14%。按照渐加慢换原则逐步转到肥育日粮的全喂量。每只羔羊每天喂量按 1.5 kg 计算，自动饲槽内装足 1 d 的用量，每天投料 1 次。要注意不能让槽内饲料流空。配制出来的日粮在质量上要一致。带穗玉米要碾碎，以羔羊难以从中挑出玉米粒为宜。

（六）成年羊育肥技术

成年羊育肥，由于品种类型、活重、年龄、膘情、健康状况等差异较大，首先要按品种、活重和计划日增重指标，确定育肥日粮的标准。做好分群、称重、驱虫和环境卫生等准备工作。

夏季，成年羊以放牧育肥为主，适当补饲精料，每日采食 5~6 kg 青绿饲料和 0.4~0.5 kg 精料，折合干物质 1.6~1.9 kg 和可消化蛋白质 150~170 g。日增重水平大致为 160~180 g。

秋季，育肥成年羊来源主要为淘汰老母羊和瘦弱羊，除体躯较大、健康无病、牙齿良好、无畸形损征者外，一般育肥期较长，可达 80~100 d，投料量大，日增重偏低，饲料转化率不高。有一种传统做法是使淘汰母羊配上种，母羊怀胎后行动稳重，食欲增强，采食量增大，膘长得快，在怀胎 60 d 前可结束育肥。也有将淘汰母羊转入秋草场放牧和进农田秋茬地放牧，膘情好转后再进圈舍饲育肥，以减少育肥开支。淘汰母羊育肥的日粮中应有一定数量的多汁饲料。

（七）当年羔羊的放牧育肥

所谓当年羔羊的放牧育肥是指羔羊断奶前主要依靠母乳，随着日龄的增长，牧草比例增加，断奶到出栏期间一直在草地上放牧，最后达到一定活重即可屠宰上市。

育肥条件：当年羔羊的放牧育肥与成年羊放牧育肥不同，必须具备一定条件方可实行。其一，参加育肥的品种具有生长发育快、成熟早、肥育能力强、产肉力高的特点。如甘肃的绵羊，是我国著名的绵羊地方类型，是放牧育肥的极好材料。其二，必须要有好的草场条件，如绵羊的原产地，在甘肃玛曲县及其毗邻的地区，这里是黄河第一弯，降水量多，牧草生长繁茂，适合于当年羔羊的育肥。

育肥方法：主要依靠放牧进行育肥。方法与成年羊放牧相似，但需注意羔羊不能跟群太早，年龄太小随母羊群放牧往往跟不上群，出现丢失现象，在这个时候如果草场干旱，奶水不足，羔羊放牧体力消耗太大，则影响本身的生长发育，使得繁殖成活率降低。在产冬羔的地区，三四月份羔羊随群放牧，遇到地下水位高的返潮地带，羔羊易踏入泥坑，造成死亡损失。

影响育肥效果的因素：产羔时间对育肥效果有一定影响，早春羔的胴体重高于晚春羔，在同样营养水平的情况下，早春羔屠宰时年龄为 7~8 月龄，平均产肉 18 kg，晚春羔羊相应为 6 月龄，平均产肉 15 kg。前者比后者多产 3 kg，从而看出将晚春羔提前为早春羔，是增加产肉量的一个措施，但需要贮备饲草和改变圈舍条件。另外，与母羊的泌乳量有关系，绵羊羔羊生长发育快，与母羊产奶量存在着正相关。整个泌乳期平均产奶量 105 kg，产后 17 d 左右每昼夜平均产奶 1.68 kg，羔羊到 4 月龄断奶时出栏体重已达35 kg，再经过青草期的放牧育肥，可取得非常好的育肥效果。

（八）绵羊老母羊的肥育

对年龄过大或失去繁殖能力的绵羊老母羊进行补饲肥育，其目的是增加体重和产肉量，提高羊肉品质，降低成本，提高经济效益。

以对老母羊进行放牧加补饲的肥育结果看，经肥育的老母羊平均每只活重可达55~65 kg，比肥育前增重8~12 kg，肥育能增加体脂沉积，改善肉质，提高屠宰率；而仅作放牧不加补饲的母羊活重只能达到42 kg；经肥育后的母羊皮板面积也有所增大，毛长增长，经济效益增加。同时，可以节省草场，节约的草场可供其他羊利用。绵羊老母羊的肥育期在60~90 d，超过90 d饲养成本加大，经济效益降低。

近些年来，甘南藏族自治州一些地方养羊户对老龄淘汰母羊进行肥育，这样可太大增加养羊的经济效益。

绵羊老母羊肥育精料参考配方：玉米50%、料饼20%、黑面10%、麸皮5%、精料4%、食盐1%。饲喂量：果渣1.0 kg/（只·d）、青贮饲料0.5 kg/（只·d）、草粉0.5 kg/（只·d）、精料1.0 kg/（只·d）。

九、绵羊的常规管理技术

1. 捉羊方法

捕捉羊是管理上常见的工作，有的捉毛扯皮，往往造成皮肉分离，甚至坏死生蛆，形成不应有的损失。正确的捕捉方法：右手捉住羊后腱部，然后左手握住另一腱部，因为腱部的皮肤松弛，不会使羊受伤，人也省力，容易捕捉。

导羊前进时，如拉住颈部和耳朵时，羊感到疼痛，用力挣扎，不易前进。正确的方法是一手在额下轻托，以便左右其方向，另一手在坐骨部位向前推动，羊即前进。

放倒羊的时候，人应站在羊的一侧，一手绕过羊颈下方，紧贴羊另一侧的前肢上部，另一只手绕过后肢紧握住对侧后肢飞节上部，轻拉后肢，使羊卧倒。

2. 分群管理

（1）种羊场羊群　一般分为繁殖母羊群、育成母羊群、育成公羊群、羔羊群及成年公羊群。一般不留羯羊群。

（2）商品羊场羊群　一般分为繁殖母羊群、育成母羊群、羔羊群、公羊群及羯羊群，一般不专门组织育成公羊群。

（3）肉羊场羊群　一般分为繁殖母羊群、后备羊群及商品育肥羊群。

（4）羊群大小　一般欧拉羊母羊群400~500只，羯羊群800~1 000只，育成母羊群200~300只，育成公羊群200只。

3. 羊年龄鉴定

羊年龄的鉴定可根据门齿状况、耳标号和烙角号来确定。

（1）根据门齿状况鉴定年龄　绵羊的门齿依其发育阶段分为乳齿和永久齿两种。

幼年羊乳齿计 20 枚，随着绵羊的生长发育，逐渐更为永久龄，成年时达 32 枚。乳齿小而白，永久齿大而微带黄色。上下颚各有臼齿 12 枚（每边各 6 枚），下颚有门齿 8 枚，上颚没有门齿。

羔羊初生时下颚即有门齿（乳齿）一对，生后不久长出第二对门齿，生后 2~3 周长出第三对门齿，第四对门齿于生后 3~4 周时出现。第一对乳齿脱落更换成永久齿时年龄为 1~1.5 岁，更换第二对时年龄为 1.5~2 岁，更换第三对时年龄为 2~3 岁，更换第四对时年龄为 3~4 岁。四对乳齿完全更换为永久齿时，一般称为“齐口”或“满口”。

4 岁以上绵羊根据门齿磨损程度鉴定年龄。一般绵羊到 5 岁牙齿即出现磨损，称“老满口”。6~7 岁时门齿已有松动或脱落的，这时称为“破口”。门齿出现齿缝、牙床上只剩点状齿时，年龄已达 8 岁以上，称为“老口”。

绵羊牙齿的更换时间及磨损程度受很多因素的影响。一般早熟品种羊换牙比其他品种早 6~9 个月完成；个体不同对换牙时间也有影响。此外，与绵羊采食的饲料亦有关系，如采食粗硬的秸秆，可使牙齿磨损加快。

（2）耳标号、烙角号　现在生产中最常用的年龄鉴定还是根据耳标号、烙角号（公羊）进行。一般编号的头一个数是出生年度，这个方法准确、方便。

4. 编号

为了科学地管理羊群，需对羊只进行编号。常用的方法：耳标法、剪耳法。

（1）耳标法　耳标材料有金属和塑料两种，形状有圆形和长形。耳标用以记载羊的个体号、品种号及出生年月等。以金属耳标为例，用钢字钉把羊的号数打在耳标上，第一个号数中打羊的出生年份的后一个字，接着打羊的个体号，为区别性别，一般公羊尾数为单，母羊尾数为双。耳标一般戴在左耳上。用打耳钳打耳时，应在靠耳根软骨部，避开血管，用碘酒在打耳处消毒，然后再打孔，如打孔后出血，可用碘酒消毒，以防感染。

（2）剪耳法　用特制的剪缺口剪，在羊的两耳上剪缺刻，作为羊的个体号。其规定是：左耳作个位数，右耳作十位数，耳的上缘剪一缺刻代表 3，下缘代表 1，耳尖代表 100，耳中间圆孔代表 400；右耳上缘剪一个缺刻代表 30，下缘代表 10、耳尖代表 200，耳中间的圆孔代表 800。

5. 记录

羊只编号以后，就可对其进行登记做好记录，要记清楚其父母编号、出生日期、编号、初生重、断奶体重等，最好绘制登记表格。

6. 断尾

尾部长的羊为避免粪便污染羊毛及防止夏季苍蝇在母羊外阴部下蛆而感染疾病和便于母羊配种，必须断尾。断尾应在羔羊出生后 10 d 内进行，此时尾巴较细不易出血，断尾可选在无风的晴天实施。常用方法为结扎法，即用弹性较好的橡皮筋套在尾巴的第三、四尾椎之间，紧紧勒住，断绝血液流通。大约 10 d 后尾即自行脱落。

7. 去势

对不做种用的公羊都应去势，以防止乱交乱配。去势后的公羊性情温顺，管理方便，节省饲料，容易育肥。所产羊肉无膻味且较细嫩。去势一般与断尾同时进行，时间一般为 10 d 左右，选择无风、晴暖的早晨。去势时间过早或过晚均不好，过早睾丸小，去势困难；过晚流血过多，或可发生早配现象，去势方法主要有以下几种。

（1）结扎法　当公羊 1 周龄时，将睾丸挤在阴囊里，用橡皮筋或细线紧紧地结扎于阴囊的上部，断绝血液流通。经过 15 d 左右，阴囊和睾丸干枯，便会自然脱落。去势后最初几天，对伤口要常检查，如遇红肿发炎现象，要及时处理。同时要注意去势羔羊环境卫生，垫草要勤换，保持清洁干燥，防止伤口感染。

（2）去势钳法　用特制的去势钳，在阴囊上部用力紧夹，将精索夹断，睾丸则会逐渐萎缩。此法无创口、无失血、无感染的危险。但经验不足者，往往不能把精索夹断，达不到去势的目的，经验不足者忌用。

（3）手术法　手术时常需两人配合，一人保定羊，使羊半蹲半仰，置于凳上或站立，一人用3%苯酚或碘酒消毒。然后手术者一只手捏住阴囊上方，以防止睾丸缩回腹腔中，另一只手用消毒过的手术刀在阴囊侧面下方切开一个小口，约为阴囊长度的 1/3，以能挤出睾丸为度，切开后，把睾丸连同精索拉出撕断。一侧的睾丸摘除后，再用同样的方法摘除另一侧睾丸。也可把阴囊的纵隔切开，把另一侧的睾丸挤过来摘除。这样少开一个口，利于康复。睾丸摘除后，把阴囊的切口对齐，用消毒药水涂抹伤口并撒上消炎粉。过 1~2 d 进行检查，如阴囊收缩，则为正常；如阴囊肿胀发炎，可挤出其中的血水，再涂抹消毒药水和消炎粉。

8. 剪毛

羊一般年剪毛一次，剪毛开始的时间，主要决定于当地气候和羊群膘度，宜在气候稳定和羊只体力恢复之后进行。各种羊剪毛的先后，可按羯羊、公羊、育成羊和带羔母羊的顺序来安排。患疹癣和痘疹的羊最后剪，以免传染。

剪毛应注意的事项包括以下 10 项。

第一，应选在干净平整的地面进行，否则应下铺苫布或苇席。因为大量混有草刺、草棍和粪末的羊毛，在交售时是要降低等级和多扣分头的。

第二，毛在雨雪淋湿状态下绝对不能开剪，因湿毛在保存运输中易发热变黄，还易滋生衣蛾幼虫而蛀蚀羊毛。

第三，羊体上的任何临时编号和记号，都只能用专门的涂料来进行。绝不能用油漆或沥青，因这两种物质在羊毛加工时不易洗掉，影响毛产品质量。

第四，剪毛前 12 h 不应饮水和放牧，以保持空腹为宜。

第五，剪毛留茬高度，以保持 0.3~0.5 cm 为宜。过高会影响剪毛量和降低毛长度。过低又易剪伤羊体皮肤。有时留茬即使偏高，也不要再剪第二刀，因为二刀毛根本不能利用。

第六，对皱褶多的羊，可用左手在后面拉紧皮肤，剪子要对着皱褶横向开剪，否则易剪伤皮肤。

第七，剪时应力求保持完整套毛（这样有利于工厂化选毛），绝不能随意撕成碎片。

第八，对黑花毛、粪块毛、毡片毛、头腿毛、过肷毛及带有较多草刺草棍的混杂毛，要单独剪下和分别包装出售，千万不能与套毛掺混在一起。

第九，剪毛时注意不要剪破皮肤。

第十，对种公羊和核心群母羊，应做好剪毛量和剪毛后体重的测定和纪录工作。

总之，适时剪毛，正确剪毛，并做好包装储存，一般可提高剪毛量7%~10%，交售等级也较高。

9. 药浴

绵羊易感染疥癣病，疥癣病主要由螨虫寄生皮肤引起，绵羊所寄生的主要是痒螨。

疥癣病对养羊业的为害很大，不仅造成脱毛损失，更主要在于羊只感染后瘙痒不安，采食减少，很快消瘦，严重者受冻致死。

药浴是治疗疥癣最彻底有效的方法。目前采用的主要是美曲膦酸、磷丹、除癞灵等，但缺点是其残效期短，药效不够持久。“双甲脒”是一种能消灭疥癣、控制螨病扩大和蔓延的新药，特点是疗效高、残效期长、安全低毒，其废液在泥土中易降解，不污染环境。药浴浓度为1 kg药液（20%含量乳油）500~600倍稀释。局部可用2 mL的安培药液加水0.5 kg涂擦或喷雾。

剪毛后的10~15 d内，应及时组织药浴。为保证药浴的安全有效，应在大批入浴前，先用少量进行药效观察试验。不论是淋浴还是池浴，都应让羊多站停一会，使药物在身上停留时间长一些。力求全部羊只都能参加，无一漏洗。应注意有无中毒及其他事故发生。

平时应加强羊群检查，对冬季局部患有疥癣的羊，应及时用0.1%辛硫磷软膏涂患处，并短期隔离。羊舍应经常保持干燥通风。

10. 驱虫

在冬春季节，羊只抵抗力明显降低。经越冬后的各种线虫幼虫，在每年的3—5月将有一个感染高峰，头年蛰伏在羊体胃肠黏膜下的受阻型幼虫，此时也会乘机发作，重新发育成熟。

当大量虫体寄生时，就会分离出一种抗蛋白酶素，导致羊体胃腺分泌蛋白酶原障碍，对蛋白质不能充分吸收，阻碍蛋白质代谢机能，同时还影响钙、磷代谢。寄生虫的代谢产物，也会破坏造血器官的功能和改变血管壁的渗透作用，从而引起贫血和消化机能障碍——拉稀或便秘。因此，对寄生虫感染较重的羊群，可在2—3月提前进行一次治疗性驱虫。剪毛药浴后，再进行一次普遍性驱虫。在寄生虫感染较重的地区，还有必要在入冬前再进行一次驱虫。驱虫后要立即转入新的草场放牧，以防重新感染。

常用的驱虫药物有四咪唑、驱虫净、丙硫多菌灵等，特别是丙硫多菌灵，它是一种广谱、低毒、高效的新药，每千克体重的剂量为15 mg，对线虫、吸虫和绦虫都有较好的治疗效果。

十、绵羊的饲养模式

（一）不同饲养方式的养殖模式

羊的饲养方式归纳起来有3种，即放牧饲养、舍饲饲养和半放牧半舍饲饲养。饲养方式的选择要根据当地草场资源、人工草地建设、农作物副产品数量、圈舍建设和技术水平来确定，原则是高效、合理利用饲草料和圈舍资源，保证羊正常的生长发育和生产需要，充分发挥生产性能，降低饲养成本，提高经济效益。

1. 放牧饲养

放牧饲养方式是除极端天气外，如暴风雪和高降水，羊群一年四季都在天然草场上放牧，是我国北方牧区、青藏高原牧区、云贵高原牧区和半农半牧区羊的主要生产方式。这些地区天然草地资源广阔，牧草资源充足，生态环境条件适宜放牧生产。羊的放牧一般选择地势平坦、高燥，灌丛较少，以禾本科为主的低矮型草场。

放牧饲养投资小，成本低，饲养效果取决于草畜平衡，关键在于控制羊群的数量，提高单产，合理保护和利用天然草场。应注意的是，在春季牧草返青前后，冬季冻土之前的一段时间，要适当降低放牧强度，组织好放牧管理，兼顾羊群和草原双重生产性能。

2. 舍饲饲养

舍饲饲养是把羊全年关在羊舍内饲喂，集约化和规模化程度较高，技术含量要求高，要有充足的饲草料来源、宽敞的羊舍和一定面积的运动场，以及足够的养羊配套设备，如饲槽、草架、水槽等。开展舍饲饲养的条件是必须种植大面积人工草地、饲料作物，收集和储备大量的青绿饲料、干草、秸秆、青贮料、精饲料，才能保证全年饲草料的均衡供应。

舍饲饲养的人力物力投资大，饲养成本高，饲养效果取决于羊舍等设施状况和饲草料储备情况，羊品种的选择、营养平衡、疫病防控和环境条件的综合控制。

3. 半放牧半舍饲饲养

半放牧半舍饲饲养结合了放牧与舍饲的优点，既可充分利用天然草地资源，又可利用人工草地、农作物副产品和圈舍设施，规模适度，技术水平较高，产生良好的经济和生态效益，适合于羊生产。在生产实践中，要根据不同季节牧草生产的数量和质量、羊群自身的生理状况，规划不同季节的放牧和舍饲强度，确定每天放牧时间的长短和在羊舍内饲喂的次数和数量，实行灵活而不均衡的半放牧半舍饲饲养方式。一般夏秋季节各种牧草生长茂盛，通过放牧能满足羊的营养需要，可不补饲或少补饲。冬春季节，牧草枯萎，量少质差，只靠放牧难以满足羊的营养需要，必须加强补饲。

（二）不同经营方式的养殖模式

1. 农牧户分散饲养

农牧户分散饲养是目前我国羊饲养的主要形式，随着牧区草原承包经营责任制的深入推行，千家万户的分散饲养已成为羊生产的基本形式，饲养规模从数十只到成百上千只不等，主要由各家庭的劳动力和所承包的草原面积决定。这种饲养模式的特点是经营灵活，但经济效益不高，抗风险能力差，新技术的应用范围有限，对草原生态环境的破坏作用较大。

2. “公司+农户”饲养

“公司+农户”饲养是由龙头企业牵头，根据市场需求设计产品生产方向，联合许多农牧户按照相对统一的生产标准进行羊的生产，由公司经营，农牧户仅仅发挥基地生产的作用。这种生产方式的标准化程度较高，产品的市场竞争能力较强，有一定的抵御风险能力，新技术的推广应用范围大，经济效益较高。

3. 专业合作社饲养

专业合作社饲养是由农牧区的细毛羊或半细毛羊生产经验“能人”以村或乡镇的管理机制组织养羊生产，成立专业合作社，有领导有组织，对生产职能分工负责，相互协调，统一规划草原、羊群、饲草料管理和贸易流通，是新兴的养羊生产模式，组织体系相对紧密，生产规模较大，新技术的转化能力较强。

4. 协会饲养

协会饲养主要是由当地牲畜经营大户组织农牧户开展细毛羊或半细毛羊的生产经营，组织体系较松散，主要目的是组织羊毛的市场交易，对羊的规范化生产有一定的促进作用。

5. 农牧户联户饲养

随着农牧区劳动力的转移和新牧区、养殖小区的建设，许多家庭联合生产，以节约劳动力和合理利用草场及饲草料资源为目的，进行农牧户联户饲养，组织有经验的家庭或成员统一进行羊群饲养，开展经营管理。这种饲养模式的优点是扩大了养殖规模，优化了草场和饲草料资源的利用，组织体系紧密，有利于进一步形成集约化、规模化的养殖模式。

（三）不同饲养规模的养殖模式

为了进一步做强做大羊产业，有关畜牧业管理部门、科研机构及企业和农牧民积极研究探索羊生产规模化养殖模式，鉴于目前我国羊分布区域广、生态环境多样、养殖户相对分散、规模较小的实际情况，以下几种模式可以借鉴参考，以促进羊业的规模化发展。

1. 组建羊“托羊所”

“托羊所”免费提供草原、羊舍等养羊设施，农牧户出资购买羊进驻，托养或自养，吸引农牧户把手中的闲散资金集中投向羊产业，使有限资金得到整合，实现了有效利用和良性循环；把相对分散的养殖户联结成为相对集中和稳固的养殖联合体，实现靠规模增效益，稳产稳收的目标；通过规模化养殖，集中剪毛和羊毛的标准化生产，统一销售，实现组织经营管理者和农牧户的双赢。

2. 多种渠道建设羊养殖小区

通过政策扶持，采取招商引资、项目投资、群众集资、合作社社员入股等多种方式，建设羊养殖小区。养殖小区模式可以实现羊的规模养殖，降低饲养成本，提升羊养殖效益；节约劳动力资源，使更多的农牧区劳动力从羊产业中剥离出来，从事其他产业增收。同时也可实现羊饲养的品种、饲料、技术、管理、防疫、剪毛和销售 7 个方面的统一，达到科学化、标准化、规范化。还可以通过统一管理，机械化剪毛，羊毛分级打包，有效地保障羊毛优质优价。

3. 建设羊养殖示范园区

要利用项目资金或政府扶持资金，组建高标准的羊养殖示范园区，引进优质羊新品种，运用先进技术和科学的管理理念，内设参观走廊，定期组织广大羊养殖户前去参观学习，集教学、科技应用、典型示范于一体。可以有效提高广大羊养殖户学科技、用科技的思想意识，提升羊产业科技含量，进而加快羊产业标准化、科学化、现代化、集约化和规模化养殖进程。

4. 建设大型现代化羊生产牧场

对现有的羊规模养殖大户进行资金、政策、占地等多方面的倾斜，加大扶持力度，促使其上规模、上档次、上水平，进而建成大型的现代化家庭牧场，应用高、新、精、尖技术，靠规模增加效益，靠科技提升效益。同时，还可就地转移农牧区剩余劳动力，加快了羊产品转化增值，实现资源优势向经济优势的转变。

第九章　甘肃省草食畜牧业种质资源保护的原理

品种拥有各种基因，并在一定的环境中发挥作用，表现出对外界环境的适应性和各种生产性能。一个品种就是一个特殊的基因库，是培育新品种和利用杂种优势的良好素材，认真保存和合理利用品种资源，是关系到畜牧业可持续发展的战略任务。

一、家畜的遗传多样性及其意义

遗传多样性是生物多样性的重要组成部分。广义的遗传多样性是指地球上生物所携带的各种遗传信息的总和。而狭义的遗传多样性主要是生物种内基因的变化，包括种内显著不同的种群间和同一种群内的遗传变异性。在物种内部因生活环境的不同也会产生遗传上的多样化，各种生物不同亚种或地方品种中都存在着丰富的遗传多样性，是物种多样性、生态系统多样性和景观多样性等生物多样性的最重要来源。

我国地理环境和生态条件复杂多样，在长期自然选择和人工选择过程中形成了十分丰富的家养动物资源。家养动物种类和数量的分布以及品种的形成与自然环境有密切关系。复杂的地理和气候条件对家养动物多样性的形成和分布产生深刻的影响。按气候和地理条件，中国以大兴安岭、阴山、贺兰山、巴颜喀拉山和冈底斯山所形成山脉屏障划界，西北部地区为牧区，东南部为农区，中间过渡地区为半农半牧区。

家养动物多样性是生物多样性的重要组成部分之一，其在组成上可划分为 3 个层次，包括畜禽遗传多样性、物种多样性和生态系统多样性。家养动物种质资源是生物资源的重要组成部分，中国是世界上家养动物品种资源最丰富的国家之一。我国幅员辽阔，地形、地貌、自然生态条件等地域差异显著，造就了非常丰富的畜禽多样性资源。根据品种资源调查及 2020 年国家畜禽品种审定委员会审核，中国畜禽遗传资源主要有猪、鸡、鸭、鹅、特禽、火鸡、黄牛、水牛、牦牛、绵羊、山羊、马、驴、骆驼、兔、梅花鹿、马鹿、水貂、貉、蜂等 20 个物种，共计 576 个品种（表 9-1），其中地方品种有 426 个（占 74.0%）、培育品种有 73 个（占 17.7%）、引进品种有 77 个（占 13.3%）。我国现有绵羊品种 50 个，其中地方品种 31 个，培育品种 9 个，引入品种 10 个。地方畜禽品种既是珍贵的自然资源，也是价值极高的经济资源。其遗传多样性是未来家畜（禽）品种改良和适应生产条件变化的遗传基础，是保持农牧业长期发展和制定合理开发资源产业政策的基本依据。

表 9-1 中国畜禽遗传资源状况

序号	物种	地方品种	培育品种	引入品种	小计
1	猪	72	19	8	99
2	鸡	81	14	5	100
3	鸭	27		2	29
4	鹅	26			26
5	特禽			12	12
6	黄牛	52	5	12	69
7	水牛	24		2	26
8	牦牛	11			11
9	大额牛	1			1
10	绵羊	31	9	10	50
11	山羊	43	4	3	50
12	马	23	17	7	47
13	驴	21			21
14	骆驼	4			4
15	兔	4		9	13
16	梅花鹿		3		3
17	马鹿	1	1		2
18	水貂		1		1
19	貂	1			1
20	蜂	4		7	11
	总数	426	73	77	576
	百分比（%）	74	12.7	13.3	100

资料来源：《中国畜禽遗传资源状况》。

中国的地理生态、畜牧生产系统多种多样，畜禽品种的利用情况也多种多样。在城市郊区、农业相对发达地区，主要利用高产的引进品种（利用方式包括与地方品种进行杂交）和培育品种。在经济欠发达、偏远山区及特殊生态地区（如高海拔、高寒、高温地区），由于经济因素、品种适应性因素，畜牧生产主要以地方畜禽品种进行（大约占 70%），如西藏、云南、甘肃、新疆等地的畜牧生产，除部分生产方向外，均以地方品种为基础进行。

然而近年来，由于畜禽外来品种的引入、高产品种的培育、社会经济生产的变革等因素的作用，许多长期进化形成的物种处于濒危甚至灭绝状态，使我国动物遗传资源流失的确切数量难以统计，带来的损失难以弥补。我国畜禽品种数量逐渐减少和消失的问题日渐严重，1983 年确定已经灭绝的资源包括枣北大尾羊、九斤黄鸡、太平鸡、临洮鸡、武威斗鸡、荡角牛、项城猪等 10 个畜禽品种；1998 年确认濒临灭绝的资源包括豪杆嘴型内江猪、大普吉猪、文山鹅等 7 个品种；2004 年 8 月 23 日农业部公告了 78 个国家级畜禽品种资源保护品种。

家养动物遗传多样性是生物多样性中与人类生活直接相关的一部分，是指所有的家养动物及其野生近缘种的种间和种内遗传变异的总和，其中包括了不同种家养动物间的遗传变异，还包括了同种家养动物内不同品种间和品种内共同的和特异的基因及其组合体系。家养动物是生物界的特殊成员，是由野生动物通过长期人工选择而来的，具有许多野生动物所没有的生物学特征。尽管家养动物只局限于少数物种，但是根据人们的不同需求，经过高强度的选择和杂交后，产生了许多前所未有的变异性特征，形成了在体形外貌和经济性状上丰富多彩的地方品种和类型，构成了同一家养动物种内的品种多样性。因此，家养动物的遗传多样性在本质上是种内品种和个体间的遗传差异的总和。

家养动物及其野生近缘种为畜禽育种提供了不可缺少的基因材料。遗传多样性的缩小、消失、遗传的均质化或遗传多样性的枯竭将会对我们的畜牧业带来灾难性的后果。因此，对家养动物遗传多样性的研究是生物多样性研究中的一个重要组成部分。家畜遗传多样性与人类的生活和生产密切相关，是畜牧业可持续发展的基础，是世界动物资源开发的丰富宝库，因此，对家畜遗传多样性的研究具有重要的理论意义和实际意义。

首先，物种或群体的遗传多样性大小是生物长期进化的产物，是其生存（适应）和发展（进化）的前提。一个群体或物种遗传多样性越高或遗传变异越丰富，对环境变化的适应能力就越强，越容易扩展其分布范围和开拓新的环境，家畜高产、抗逆和产品质量的大幅度提高也正是遗传多样性在动物育种中应用的结果。在种群规模、选择压力等背景条件相同的情况下，生物群体中遗传变异的大小与其进化速率成正比。因此，对遗传多样性的研究还可以揭示物种或群体的进化历史（起源时间、地点、方式），也能为进一步分析其进化潜力和未来命运提供重要的资料。尤其有助于进行物种稀有或濒危的原因及过程的探讨，这些物种在育种及保护遗传学的实践中无疑都具有重要地位。

畜牧学上通过对家畜遗传多样性的研究和认识，不但可以调查品种遗传背景状况和确定品种遗传特征，即找到适当的遗传标记来反映品种遗传多样性丰富程度和确定品种遗传独特性程度，从而了解家畜各群体间的亲缘关系以及其起源和遗传分化，准确区分品种（类型），也可为定向培育新品种（系、群），合理开发利用家畜遗传资源，生产更多更优质的畜产品提供重要依据，还能为防止遗传侵蚀、增加遗传变异奠定基础。

其次，我国家畜品种繁多，在相邻省区间不乏类同的品种或种群，同品种异名和不同品种同名问题自然存在。过去对品种的划分和认识大都基于地域和形态学水平的描述，常有出入，也不易被接受。因此，常有一些研究结果显示现有个别品种内的变异大于品种间的遗传差异。对此，在基本了解各品种的分布、形态特征和生产性能的基础上，应该全面，系统地开展细胞学和等位酶研究，并有针对性地进行 DNA 分析。只有这样，才能提高遗传多样性研究的水平和完整性，也才能对地方品种进行正确的划分和全面的认识，从而为家养动物的本品种选育和寻找具有优良生产性能的基因，以及充分开发利用这些宝贵的遗传资源提供科学依据，并最终为加速家养动物育种和提高生产性能服务。

此外，家养动物遗传多样性是保护生物学研究的重要内容。如果不了解种群遗传变异的大小、时空分布及其与环境的关系，人们就不可能采取科学有效的措施对人类赖以生存的宝贵遗传资源（基因）进行保护，也不可能挽救濒临灭绝的物种和保护受到威胁的物种。对家畜遗传多样性的研究和认识，可以为人们提供认识生物界基本规律所需的可供借鉴的资料和重要的背景材料，从而帮助人们有效地保护生物资源和对生物资源进行有序开发及可持续利用。

二、重视丰富的家养动物遗传资源

我国畜禽品种资源大体由 3 部分组成：一是地方良种，二是中华人民共和国成立以后培育的新品种，三是从国外引进的品种。其中，地方品种和新培育的品种总数在 300 个以上，不仅数量多，而且不少在质量上还有独特之处。

以猪种而言，目前有 50 多个品种，大体可分为华北、华中、江海、华南、西南、高原六大类型。每一类型中又有许多独特的品种，如产仔特多的太湖猪、耐寒体大的东北民猪、瘦肉率较高的荣昌猪、适于腌制火腿的金华猪、体小肉味鲜美的香猪等。

在牛方面，不仅分布有牦牛、黄牛、水牛等不同种和属，而且还形成许多著名的地方良种或类型，如产于呼伦贝尔市的以乳肉兼用著称的三河牛，体高、力大、步样轻快、性情温顺的南阳牛，行动迅速、水旱两用的延边牛，以及产于湖南、江苏、四川等地的大型役用水牛等。

我国绵羊类型复杂，其中也有不少著名的品种资源，如适应当地生态条件和放牧性能良好的蒙古羊、哈萨克羊和藏羊，繁殖力极高的小尾寒羊、湖羊，我国“二毛皮”品种滩羊，适于舍饲、羔皮品质优良的湖羊等。

在家禽方面，我国不仅有蛋大、壳厚、体型较大的成都黄鸡、内蒙古边鸡、辽宁大骨鸡以及骨细、肉嫩、味鲜的北京油鸡、惠阳三黄胡须鸡、清远麻鸡，而且还有体小、耗料少、年产蛋 200 枚以上的浙江仙居鸡，名贵的丝毛乌骨泰和鸡，兼用型的狼山鸡、寿光鸡、浦东鸡等著名鸡种。另外，还有生长快、产蛋多的北京鸭，体型特大的狮头鹅等世界闻名的品种。

此外，在马、驴、山羊、骆驼等家畜中也不乏良种，如乘挽兼用的伊犁马、体型较大的关中驴、产绒量高的盖县绒山羊等。

中国丰富的畜禽品种资源，无疑将为今后育种提供宝贵的素材。不仅在我国能发挥大的作用，而且也是世界动物遗传物质库的一个重要部分。例如我国猪种就曾对世界某些著名猪种的育成产生过积极作用。远在 18 世纪英国引进了我国华南猪以改良当地猪，育成了大约克夏、巴克夏等英国猪种；美国在 1816—1817 年引进中国猪而育成了波中猪和吉士白猪。特别值得注意的是，在国外品种资源日趋贫乏的今天，他们对我国家畜品种资源有着特殊的兴趣，如对江浙一带产仔多的太湖猪和金华猪等，产羔多的小尾寒羊和湖羊等，纷纷要求引进，目的在于改进本国畜种的繁殖性能。因此，我们对自己的家畜品种更应予以重视，使品种特性不断提高。

我国地方品种，是经过若干世代的人工选择和自然选择的产物，因而可很好地适应当地环境，即使在饲草料条件和生态条件极为艰苦的地区，仍能正常生存和繁衍后代，如西藏高原的牦牛、藏羊，能够适应当地空气稀薄和高的紫外线照射，而从低海拔引进的安哥拉山羊、西门塔尔牛就难以适应，甚至死亡。

许多地方品种尽管生产力都比较低，但却具有某些可贵且有利的基因，绝不能任其丧失，而应加以妥善保存，这很可能对今后家畜育种产生很大影响，起到我们目前还无法预料到的作用。

还须指出，过去有些地方盲目开展杂交，致使有些地方品种混杂，质量逐渐退化，数量日趋减少，甚至濒于灭绝。如果地方品种真的大部分被毁灭，将给今后育种工作带来严重的甚至难以挽救的损失。

三、家养动物遗传多样性保护的意义

品种资源的保存，一般认为就是要妥善保存现有家畜家禽品种，使之免遭混杂和灭绝。其实，这只是起码的要求，严格地说，保种应该是保存现有家畜家禽品种资源的基因库，使其中每一种基因都不丢失，无论它目前是否有用。

家畜遗传资源是与人类社会活动密切相关的生物资源的一个重要组成部分，无论在过去，还是未来，家畜遗传资源的保护都是保证畜牧业生产持续稳定发展的重要措施，家畜中不少品种的泯灭或者畜种的消失都将直接危及社会经济的发展和人类生活的切身利益。就这一点而言，家畜遗传资源与人类的关系比与野生动物的遗传资源更密切、更重要。

家畜遗传资源是世界各民族历史文化成果的重要组成部分。在人类开始驯养野生动物至今的大约一万年间，从野生动物到家畜的演变，群体在家养条件下的进化以及从物种中分离出的若干品种，都是以人工选择为中心的育种活动，也是许多世代、许多民族在不同自然条件、社会经济及技术背景下，培育出了具有明显的地域特征和历史遗痕的地方品种或类群，反映了不同时代民族文化的印记。

目前在全球范围分布较广的少数畜禽品种，虽然其生产力较高，但其遗传内容相对贫乏，尤其缺乏适应生态环境变迁和社会需求发生改变的遗传潜力。地方品种目前虽然生产力相对较低，但却蕴藏着进一步改进现代流行品种所需要的基因资源，用其作为培育新品种或杂交生产的亲本，具有重要的价值。

人类社会对畜产品的消费方式以及不同经济类型畜产品的社会经济价值不是一成不变的。例如，在半个世纪以前，肉用家畜的贮脂力是普遍公认的有利性状，动物育种学家们花费大量的时间对猪的背膘厚进行选择，育出了一大批脂用型猪品种，但进入 20 世纪 60 年代以后，人们饮食习惯的改变，即由过去喜吃肥肉变为喜吃瘦肉，使得脂用型猪的市场萧条，取而代之的是一些瘦肉率较高的欧美品种，如长白猪、大约克夏等。又如在20世纪80年代以前，我国有许多绒用山羊品种，但绒的收购价格仅为10元/kg左右，所以饲养量下降，同时也受到“奶山羊热”的冲击而被杂交改良，但20世纪80年代以后，随着市场经济发展的需求，绒的价格一升再升，最高达300元/kg，使得绒山羊的饲养量迅速增加。由以上可见，家畜遗传资源的价值不能以消费方式改变或社会经济价值变化来衡量，同时这也说明保护那些在眼前生产性能较低，经济价值较低，但却有一定潜在价值的地方品种是非常有必要的。

固有地方品种群体中蕴藏有许多非特异性免疫性的基因资源。品种起源的单一化，导致许多抗性基因的丧失，加之现代良种的纯合化水平一般较高，更加缩减了免疫的范围，增加了流行病发生的机会，一旦发生，造成的损失往往不可估量，甚至使整个畜牧业生产处于瘫痪状态。所以对地方品种加以保护，不仅保存了许多非特异性免疫性的基因资源，而且也给未来新品种培育贮备了育种素材。

四、保持群体遗传多样性的机制

在绵羊遗传资源保护实践中，避免近交率上升是保持群体遗传多样性的关键。导致近交率上升的因素如下。

（一）群体规模

群体规模是指群体实际头数。它对群体近交率的影响主要有两个途径。

1. 直接影响

在（雌雄同体）理想群体中，群体规模 N 与近交率 ΔF、t 代后的近交系数 F_t 有如下关系：

$$\Delta F = \frac{1}{2N}$$

$$F_t = 1 - (1 - \Delta F)^t$$

上式是理想群体中的关系，所以 $\Delta F = \frac{1}{2N} = \frac{1}{2Ne}$，即 $N = Ne$。

但家畜不存在雌雄同体，所以 $N \neq Ne$。在其他前提不变的条件下，$Ne = N + \frac{1}{2}$，因而在家畜群体中有：

$$\Delta F = \frac{1}{2Ne} = \frac{1}{2N + 1}$$

$$F_t = 1 - (1 - \frac{1}{2N + 1})^t$$

将上两式做以下改变：

$$N=\frac{1}{2}\left(\frac{1}{1-(1-F_t)^{\frac{1}{t}}}-1\right)$$

$$t=\frac{\lg(1-F_t)}{\lg(1-\frac{1}{2N+1})}$$

2. 遗传漂变的速率

遗传漂变的结局是一个等位基因的消失和另一个等位基因的固定，每个等位基因固定和消失的概率取决于原来的基因频率。遗传漂变的速率可以用一个世代中基因频率的方差（即抽样方差）来表示，其值与群体原来的基因频率 p、q 及各小群体的规模 N 的关系如下：

$$\sigma^2_{\Delta q}=\frac{pq}{2N}$$

其中，$\sigma^2_{\Delta q}$ ——遗传漂变的速率。

由此式可知，群体越小，漂变速率越快，基因达到固定或消失所需世代越小。遗传漂变与近交的作用都是导致纯合子频率增加，减少基因的多样度，所以，两者的计量关系是完全相同的。

由于：$\Delta F=\frac{1}{2N}$

所以：$\sigma^2_{\Delta q}=\frac{pq}{2N}=pq\Delta F$

亦即：$\Delta F=\frac{\sigma^2_{\Delta q}}{pq}$

（二）性别比例

当群体中两性个体数不等时，群体间基因频率的方差就应分别计算。

在母畜群：$\sigma^2_{\Delta qf}=\frac{pq}{2N_f}$

在公畜群：$\sigma_{\Delta qm}=\frac{pq}{2N_m}$

其中，N_f ——用于繁殖的母畜头数；

N_m ——用于繁殖的公畜头数。

对于下一代而言，公母双方提供的基因是相等的，故下一代群体基因频率的方差就是双方基因频率方差之均数。

$$\sigma^2_{\Delta q}=\sigma^2_{\Delta}\left(\frac{1}{2}(q_f+q_m)\right)$$

即：$\sigma^2_{\Delta q}=\frac{1}{4}(\sigma^2_{\Delta qf}+\sigma^2_{\Delta qm})$

$$=\frac{pq}{4}(\frac{1}{2N_f}+\frac{1}{2N_m})$$

由于：
$$\Delta F = \frac{\sigma^2_{\Delta q}}{pq} = \frac{1}{4}\left(\frac{1}{2N_f} + \frac{1}{2N_m}\right)$$

所以：
$$\Delta F = \frac{1}{8N_f} + \frac{1}{8N_m}$$

前述已知，群体有效规模 Ne 与 ΔF 之间有如下关系：
$$\Delta F = \frac{1}{2Ne}$$

因而此时的群体有效规模则是：
$$Ne = \frac{1}{2\Delta F} = \frac{1}{2(\frac{1}{8N_f} + \frac{1}{8N_m})}$$

亦即：群体有效规模为两性调和均数的 2 倍。
$$\frac{1}{Ne} = \frac{1}{4N_f} + \frac{1}{4N_m} \quad 或 \quad Ne = \frac{4N_f \cdot N_m}{N_f + N_m}$$

以上说明，群体中两性比例不等有提高近交率，降低群体有效规模的作用，两者比例差异越大，作用越明显。

（三）留种方式

在理想群体中，群体总个数为 N，假设每个个体在群体中留有 K 个配子，这时：
$$\bar{k} = \frac{\sum K}{N}$$
$$\sigma_k^2 = \frac{1}{N-1}\left(\sum k^2 - N\bar{k}^2\right)$$

其中，k——亲本配子对数；

$\bar{k}$——平均配子数；

σ_k^2——配方数均方。

于是：$\sum k^2 = (N-1)\sigma_k^2 + N\bar{k}^2$

这时，可能的配子对数目为：$\dfrac{N\bar{k}(N\bar{k}-1)}{2}$

相同亲本的配子对总数为：$\dfrac{\sum[k(k-1)]}{2} = \dfrac{\sum k^2 - \sum k}{2}$

则相同亲本配子对的比例为：$\dfrac{\sum k^2 - \sum k}{N\bar{k}(N\bar{k}-1)} = \dfrac{(N-1)\sigma_k^2 + N\bar{k}(\bar{k}-1)}{N\bar{k}(N\bar{k}-1)}$

理想群体 Ne 是相同亲本配子对比例的倒数，所以：
$$Ne = \frac{N\bar{k}(N\bar{k}-1)}{(N-1)\sigma_k^2 + N\bar{k}(\bar{k}-1)}$$

因为群体规模恒定，$\bar{k}=2$，且不占自由度，

所以：$Ne=\dfrac{4N^2-2N}{N\sigma_k^2+2N}=\dfrac{4N-2}{\sigma_k^2+2}$

$$\Delta F=\frac{1}{2Ne}=\frac{\sigma_k^2+2}{8N-4}$$

若 N 很大时，$Ne\approx\dfrac{4N}{\sigma_k^2+2}$

由上可见，在 N 一定的条件下，每个个体在群体中留下配子数的方差（亦即从每个交配组合得到的留种子女数之方差）越大，群体有效规模则越少。

就理想群体而言，通常有 3 种可能的留种方式，在不同的留种方式下，σ_k^2 和 Ne 亦不相同。

1. 随机合并留种

当每个交配组合所留下的子女数完全由机遇决定时，其分布属普哇松分布，在普哇松分布中方差等于均数，即：$\sigma_k^2=\bar{k}=2$。

于是：$Ne=\dfrac{4N}{\sigma_k^2+2}=\dfrac{4N}{2+2}=N$

即：$Ne=N$

2. 有选择的合并留种

当选择一部分有利的交配组合留种时，每个交配组合留种子女之方差则大于 2，群体有效规模小于群体实际规模。用公式表示则为：$\sigma_k^2>2$；$Ne<N$。

3. 各家系等数留种

这一留种方式是每个家系的留种子女数相等，此时：$\sigma_k^2=0$；$Ne=\dfrac{4N}{\sigma_k^2+2}=2N$。

由此公式可见，群体中有效规模是实际规模的 2 倍。这是目前最有利于保持群体遗传多样性的留种方式。

但值得注意的是，在畜禽生产实践中，就大多数畜禽保种场而言，都存在着公少母多这样一种情况。此时群体的有效规模和近交率亦发生变化。当公母数量不等，采用随机留种时，其群体有效规模（Ne）和近交率（ΔF）正如前所证明的，即：

$$Ne=\frac{4N_f\cdot N_m}{N_f+N_m}；\Delta F=\frac{1}{8N_f}+\frac{1}{8N_m}。$$

但如果采用各家系等数留种时，只要两个性别的留种个数在各家系是等量分布的，其 $\sigma_k^2\approx0$。实践上，只需做到每头公畜留下等数的儿子和等数的女儿参加繁殖，每头母畜留下等数女儿繁殖。此时群体有效规模为：

$$Ne=\frac{16N_f\cdot N_m}{3N_f+N_m}\quad 或\quad \frac{1}{Ne}=\frac{3}{16N_m}+\frac{1}{16N_f}$$

所以：$\Delta F=\frac{3}{32N_m}+\frac{1}{32N_f}$

由这两个公式可看到，采用各家系等数留种，不论群体性别比例如何，其保持群体遗传多样性的效率始终大于随机合并留种，如果在 $N_m=10$，$N_f=90$ 的畜群中，采用随机合并留种时，$\Delta F=0.0139$，$Ne=36$。采用各家畜等数留种时，$\Delta F=0.0097$，$Ne=51.43$。

（四）交配制度

前已证明，在理想群体中，个体间的配子结合是随机的，群体中可能的配子对数是由群体的配子总数 Nk 中取 2 之组合数，即：$\frac{N\bar{k}(N\bar{k}-1)}{2}$。但如果交配不是随机的，每个配子可以组合的对象就要减少，群体可能的配子对总数也随之下降，结果有效规模亦变为：

$$Ne=\frac{4N-2-\bar{C}}{\sigma_k^2+2}$$

其中，$\bar{C}$——平均配子对数。

又因为 $\bar{C}\geqslant 0$，所以 $\frac{4N-2-\bar{C}}{\sigma_k^2+2}\leqslant\frac{4N-2}{\sigma_k^2+2}$。

以上说明，非随机交配情况下群体有效规模小于理想群体。群体有效规模的缩小则会进一步提高近交率和遗传漂变速率。所以，一般而言，每头公畜随机等量的交配母畜，是保持群体遗传多样性的最有利交配制度。

（五）连续世代间群体有效规模的波动

在畜牧业生产中，各世代规模不等是普遍存在的现象。如果有 t 个相邻世代的群体有效规模分别为 Ne_1，Ne_2，Ne_3，…，Ne_t。这时，世代基因频率的抽样方差由 $\sigma_k^2=\frac{pq}{2Ne}$ 来度量，所以：

t 世代的平均抽样方差为：

$$\sigma_{\Delta q}^2=\frac{pq}{t}\left(\frac{1}{2Ne_1}+\frac{1}{2Ne_2}+\frac{1}{2Ne_3}+\cdots+\frac{1}{2Ne_t}\right)$$

t 世代的平均近交率为：

$$\Delta\bar{F}=\frac{\sigma_{\Delta q}^2}{pq}=\frac{1}{t}\left(\frac{1}{2Ne_1}+\frac{1}{2Ne_2}+\frac{1}{2Ne_3}+\cdots+\frac{1}{2Ne_t}\right)$$

t 世代的平均有效规模为：

$$Ne=\frac{1}{2\Delta F}=\frac{t}{\sum_{i=1}^{t}\left(\frac{1}{Ne_i}\right)}\qquad(i=1,2,3,\cdots,t)$$

此式亦可改写为：$\frac{1}{Ne}=\frac{1}{t}\sum_{i=1}^{t}(\frac{1}{Ne_i})$

这也就是说，平均有效规模是各世代有效规模的调和均数。

在连续 t 个世代中，每个世代的近交系数都是由两部分构成：一是以前各代累积起来的近交系数，二是当代近交系数的增量。用公式表示则为：$F_t=(1-\frac{1}{2Ne})F_{t-1}+\frac{1}{2Ne}$。当代的群体有效规模只决定增量，而不影响既有的近交系数水平。因此，每个世代的近交系数与群体有效规模一样，都受以前各世代有效规模的影响，有效规模最小的世代，其效应最明显。

例：连续5个世代的群体有效规模（Ne）分别为：20，60，90，140，180，求其5个世代的平均有效规模。

解：

$$Ne=\frac{t}{\sum_{i=1}^{t}(\frac{1}{Ne_i})}=\frac{5}{\frac{1}{20}+\frac{1}{60}+\frac{1}{90}+\frac{1}{140}+\frac{1}{180}}=55.26$$

（六）世代间隔

世代间隔的长短与群体遗传多样性消失呈高度相关。世代间隔越长，遗传多样性消失越慢，反之世代间隔越短，群体近交系数上升幅度越大，即遗传多样性消失速度越快。

五、家养动物遗传资源保护的方法与途径

保存优良品种，可以采取常规保种法和现代生物技术保种法。

（一）常规保种法

为了保存一个品种，使其基因库中的每一优良基因都不丢失，一般应采取以下措施。

1. 划定保种基地

在保种基地中严禁引进其他品种的种畜，严防群体混杂。这是保种的一项首要措施。

2. 建立保种群

在良种基地中，应建立足够数量的保种核心群，其规模视畜种而定。实践证明：在保种核心群内，留种的公畜头数，大家畜应在10头以上，小家畜则应在20头以上；而留种的母畜头数与保种的关系不太大，如果没有其他生产和繁殖的任务，少一些对保种也无大碍，当然不应少于公畜的头数。如果在一个地方良种内，暂找不到上述数量的公

畜，则可先由少量开始，在以后世代中逐步增加公畜的头数。

3. 采用各家系等数留种法

各家系等数留种法，就是在每世代留种时都按照各家系等数留种法进行，即从每一公畜的后代中选留一优秀的公畜，从每一母畜的后代中选留等数母畜，每世代保种规模不变。

4. 防止近亲交配

为了保证基因库中的每一个基因都不丢失，应该避免血缘关系很近的公、母畜之间的交配。为此，下一代的选配可采用公畜不动，只调换另一家系的母畜与之交配。

例如滩羊，在保种基地内采用每世代选留 20 只以上的公羊，每头公羊配 5 只母羊，并采用各家系等数留种法留种，经计算，大约经过 100 年，其近交系数才增长 10%，在这种情况下，任何基因丢失的可能性都不大，这样一个品种基本上就算保住了。

（二）现代生物技术保种法

鉴于常规保种法所需的人力多，投资大，收益少，而且地方良种很多，不可能一一建立保种场。因此，采用现代生物技术来保种，有更广阔的前景。

用超低温冷冻方法保存精子，这在 20 世纪 50 年代初期即已获得成功，目前已广泛应用于生产实践。超低温保存牛精子的最长时间已达 30 余年，羊精子已达 10 多年，对受精能力并未见有明显影响。

用超低温冷冻方法保存受精卵（即胚胎），近年亦已成功，冷冻保存胚胎最长时间为 7 年。目前许多国家都建立了“胚胎库”，如美国、德国、加拿大等，且已进入商品化，可向国外销售推广。

克隆技术为保种乃至挽救濒临灭绝的品种提供了更加现代化的技术支持。前两种保种方法均为性细胞保种，而克隆技术可以利用体细胞繁殖后代，必将对保存生物资源的多样性发挥巨大作用。

六、品种资源保护参数计算

1. 群体有效规模（Ne）和近交系数量（ΔF_t）的计算

公母数相等随机留种时：$Ne=NS+ND$

公母数相等各家系等量留种时：$Ne=2(NS+ND)$

公母数不等随机留种时：$Ne=16NS\cdot ND/(NS+ND)$

第 1 代近交系数 $\Delta F_t=1/2Ne$，t 代的近交系数为：$F_t=1-(1-\Delta F_t)\ t$

其中，NS——公畜头数；

ND——母畜头数。

2. 公畜头数的估算

估算公畜头数可利用近交系数增量和母、公比例计算，也可以利用群体有效含量和母系头数计算。

当公母数相等随机留种时：$NS=1/[(2+2N)F_t]$；$NS=Ne-ND$

当公母数相等各家系等量留种时：$NS=1/[(4+4N)F_t]$；$NS=Ne/2-ND$

当公母数不相等随机留种时：$NS=(N+1)/8N\cdot F_t$；$NS=ND\cdot Ne/(4ND-Ne)$

当公母数不相等各家系等量留种时：$NS=(8N+1)/32N\cdot F_t$；$NS=3ND\cdot Ne/(16ND-Ne)$

3. 公母适宜比的估算

（1）随机留种

公母宜保种的比例：$N=Ms/Md=\sqrt{1/M}$

母公适宜保种的比例：$N=Md/Ms=\sqrt{M}$

（2）各家系等量留种

公母宜保种的比例：$N=Ms/Md=\sqrt{3/M}$

母公适宜保种的比例：$N=Md/Ms=\sqrt{M/3}$

其中，M——公母保种费用的比例。

第十章 甘肃省现代畜牧业发展实践
——以庆阳市现代畜牧业发展实践为例

畜牧业是国民经济的重要组成部分，随着城乡一体化进程的加快，人们对畜产品需求不断增加，加快发展优质、高产、高效、生态、安全的现代畜牧业显得更加迫切和重要。甘肃目前正处在由传统畜牧业向现代畜牧业加快转变的关键时期（现代化规模养殖、小区养殖和农户分散养殖并存），在现实基础上，如何选择符合未来产业发展方向、体现科学发展理念的现代畜牧业发展战略是摆在我们面前的一项重大课题。根据甘肃省委1号文件《关于全面深化农村改革加快推进农业现代化的意见》中“加快发展现代畜牧业。着眼打造全国特色畜牧业生产加工基地，努力推进畜牧业专业化、标准化、规模化、集约化发展。大力推广良种、良法、良饲、良舍和良医集成配套的实用技术。支持发展养殖大户、专业合作社、龙头企业等新型经营主体，鼓励千家万户分散养殖。引进、培育有品牌、有实力的养殖企业及加工企业，支持现代畜牧业企业集团发展。加快建立畜禽产品屠宰、仓储、冷藏等设施，发展现代物流体系和生鲜畜禽产品物流配送。强化重大动物疫病防控和动物卫生监督，健全畜禽产品生产全程质量监管体系。在庆阳、临夏开展省级现代畜牧业全产业链试点，其他市州可选择1个县区开展试点。”的指示精神。受甘肃省财政厅委托，甘肃省农业科学院畜草与绿色农业研究所组织相关专家于2014年3月4—10日赴庆阳市环县、庆城县、华池县、镇原县、宁县等牛羊大县，在当地畜牧业主管部门的配合下，采用深入养殖企业、养殖小区、养殖大户实地调研和召开座谈会等方式，对庆阳市现代畜牧业全产业链发展现状、存在问题及资金、技术需求等方面开展全方位调研，为省财政支持甘肃现代畜牧业发展提供参考。

一、庆阳市畜牧业发展的现状

庆阳市立足资源优势，坚持把畜牧产业作为庆阳市战略性主导产业来培育，重点组织实施了百万亩紫花苜蓿、百万头肉牛、百万只肉绒羊、百万头生猪和50万头商品驴工程建设，畜牧产业得到了较快发展。

（一）畜牧产业生产基础逐步改善

庆阳市草场资源丰富，有荒山荒坡和天然草场1 920.04万亩，占土地总面积的

47%，其中可利用草地1 034万亩，占草场总面积的54%。庆阳市每年粮食作物种植面积600多万亩，其中种植全膜玉米300万亩左右，年生产饲用秸秆300多万t，可提供饲料粮30万t。“十一五”末，庆阳市大家畜饲养量达到74.32万头，其中肉牛饲养量49.06万头，驴饲养量25.26万头；肉（绒）羊饲养量223万只，出栏61.19万只；猪饲养量73.17万头，出栏34.64万头；肉蛋奶年均总产7.51万t。畜牧业产值11.8亿元，比2005年增加5.8亿元，年均增长11.45%，占农业总产值的12.8%。以早胜牛、陇东黑山羊、环县滩羊、庆阳驴、紫花苜蓿等为主的地方名优品种凸显出了具有地方特色的区域优势。

（二）畜牧产业基地初具规模

庆阳市紫花苜蓿留存面积达到385万亩，其中耕地种植77万亩，建成千亩草带25处，百亩草带125处。肉牛产业以建设适度规模牛场、养牛小区为重点，庆阳市建成饲养50头以上的规模牛场84个，其中百头以上的20个，建成养牛专业村和养殖小区24个。宁县肉牛饲养量超过10万头，已进入全省养牛大县行列。肉绒羊产业，在稳定饲养量的基础上，以舍饲圈养为主，转变饲养方式，加快品种改良，推行封山禁牧，庆阳市舍饲圈养羊100万只以上，建成养羊专业村35个，养羊小区20个，规模养羊场50多个，环县肉绒羊饲养量超过100万只，已进入全省养羊大县行列。庆阳市现有规模养殖场（小区）300多个，规模养殖的畜禽总量占庆阳市的30%。

（三）畜牧产业化经营不断发展

庆阳市现有草畜产品加工企业20多个，其中肉类加工企业6个，年屠宰加工肉牛能力1万头，屠宰加工肉羊能力10万只，屠宰加工肉猪能力30万头，冷藏库容能力达5 000 t；草产品加工企业5个，年加工能力15万t；乳品加工企业5个，日加工处理鲜奶能力30 t，绒毛等其他加工企业4个。目前已有宁县兴旺牧业集团有限责任公司、甘肃正行德工贸集团鑫龙肉类加工厂、镇原泰兴畜牧公司、合水古象奶业公司等11家企业为市级以上农业产业化重点龙头企业。江苏雨润集团落户庆阳市，建成庆阳福润肉类加工、福润饲料加工、沃得利畜牧等企业，已开工建设200万头生猪屠宰加工冷鲜肉生产线、5万头种猪繁育基地。东阿阿胶集团投资注册4家养驴专业合作社，逐步开展庆阳驴保种和产业开发。庆阳市有畜牧养殖业农民专业合作经济组织126个，有土畜产品购销企业及贩运中介组织300多家，承担着庆阳市活畜及产品的购销、流通。

（四）畜牧产业内部结构进一步优化

坚持稳定发展生猪、重点发展牛羊等草食畜牧业，使牛、羊肉的比重由“十五”末的30%上升到现在的40%。畜禽品种不断更新换代，牛、羊、猪的良杂种化程度都在80%以上。牛的品种主要是早胜牛及其杂交（后代生产群），引进红安格斯、夏洛来、利木辛、黑白花等牛冻精生产的杂种牛也占相当比重。长白、约克、斯格等瘦肉型猪普遍饲养。绒山羊以东北、内蒙古绒山羊为主，波尔山羊、无角陶赛特等优良肉羊新品种正在繁育推广。

（五）畜牧产业生产方式明显转变

庆阳市畜牧产业逐步由分散型向集约型、由家庭副业向主导产业、由粗放经营向科学管理转变。耕地种植紫花苜蓿面积大幅度增长，由坡地、贫瘠土地种草向退耕地、优质农田种草转变，引进推广了金皇后、阿尔冈金、三得利等优质苜蓿品种，推广应用了机械作业，目前庆阳市用于牧草耕作的播种机 65 台，牧草收割机 32 台，牧草打捆机 20 台。畜牧养殖方面，正在推广正大模式、生态循环养殖等方式。随着封山禁牧、禁牧休牧轮牧制度的推行，北部山区牛羊饲养方式已从半放牧向舍饲圈养转变，90%的肉（奶）牛实行圈养，舍饲养羊 100 多万只，占羊存栏量的一半多。

（六）畜牧产业服务体系逐步完善

庆阳市兽医体制改革已基本完成，市、县、乡三级畜牧兽医服务体系健全，市、县两级现有乡镇兽医站 126 个，畜牧兽医从业人员 340 名，其中高级职称的技术人员 16 人、中级职称的 85 人、初级职称的 120 人，有村级防疫员 1 262 人，有 70 个乡站设有黄牛改良人工授配点，共有从业人员 356 人。这支畜牧兽医服务队伍，为畜牧业产前、产中、产后提供服务，为广大养殖户搭建了技术服务平台。特别是动物疫病防控能力得到加强，坚持预防为主、综合防治和以检促防的方针，实行重大动物疫病防治和畜产品安全目标管理责任制，建立了动物疫病应急和监测预警体系，颁布了《庆阳市重大动物疫病防治应急预案》，动物防疫密度逐年提高。

二、庆阳市畜牧业发展的特点

（一）养殖数量稳步扩大

近年来，庆阳市全力实施紫花苜蓿、肉牛、肉羊、生猪“百万工程”建设，全市畜禽养殖数量逐年增长。2013 年，全市肉羊、肉牛、生猪、肉蛋鸡饲养量分别达到 287.5 万只、62.5 万头、93.3 万头、412 万只，分别较 2010 年增长 26.5%、27.4%、27.5%、11.2%。宁县、镇原被列入全省养牛大县，环县、华池、庆城被列入全省养羊大县。

（二）规模养殖步伐加快

目前，全市畜禽规模养殖场（小区）、规模户分别达到 804 个、6.8 万户，规模养殖比重由 2006 年的 39%提高到 46%。其中：肉绒羊规模饲养量达到 78.4 万只，占全市的 31%；肉牛 8.75 万头，占 14%；生猪 85 万头，占 87.8%。

同时，积极开展畜禽标准化示范创建活动，一大批畜禽品种好、养殖规模大、经营效益高、品牌意识强的畜禽规模养殖场脱颖而出，形成了“宁州肉羊”、“东紫”牌早胜牛、“天兆种猪”、“解玉花羊绒”、“中有”牌鸡产品、“嘉仕”牌豆奶粉和液态奶、

“古象奶粉”等诸多品牌，有4家养殖场被评为部级畜禽标准化规模养殖示范场，14家养殖场被评为省级示范场。

（三）产业化经营取得实质性突破

通过招商引资培育龙头企业、发展合作经济组织等方式，畜禽产业化经营水平明显提高。全市现有从事草畜产业的省级农业产业化重点龙头企业5家、市级龙头企业30家。草畜产品加工企业20个，其中肉类加工企业6个、草产品加工企业5个、乳品加工企业5个、绒毛等其他加工企业4个。活畜交易市场91个，创建畜禽养殖农民专业合作社640个。产业化经营取得突破主要体现在以下两方面。

1. 投资经营模式多元化

国家扶持现代农业产业发展政策的出台，特别是庆阳市肉牛、肉羊等畜牧产业发展扶持政策出台后，相当一部分返乡农民工纷纷回家兴业，建办规模养殖场，畜牧产业融资规模逐步扩大。

（1）集中经营　养殖专业合作社由组织各养殖户投资建设，如环县甘牧源奶牛养殖专业合作社。产业示范园由各生产企业联合投资建设，如西峰区鄢旗坳村为代表的循环农业示范区，已建成200万头生猪屠宰加工、30万t饲料加工、5万头良种猪繁育基地，成为产、加、销一体化的循环畜牧业生产基地。

（2）独自经营　如环县世强牧业公司，由个人投资兴办，目前已完成投资800余万元，完成肉绒羊养殖、繁育、育肥、屠宰加工和销售的全产业链建设。宁县甘肃陇牛乳业有限公司是个人投资兴办的一家集饲草销售、奶牛养殖、鲜奶加工配送于一体的农业产业化龙头企业，年生产酸奶饮品5万t，养殖奶牛500头。

（3）股份经营　如镇原县甘肃中盛农牧发展有限公司是董事长张华等几个股东投资兴建的集饲料加工、孵化养殖、屠宰加工、有机肥加工、销售于一体的现代化肉鸡养殖企业。

（4）技术合作经营　如庆城县甘肃天兆猪业科技有限公司，是与加拿大的养猪公司Hylife合资建立的专业从事种猪繁育、销售和服务的现代养猪（育种）中外合资企业，通过引进866头优质种猪资源，同时买断FAST在中国的种质基因改良技术和成果，确保种猪主要性能与北美同步改良。

2. 养殖标准化

坚持标准化发展方向，挖掘发展潜力，创新经营方式，逐步形成了以宁县早胜牛产业协会为代表的“公司托牛、农户代养、良种繁育、留母交犊、滚动发展”模式，现已发展肉牛养殖户200户，代养良种母牛200头，建立牧草基地4 200亩；以宁县为代表的“30+1”（户养30只母羊+1只公羊，村养30个农户+1个龙头场户）的模式，实现了圈舍、饲料、劳动力“三个基本不投入”，现已发展规模养羊户超过3 100余户，走出了“小群体、大规模”和“公司+农户”的路子；以西峰区鄢旗坳村为代表的循环农业示范区，已建成200万头生猪屠宰加工、30万t饲料加工、5万头良种猪繁育基地，成为产、加、销一体化的循环畜牧业生产基地；以环县为代表的培育100个养羊专业合作社、发展100个养羊专业村、扶持1万个养殖大户、养殖大户人均纯收入达到1万元的“双百双万”工程；以镇原中盛为代表的“公司+基地+农户”的肉鸡全产业链的经营模式，已经培育成型。

（四）综合效益明显提升

立足资源优势，围绕“一村一品”产业格局，加大科技投入力度，加快良种繁育体系建设，推广科学饲养措施，畜禽养殖综合效益明显提高。2013年，全市畜牧业增加值达到8.1亿元，较2006年增长65%，农民人均从畜牧业中获得的纯收入354元，占农民人均纯收入的7.1%，畜牧产业已成为农民增收的支柱产业之一。

三、庆阳市畜牧业发展的主要模式

（一）养殖大户经营模式

养殖大户经营模式的特点是以家庭为经营单位，一般养鸡规模在1 000~2 000只，养猪50~60头，养牛20~30头，它既具备了散户饲养的灵活性又具备了集约化饲养的规模性与专业性，是“家庭农场的雏形”，具有很大的发展空间和发展前景。如环县养殖大户朱晓峰，2013年通过双联惠农贷款30万元，建立了标准化的羊舍，年出栏肉羊1 000余只，年毛收入达100万元以上。

（二）肉羊养殖的“30+1”模式

庆阳市坚持标准化发展方向，创新经营模式，逐步形成了以宁县为代表的“30+1”模式（户养30只母羊+1只公羊，村30个农户+1个龙头场户），如宁县宁州肉用种羊场、甘肃大禹农业发展有限公司、宁县良平肉用种羊扩繁场，实现了圈舍、饲料、劳动力“三个基本不投入”，现已发展规模养羊户超过3 100余户，走出了“小群体、大规模”和“公司+农户”的路子。

（三）“合作社+农户”模式

按照品种良种化、养殖舍饲化、生产规范化、防疫制度化、秸秆饲料化、粪污无害化的“六化”标准和“统一养殖品种、统一技术培训、统一饲料配方、统一疫病防治、统一青贮饲草、统一销售服务”的“六统一”管理模式组建专业合作社，带动发展规模养殖，形成“合作社+农户”的模式。如环县六合碧专业养殖合作社吸纳社员75户，合作社开展良种繁育，生产优质二元杂交羊，为全县养殖户提供良种肉羊和饲草料，提高养殖饲养科技含量。庆城驿兴养殖专业合作社为省级示范社，不但在农民和市场之间架起了一座座金桥，还把一个个单打独斗面对市场的农民“捆成捆”，帮助他们提高了抵御市场风险和发家致富的能力。

（四）“公司+基地+农户”模式

“公司+基地+农户”经营模式形成了企业和养殖户的利益共同体，由企业和养殖户共承担企业的风险，延长了畜牧产品的价值链条，有益于畜牧业收益水平的提高。以镇原中盛为代表的“公司+基地+农户”的肉鸡全产业链，建成标准化种鸡场6个、鸡苗孵化中心1个、标准化肉鸡养殖小区90个、有机肥加工厂1个，饲料加工厂1个，实现了肉鸡全产业链经营，延长了产业链，不但促进了畜牧业从传统的放养型向依靠科技、兼顾规模和效益的现代化型转变，而且有效克服了过去散养模式中资金短缺、技术落后、防疫困难、销售不畅等各种弊端，为现代畜牧业的发展提供了有效模板和持久动力。

四、庆阳市现代畜牧业存在的主要问题

虽然庆阳市畜牧业在转型过程中取得了长足的进展和丰硕的成果，但是用现代畜牧业全产业链系统发展的视角衡量，庆阳市在发展现代畜牧业的过程中还存在以下问题。

（一）融资困难，资金周转不足

受金融体制和融资政策的限制，企业普遍反映融资比较困难。养殖企业融资主要靠农行、信用社的贷款，庆阳市畜牧产业企业绝大多数是中小企业，抵押物少，又难以找到符合条件的担保人，加上养殖企业、畜产品加工企业正常周转所需流动资金数量大，致使资金供需矛盾非常突出。

融资困难主要表现在5个方面。一是贷款难，银行贷款难度大（商业银行贷款一般要求房产、土地等不动产作为抵押，而许多中小型养殖企业是租赁经营，房产、土地、设备等有效固定资产不足，造成贷款难度大），贷款手续繁杂，审查周期长（据养殖户普遍反映，贷款落实到位一般需3~6个月）。二是贷款期限短，一般贴息贷款1~2年，不能满足畜禽生产发展需要。三是贷款资金量小，各种惠农贷款一般是2万~10万，而养殖企业、畜产品加工企业正常周转所需流动资金量大，远远不能满足企业正常经营需要。四是融资渠道窄，商业银行贷款难度大，其他私募基金贷款管理不规范、且利率高，养殖效益绝大部分支付贷款利息，严重影响养殖企业的积极性。五是金融秩序混乱，银行乱收费、乱放款，担保公司和小额贷款公司高息揽存、高息放贷，各式各样的高利贷，产业资本大量流向民间信贷，中小企业融资越来越难。

（二）缺乏大型专业交易市场和精深加工企业，产业链条短

目前，庆阳市活畜销售主要靠小商小贩的贩运，在销售过程中，中转环节过多，互相压价、层层剥皮现象严重，一个萝卜几头切，致使养殖效益低下，同时，外地商贩入场入户收购，对防疫造成很大压力。另外，尽管庆阳市全市有肉类加工企业6个，但加工能力小，年仅屠宰加工肉牛能力1万头、肉羊10万只、猪30万头、肉鸡3 600万只，

冷藏库容5 000 t，绝大多数牛羊以活畜形式调往外地，产品附加值低，影响养殖业的效益。

（三）养殖从业人员技术水平低，专业人才缺乏

通过调研，目前庆阳市主要从事畜牧养殖业的人员有3类：一是回家创业人员，二是从事传统养殖且具有一定经验养殖带头人，三是大学生创业人员。前两类人学历层次比较低，专业知识极为匮乏，刚从学校毕业的技术员没有在养殖第一线的从业经历。技术和管理方面的经营风险是对养殖户最大的威胁，畜禽用药乱用药、超量用药、盲目治疗的现象没有杜绝，致使养殖效益低，畜产品安全存在隐患。

（四）良种繁育体系不健全

庆阳市有供种能力的种畜禽场少，良种供应大部分靠外引，成本高，效益差；现有的70多个冻配点，能正常开展冻配改良工作的不到三分之一，大部分黄牛冻配点基础设施落后，设备陈旧老化，严重影响着品种改良工作；肉羊、绒山羊良种自繁能力不足，供种能力不强，人工授精技术应用范围非常低，限制了良种公羊的改良潜能，严重制约着庆阳市肉羊、绒山羊的良种化进程。

（五）缺乏信息平台

养殖业缺乏信息平台，养殖业从业人员不能及时了解科学养殖信息、市场供求信息等，特别是一些养殖户只顾养，不看市场需求，不能及时调整产业结构，致使出现宰杀母畜现象，致使畜产品价格出现周期性波动，养殖业风险加大。

（六）养殖小区重建轻管

近年来，由于各级惠农政策好，养殖积极性很高，一些政府、企业、农村种养殖大户，技术能人、农民经纪人利用技术、资金和营销网络等优势，建立了多种形式的养殖小区和合作社，许多养殖场仓促上马，套取政府财政补贴，整个项目没有得到科学规划，造成了许多养殖小区和专业合作社存在“空壳化”现象，甚至一些中小企业和农户把所有的积蓄都花在养殖圈舍建设上，等圈舍建好以后，缺乏流动资金，无力购买畜禽和饲草料，致使一些养殖场户的圈舍空置，造成资源的浪费。

（七）地方畜禽品种资源保护力度不够

受盲目引种和无序杂交以及地方特色畜禽资源开发利用重视不足的影响，对早胜牛、庆阳驴、陇东黑山羊、陇东绒山羊、环县滩羊等地方名优畜种资源保护、开发、利用不够，品种面临杂化消失的严重局面。

（八）现代畜牧业主打品牌不足

虽然庆阳市是甘肃主要商品畜牧业基地之一，也是重要的养殖大市，也有在当地具有一定知名度的畜种、畜禽产品品牌，但是具有大市场、甚至参与国际市场竞争的品牌

几乎没有，从而导致庆阳市现代畜牧业无品牌带动活力。

（九）防疫监督及保障设施不完善

一是各级防疫监督机构缺乏必要的执法监督手段，防疫、检疫、监督工作力度不够。现有6个公路动物防疫监督检查站，其中有3个随着公路的拓宽延伸需要搬迁。同时，还缺乏必要的检查手段，查验、隔离、消毒、处置设施有待进一步完善。二是基层防疫工作开展难。由于庆阳市面积广袤，山大沟深，基层防疫工作开展较难。农户散养的畜禽不防疫或者很少防疫，只有集约化的饲养才有防疫，畜禽疫病以营养性疾病和普通病为主的畜禽疫病严重，造成很大的经济损失。

五、庆阳市畜牧业发展的有利条件

（一）政策优势

甘肃省委、省政府自2008年实施促农增收“草食畜牧业发展行动”以来，省、市、县在政策、资金和科技等方面先后出台了一系列政策，主要有以下几个方面。一是科学合理的发展规划，为了促进畜牧产业发展，带动农民增收，庆阳市制定了《庆阳市畜牧业“十二五”发展规划》，各县区因地制宜地制定了畜牧业发展规划，大力发展草畜产业。二是资金鼓励支持，为了有效解决养殖业发展资金短缺问题，促进全市养殖业持续健康发展，近期市政府转发了由市政府金融办、人行庆阳中心支行、庆阳银监分局、市农牧局共同起草的《关于金融支持养殖业发展的意见》，加大对养殖业基础设施建设、良种培育和疫病防治、养殖场（小区）建设、养殖龙头企业、农产品流通体系建设的支持力度。同时启动项目带动政策，如中央现代农业生产发展资金项目、“菜篮子”产品生产项目、双联贷款扶持项目等支农惠农政策。三是基本保障政策，为了保畜牧业顺利，畜牧业用地、用水、用电方面的优惠政策，国土资源管理部门对规模养牛场（小区）生产和管理设施、附属建筑物，视为农业用地，并纳入当地土地利用总体规划优先安排；水利部门对规模养牛场（小区）用水免收地下水资源费；电力部门对畜禽养殖用电执行农业生产电价。

（二）资源优势

1. 畜种优势

庆阳市地域辽阔，自然环境多种多样，经过长期的自然选择和人工培育以及畜禽良种引进和改良，形成了地方特色明显的草食家畜种质资源、生产性能高的引进畜种资源及改良畜禽，如陇东的早胜牛、庆阳驴、陇东黑山羊、陇东白绒山羊及环县滩羊等地方特色畜种，无角陶赛特、特克赛尔、波尔山羊、辽宁绒山羊、利木赞牛、安格斯牛、杜洛克、长白猪、黄羽肉鸡等引进品种及其改良群体。这些优良品种和特色品种为当地畜牧业的可持续发展提供了得天独厚的条件。

2. 饲草料优势

调查显示，全市草场资源丰富，有荒山荒坡和天然草场1 909万亩，占土地总面积的47%，其中可利用草地1 034万亩，占草场总面积的54%，其中紫花苜蓿留存面积达到455万亩。全市每年粮食作物种植面积600多万亩，其中种植全膜玉米300万亩左右，年生产饲用秸秆500多万t，年生产青贮玉米秸秆200万t以上，丰富的饲草饲料资源为畜牧业的健康发展提供了可靠保障。

（三）区域优势

庆阳市地处西北内陆，地域跨度大，有独特的气候条件、地理条件和生态条件，具有丰富的物种资源，属农牧交错地带。在一些地方农业生产主要以传统方式为主，工业污染相对较小，大气环境、水环境、土壤环境等优良，是发展绿色畜牧业和生产绿色食品的优势区域。尤其对于发展以资源、气候、生产条件为基础的特色畜牧业提供了优越环境，饲料资源相对丰富，发展草食畜牧业的潜力巨大，现已初步形成羊肉、牛肉、皮革、毛绒制品等一系列特色产业、特色产品。

（四）技术优势

近年来，在上级部门的支持下，服务体系逐步完善。目前，庆阳市兽医体制改革已基本完成，市、县、乡三级畜牧兽医服务体系健全，市、县两级现有乡镇兽医站126个，畜牧兽医从业人员340名，其中高级职称的技术人员16人、中级职称的85人、初级职称的120人，有村级防疫员1 262人，有70个乡站设有黄牛改良人工授配点，共有从业人员356人。这支畜牧兽医技术服务队伍，为畜牧业产前、产中、产后提供技术保障，为广大养殖户搭建了技术服务平台。特别是动物疫病防控能力得到加强，坚持预防为主、综合防治和以检促防的方针，实行重大动物疫病防治和畜产品安全目标管理责任制，建立了动物疫病应急和监测预警体系，颁布了《庆阳市突发重大动物疫病应急预案》，动物防疫密度逐年提高。同时，庆阳市与甘肃畜牧兽医科研教学单位建立合作关系，在人才培养和技术引进等方面取得了长足的进步。

（五）市场优势

随着庆阳市城乡一体化进程的快速推进、人民收入水平的提高、膳食结构的调整和人民消费水平的提高，对优质肉、奶、蛋的需求与日俱增，牛羊肉价格节节攀升，为庆阳市现代畜牧业的发展开拓了潜力巨大的区域市场。同时，甘肃作为“亚欧大陆桥”重镇，是开拓中亚市场，联系远东的纽带，与东部相比，具有一定优势。实施西部大开发战略决策以后，在国内外市场的需求与价格的拉动下，草食畜牧业将步入一个新的发展阶段。

六、庆阳市现代畜牧业发展的对策建议

（一）庆阳市现代畜牧业发展思路及目标

为了充分发挥资源优势，加快做强、做大庆阳市现代畜牧业，真正实现畜牧产业现代化，必须立足区位优势、政策优势和产品优势，以特色化、区域化、规模化、优质化、科技化发展为方向，转变牧区、农区及半农半牧区生产方式，努力扩大饲养规模和提高出栏率。从建立健全草原保护与饲草料生产、良种繁育与供应、优质畜产品生产、畜产品质量安全监测、畜产品精深加工与营销、畜牧业服务与动物保护、现代信息与市场建设等7个体系全面推进，实施以优取胜的产业化发展战略，打造知名品牌，把市场和效益做大做优，使庆阳市现代畜牧业的发展步入生态、社会、经济效益兼顾的可持续发展的良性循环轨道，把优势做强，最终实现企业增效、农牧民增收的目标。

（二）庆阳市现代畜牧业发展必须解决的关键问题

1. 发展现代畜牧业需要明确两个观念

庆阳市发展现代畜牧业必须明确两个观念：农牧交错带与农区畜牧业同步发展的观念、畜牧业小市可建成畜牧业强市的观念。

2. 畜禽品种的保护、培育、改良

畜禽良种是现代畜牧业发展的基础，也是提高畜产品国际竞争力的条件，应加大对良种繁育体系建设的投入，逐步建立良、繁、推、用相配合的良种繁育体系。第一，地方畜禽良种的保护。庆阳市有早胜牛、庆阳驴、陇东黑山羊、陇东绒山羊、环县滩羊等地方名优畜种，都具有很高的保护价值和利用价值。第二，培育品种的利用和推广。应加大甘肃省农业科学院畜草与绿色农业研究所培育“庆阳肉绒羊新品种”的利用和推广力度。第三，良种改良。利用引进生产性能好的红安格斯、夏洛来、利木辛、黑白花等种牛及冻精改良当地黄牛；利用长白、约克、斯格等瘦肉型猪开展良种化生产；绒山羊以东北、内蒙古绒山羊为主，波尔山羊、无角陶赛特等优良肉羊改良当地羊。

3. 高度重视重大疫情的监测和防控

高度重视畜禽疫病问题，加强防御兽医体系建设。全社会都要认识到“畜禽有病、殃及人类”，贯彻“一个地球、一个卫生、一个健康”的思想。畜禽疫病要预防为主，防治结合。第一，加强畜禽流行病调查和研究，全面掌握庆阳市畜禽疫病流行特点，做到有的放矢，有效预防畜禽疾病的发生。第二，加强畜禽重大疫病监测与防控，高效、特异、安全的生物防治技术的研发和畜禽疫病综合防控技术措施的落实。第三，加强畜禽传染病的快速、准确诊断技术研发。

4. 畜禽规模化养殖环境控制

畜牧环境控制在畜牧业大的学科中一直被作为一门副科，其重要性一直被忽视，在

这方面的基础研究和技术创新都较薄弱。实际上畜牧业的环境对疫病的发生、畜禽的生产性能、畜产品的品质、大的生态环境具有相当大的影响，应引起高度重视。第一，研究开发环境控制的新技术、新设备，如环境因子对畜禽产量、品质、风味等影响的基础研究，新型通风、降温、防尘等环境质量改造技术与设备的研究与开发，新型清洁生产工艺与配套设施的研究与示范。第二，加强畜禽场固体废弃物高效无害化处理和资源化利用技术的开发与示范等。第三，严格控制畜禽场建设的环境评估。

5. 饲养管理技术

加强畜禽营养调控技术的研究（目前畜禽饲料营养的不平衡性造成资源的浪费并对环境造成污染）；加强饲料安全的监管；加强农牧耦合带草地植被的恢复和建设。

6. 加强人才队伍建设，提高人员素质

现代畜牧业需要现代管理人员的管理，需要掌握现代化技术的人员进行服务和技术推广，需要掌握现代生产技术的生产人员进行生产。庆阳市目前从事畜牧业的人员有限，因为受传统思想的影响，门槛低，整体水平差，急需培养、提高。要建立人才培养体制和机制，加快人才队伍建设，以保证现代畜牧业又快又好发展。

（三）庆阳市现代畜牧业发展的对策建议

按照“365”现代农业发展行动计划的总体要求，以发展现代畜牧业示范点和牛羊产业大县建设、国家良种补贴和中央财政现代农业生产发展资金、甘肃省财政现代畜牧业发展资金等项目建设为切入点，着眼于实现布局区域化、园区特色化、生产标准化、产品品牌化、经营产业化、循环高效化，壮大以草食畜牧业为主的循环高效农业，强化畜牧业科技创新、新型农业生产经营主体培育、农民职业技能培训、政策支持和保护，加快发展现代畜牧业，努力将庆阳市建成省级现代畜牧业全产业链样板。

1. 多渠道整合资金支持畜牧业发展

资金是发展现代畜牧业重要保障。利用省上草食畜牧业专项资金，按照政府引导、大户牵头、银行支持、农户参与等方式，积极引导和鼓励社会资本投入畜牧业发展。

首先，拓宽融资渠道，争取多元投资。一是要强化信贷保险支持，大力开发金融产品，创新服务方式，积极开展以畜牧养殖场（活畜、居民房屋等）为抵押的信贷业务，降低门槛、简化程序，加大对畜牧产业发展的信贷支持。二是积极引导相关保险企业开展畜牧业（特别是肉牛肉羊生产）保险试点（或以财政资金支持养殖保险），增强抵御市场风险、疫病风险和自然灾害的能力。三是吸引社会资本发展畜牧产业，有利于多元投融资机制的形成。四是政府搭建平台，鼓励民间资本成立专门投资公司和担保公司，解决养殖场户临时性周转资金困难问题。五是实行先建后补或是以奖代补的形式，对于具有一定规模、具有一定发展潜力养殖场户进行补贴或奖励。

其次，对养殖专项资金进行全面审计，严格审查资金安全，重点关注是否存在下级向上级虚报现象，或者上下串通、部门单位间串通虚报数量骗取、套取补贴资金，是否存在保险公司骗取保险补助等问题，进一步规范专项资金使用情况。

再次，进一步落实专项资金扶持政策，补贴政策需要平稳持续，母畜补贴、棚圈建

设补贴、青贮池建设补贴以及机械补贴要根据各地区畜牧业发展水平而各有侧重，各种政策性补贴不仅仅为养殖户带来实惠，更是对畜牧标准化、良种化、机械化发展的有力支持。

最后，利用财政资金对牛羊猪产业实行“四补一贴”，即对牛、羊、猪良繁体系建设、标准化养殖场配套基础设施建设、养殖户种草和秸秆青贮、氨化进行补助、对投身养殖的企业贷款进行贴息（贴息由省、市、县和养殖户按一定的比例共同承担，贴息时间根据实际情况可适当延长）。

2. 扶持龙头企业和产业化组织发展

加大政策扶持力度，贷款资金重点用于支持多样化的龙头企业和产业化组织发展。一是支持农业产业化龙头企业做强做优。引导农业产业化龙头企业通过品牌嫁接、资本运作、产业延伸等方式进行联合重组，着力培育一批产业关联度大、带动能力强的大企业。支持农业龙头企业开展技术改造，开发新技术、新产品、新工艺，产品加工流通业。鼓励有条件的农业产业化龙头企业创出一批畜产品品牌，使其在国内外市场中占有相当份额，确实发挥好龙头企业的引领带动作用。二是提升壮大农民专业合作社。按照“运行规范化、生产标准化、经营品牌化、社员技能化、产品安全化”为的“五化”要求，提高农民专业合作社运行质量。支持农民专业合作社独立或联合其他生产经营组织兴办加工、流通服务业，完善生产设施，扩大产销对接，提升生产经营、市场开拓和组织带动能力。三是加快配套产业建设，扶持企业或合作社建立畜禽专业交易市场（调运中心）、畜禽产品屠宰、仓储、冷藏等设施，发展现代物流体系和生鲜畜禽产品物流配送，实现收购、加工、包装、冷藏、批发、零售的销售网络，促进养殖业全产业链的发展。

3. 加大从业人员科技培训，实施畜牧业科技创新工程

一是开展院地、院企合作，与西北农林科技大学、甘肃农业大学、甘肃省农业科学院等农业院校、科研单位建立长期合作关系，在良种、饲养管理、饲草料种植加工、畜产品加工、副产品研发等方面开展合作。二是组织从业人员进行技术培训，通过科技培训，促进科技成果的转化，提高养殖业科技含量，把科研、试验、示范、推广、服务融为一起，推动养殖业实现产业化发展，实施畜牧业科技创新工程。

4. 实行母畜补贴和保险政策

坚持一手抓保护、促规范，一手抓扶持、固基础。首先，在保护现有基础母畜资源，特别是母牛资源的同时，着眼增强自身“造血”功能，采取选留与引进结合的办法，制定出台基础母畜养殖扶持政策，加大专项资金投入。其次，加强种源基地建设，推广繁育改良技术，保证良种供应，提高良种覆盖率。

5. 健全信息服务网络，拓宽产业发展平台

一是以农业信息网、“12316”三农服务热线为平台，通过现代化的信息管理，加强对市场信息的收集和整理，建立手机短信信息网络平台。二是建立信息反馈机制，加强对畜禽产业运行的监测预警，组建畜禽产业信息服务中心，常年提供国内外政策信息、技术信息、产业信息、产品信息、市场供求信息等多层次、多领域的信息服务。三

是健全中介服务机构，组建养殖协会、屠宰协会、经纪人协会。四是重点围绕良种繁育、标准化安全生产、疫病防治，形成上下贯通、部门衔接、跟踪问效的科学服务网络，将服务体系向村级延伸。

6. 农牧结合，发展生态循环畜牧业，确保畜产品安全

饲草料是加快草食畜牧业发展的基本前提。一是大力种植紫花苜蓿，在全市大面积退耕种草的基础上，充分利用台塬地、庄前屋后空地种植紫花苜蓿，每个草食畜规模养殖场都要配套种植紫花苜蓿。二是充分利用全市300万亩全膜玉米等丰富的农作物秸秆资源，按照1只羊青贮0.5 t、1头牛青贮2.5 t饲草的标准，推广玉米秸秆青贮。三是抓好一年生牧草种植，推广“秸秆-养畜-沼气-有机肥-特色优势产业”等资源开发利用的有效模式、“青贮银行、青贮合作社、代贮、揉丝打捆”等秸秆加工利用模式，促进种植业、养殖业、加工业、农村能源（沼气）的有机结合，发展生态循环畜牧业。

同时，强化畜禽疫病防控。按照“完善市级、加强县级、建设乡级”的原则，进一步健全和完善市县乡村四级畜禽疫病防控体系建设。突出抓好防疫队伍建设，完善技术人员对本辖区内较大的规模养殖场分片包干、定场定人负责制度，做好防疫监督、技术指导和服务工作；重点做好畜禽重大疫病和常见病、多发病防控工作，严格落实强制免疫、消毒灭源、检疫检测等综合防控措施；强化对活畜及产品上市、流通环节的监管，防止外来疫情传入，实现“有病不流行、有疫不成灾”和“外疫不传入、内疫不发生”的目标。

7. 专业合作社重在“提质增效”

专业合作社的发展应以“提质增效”为主，而不能一味盲目扩张数量。防治养殖专业合作社“空壳化”，要想起到示范带动作用，重点要做到以下几点。一是加强培训、引导，在做实做强内功上下工夫。要健全机制和制度，强化组织管理，促进合作社规范经营，科学发展。二是在农机购置补贴中切出一定的指标，定向用于养殖专业合作社，对合作社建设的贮存、加工产品等场地以及办公场所用地给予政策倾斜，对种植大户建设仓储设施、购置加工机械设备给予补助。三是对各级政府出台的促进养殖专业合作社发展的用地、用电等各项扶持政策，要加大督查力度，确保落实到位。四是研究制定放开农村流转土地经营权，为合作社提供切实可行的金融政策。

8. 甘肃省财政重点支持工作

（1）畜禽良种繁育体系建设　良种供应是建设畜牧产业基地的关键。要紧盯国家和省上畜禽良种工程建设项目动态，重点实施种畜禽场基础建设和畜禽种质资源保护两大项目，积极推广应用人工授精、冻配改良、胚胎移植等技术，优化现有良种繁育体系建设布局，提高良种覆盖面，保证庆阳市良种供应。一是完善种畜禽场基础设施建设。在宁县、合水县新建良种奶牛扩繁场2个，年向庆阳市提供良种奶牛600头；在环县新建“庆阳肉绒羊”繁育基地1处，年向庆阳市提高优秀种公羊200只；依托环县六合碧养殖专业合作社，扩建良种肉羊繁育场，年向庆阳市提供优秀种公羊400只；在庆城新建良种肉牛扩繁场1个，年向庆阳市提供良种肉牛100头；建成庆阳市液氮冻精生产站，年生产液氮10万 m^3，初步具备生产冻精能力；改扩建肉牛基地乡镇冻配点100

个，每年冻配基础母牛5万头。二是加大畜禽种质资源保护力度。积极争取种质资源保护场建设等畜禽品种保护项目支持，加大早胜牛、陇东黑山羊、庆阳驴、环县滩羊等地方畜禽品种的保护力度。在宁县、镇原、正宁、西峰4县新建20个早胜牛繁育场，年纯繁早胜基础母牛0.4万头；在合水、宁县、环县新建6个陇东黑山羊繁育场，年纯繁陇东黑山羊优秀公羊50只、基础母羊1 000只；在环县新建1个滩羊繁育场，年纯繁滩羊优秀公羊20只、基础母羊200只；在宁县、正宁、镇原新建3个庆阳驴繁育场，年纯繁庆阳驴优秀公驴60只、基础母驴300只。三是利用庆阳市现有优势资源，完善种猪繁育场建设，形成相对独立的繁育体系，大力提倡和推广猪人工授精技术。四是继续保持种禽现有良种繁育体系的稳定性。

(2) *实施畜牧业科技创新工程*　实施项目带动战略，提高科研水平。通过与省内外各地高校和科研院所开展长期合作，制定全市中长期科技发展规划重点领域中的重点内容，重点加强在良种繁育、饲料开发和高效养殖，产品安全优质加工技术，动物防疫及健康技术等几个方面支持。以庆阳肉绒羊、早胜牛新品种培育为庆阳市现代畜牧业科技创新的突破口，重点支持和合理引流、整合畜牧资金，以具有自主知识产权的庆阳肉绒羊、早胜牛新品种培育为立足点，积极推进庆阳市现代畜牧业的长足发展。

人才培养战略。技术人员能力建设，组织从业人员进行技术培训，通过科技培训，促进科技成果的转化，培养一批技术带头人，提高养殖业科技含量。

加强技术推广能力建设，建立畜禽养殖、牧草种植加工、废弃物无害化处理等区域试验示范点，大力推广良种、良法、良饲、良舍和良医集成配套的实用技术。从人才和技术储备两方面推动庆阳市现代畜牧业的发展。

建设标准化示范场。充分发挥项目资金“四两拨千斤”作用，以肉牛、肉羊、生猪、奶牛和蛋鸡特色养殖为重点，建立国家项目拉动、企业带动引导、群众投入主导的互动机制。以农业部《2014年畜禽养殖标准化示范创建活动工作方案》为契机，利用省市县财政资金在全市肉牛、奶牛、生猪、家禽和肉羊优势区域创建10个畜禽标准化示范场，建立1个畜牧养殖机械化技术示范推广区，配套建立畜禽产品屠宰、仓储、冷藏、物理配送等设施。通过建立畜牧养殖示范区（场）辐射带动庆阳市6县1区畜牧养殖的发展，从而不断提升畜禽养殖标准化生产水平，推动庆阳市畜牧养殖向标准化、规模化、机械化、现代化迈进。

建立优质饲草料基地。饲草料生产是建设现代畜牧产业基地的基础。一是大力种植紫花苜蓿。在庆阳市大面积退耕种草的基础上，充分利用台塬地、庄前屋后空地种植紫花苜蓿。依托草产业企业，建成集中连片的商品草生产基地。二是做好玉米秸秆青贮。充分利用玉米等丰富的农作物秸秆资源，围绕养殖龙头企业、养殖小区、养殖场、养殖专业村和规模养殖户，大力推广青贮技术，发展玉米秸秆规模化青贮，全市年约产青贮玉米秸秆150万t以上，高产粮饲兼用玉米等饲料作物和一年生禾草的年种植面积达10万亩以上。三是加强草场建设。以建立草原生态保护补助奖励机制为契机，实行封山禁牧，发展舍饲养畜，进行草场改良，提高草原植被和产草量，保护草原生态环境，转变畜牧业发展方式，促进牧民增收。

发展产业化经营。一是壮大龙头企业，通过技术改造和设备引进，提高产品质量和科技含量，继续壮大以甘肃绿鑫集团为主的草产品加工龙头企业，以兴旺牧业集团为主的肉牛养殖、畜产品加工龙头企业，以合水乳业集团为主的乳制品系列产品加工龙头企业，进行牛肉的精细分割和精深加工，增加产业附加值，以加工业促进畜牧产业化发展。二是发展经合组织，按照“因地制宜、分类指导、积极发展、逐步规范”的方针，鼓励支持规模养殖户和能人参与专业合作经济组织建设，引导有实力的草畜产品加工营销企业领办草畜产品行业协会和青贮银行。三是健全市场体系，积极发展畜产品运销经营大户，鼓励各类畜产品购销组织及养殖专业户积极参与流通，开展自产自销、代购代销、长途贩运，以此建立稳定、广阔的销售渠道；积极扶持草畜产业交易市场，改扩建庆阳市现有的畜产品交易市场，扩大营业面积，提高营业规模；在广州、深圳、北京等大中城市设立优质牛、羊肉产品配送中心，拓宽销售渠道，在市内大型超市实行市场准入，设立优质安全牛、羊肉销售专柜，实行优品优价。四是培育知名品牌，通过努力，培育造就一批具有庆阳市地域优势，在省内和国内外市场具有较强影响力和明显竞争优势的肉牛、肉羊产业品牌产品。

健全防疫保障监督和保障设施。疫病是影响现代畜牧业制约因素之一。在加强县、乡、村防疫体系建设的基础上，改善防疫的基础条件和设备，培训提高防疫队伍的业务水平，使兽医工作人员能够适应目前人员流动大，畜产品流通量大，范围广而造成疫病控制困难的复杂局面。在重点抓好动物重大疫病防疫监测的基础上，做好其他疫病的防治工作，确保活畜健康和畜产品的流通。建立健全完善的重大动物疫情预警预报和应急处理机制，强化疫情监测和报告、产地检疫及流通环节中的监督检查，严防重大动物疫情发生。切实做好动物免疫标识、兽药饲料的监察工作，规范兽药饲料市场。

肉绒羊、早胜牛遗传资源创新工程。畜禽良种是现代畜牧业发展的基础，也是提高畜产品国际竞争力的条件，尤其是具有自主知识产权的适合现代畜牧业发展的新品种培育及利用，更是占领现代畜牧业制高点和可持续发展的重中之重。在庆阳市畜牧业转型升级的关键时期，培育具有自主知识产权的“庆阳肉绒羊新品种”和“早胜牛新品种”具有积极的现实意义和长远的战略价值，因此，在“庆阳肉绒羊新品种”和“早胜牛新品种”培育的科技投入应该是财政投入的首选项。

第十一章 甘肃省现代畜牧业发展建议

一、甘肃省建设现代畜牧业的经济社会背景

1. 建设现代农业，增加农民收入迫切要求畜牧业实现现代化

自20个世纪末期以来，我国农业进入一个主要农产品供需总量基本平衡，丰年有余的新阶段，但农业结构不合理、效益不高，农民增收困难仍然困扰着农业和农村经济的可持续发展。如何寻找农业和农村经济新的增长点，大力推进现代农业建设，尽快构建农民增收的长效机制就成为农业与农村工作的主要任务。目前，我国畜牧业正处于从传统畜牧业向现代畜牧业转变的关键时期。与种植业相比，畜牧业具有不受土地规模的制约、更加容易采取走向规模化经营方式、与农村各产业的关联度高、对农民收入带动作用大等优势，只要政策对头，措施得力，畜牧业可望在农业中率先实现现代化。大力加强现代畜牧业建设，加快推进畜牧业发展从分散饲养、粗放经营向规模饲养、集约经营的加速转变，将成为建设现代化农业，增加农民收入的重要内容和主要突破口。

2. 控制重大动物疫病，推行健康养殖方式迫切要求加强现代畜牧业建设

近年来，我国畜禽疫情形势严峻，原有疫病死灰复燃，新的疫病不断出现，这与我国传统畜牧业养殖方式有很大关系。在传统的散养模式下，畜禽养殖过于分散，农户防疫条件差，建立公共卫生防疫体系成本较高，一旦疫情发生，就很难控制，对畜牧业生产造成毁灭性的打击。农村畜牧生产中混放散养、人畜（禽）共居的落后养殖方式，不仅造成养殖环境差、畜禽发病率高、养殖效益低下等问题，也为人畜（禽）共患病的发生埋下了隐患。在这种情况下，大力加强现代畜牧业建设，积极倡导健康的养殖方式，着力推行规模化、标准化的生产，尽快实现生产方式转变是控制重大动物疫病发生和流行，确保畜牧业健康发展和全社会公共卫生安全的重要措施。

3. 做大做强畜牧业，转变畜牧业增长方式迫切要求加快现代畜牧业发展

畜牧业发展水平是衡量一国农业发展与农村发达程度的重要指标。目前，畜牧业已经是发达国家现代农业的主导产业，畜牧业在农村产业结构中的比重都超过了40%，高的甚至达到60%以上。改革开放以来，我国畜牧业在农业中的战略地位虽然不断提

升，但畜牧业占农业的比重仍然只有33.6%。在产值比重不高的同时，我国畜牧业在宏观上还存在劳动生产率低、产品质量差和国际竞争力弱的问题，在畜禽养殖中存在出栏率低、个体生产能力低和畜禽死亡率高的问题。因此，大力建设现代畜牧业，加速畜牧产业增长方式由粗放型向集约型转变，就成为做大做强畜牧产业的必然选择。

4. 建设社会主义新农村，实现全面小康迫切要求大力发展现代畜牧业

建设社会主义新农村，经济是基础，产业是支柱。建设现代畜牧业与社会主义新农村建设中的生产发展、生活富裕和村容整洁密切相关。在建设社会主义新农村中，一方面，大力发展现代畜牧业可以大大增强农业综合生产能力，加速推进农业现代化进程，带动农村二三产业协调发展，对发展农村生产力做出巨大贡献。另一方面，大力发展现代畜牧业，也可以大大提高农业整体资源的配置效率，拓宽农民在农村内部的就业渠道，增加农民在农业产业链条中的收入份额，促进农民收入的持续增加。此外，大力发展现代畜牧业，还可以促进农村社区改水、改厨、改厕的进程，实行人畜适度分离，改善农村生活环境，促进村容村貌的根本转变，最终为建设社会主义新农村，实现农村全面小康做出贡献。

二、甘肃省现代畜牧业发展环境

改革开放以来，我国养殖业生产得到了长足发展，主要畜产品和水产品产量持续20多年的增长。2007年我国肉类总产量达到了6 865.7万t，比1980年的1 276.4万t增加4.4倍；禽蛋总产量达到25 301.1万t，比1980年的256.6万t增加97.6倍；奶类总产量达到3 633.4万t，比1980年的136.7万t增加25.6倍。2007年我国人均肉、蛋、奶、水产品的占有量分别达到47.2 kg、22.1 kg、18.3 kg、54.7 kg（其中人工养殖水产品16.5 kg）。

1. 畜牧业综合生产能力显著提高

经过20多年的发展，我国的畜禽产业发展已初具规模，畜产品加工能力显著提高。2007年中国猪肉、牛肉和羊肉的产量分别达到5 283.8万t、613.4万t和382.6万t，分别比2000年增长31.07%、15.13%和39.64%；畜牧业产值已占农业总产值的32.98%，比2000年的29.67%有了较大幅度的增长，畜牧生产基础设施得到进一步改善，畜牧业综合生产能力增强。肉类食品加工企业的数量增加，规模也不断扩大，对牛羊肉的需求正不断扩大。我国的畜禽产品生产基本保持一种“先快后稳”的增长态势。在20世纪90年代中期之前，年增长率均在10%以上；1998年以后，随着农业发展新阶段的到来，大多数畜禽产品开始由过去的供不应求转变为供求基本平衡，畜禽产品价格出现普遍的连续下降。在这种背景下，我国的畜禽生产开始由以前的高速增长阶段转入平稳发展阶段；2000年以来，猪肉的年增长率基本保持在3%以上，牛羊肉明显高一些，基本维持在5%～12%，禽肉生产不稳定，年际波动最大。全国肉类产量从1985年的1 926.5万t增加到2005年的7 743.1万t，增长了3.02倍，年均递增7.4%。畜产品结构不断调整优化，猪肉产量增速趋缓，牛羊肉比重上升，牛奶产量持续快速增长。目前，猪肉比重已下降到了65%左右，禽肉比重约为18%，牛羊肉比重约为14%。2000年至2005年，牛奶产量年均增速超过25%。

2. 畜牧业生产方式转变，规模化、产业化程度提高

畜牧业生产区域布局趋于合理，优势产业带逐步形成。畜牧业生产方式进一步转变，规模化、产业化程度提高。畜禽产业带逐步形成，区域化管理加强，产业形成相应联动，全国畜牧大省积极推行适度规模养殖，鼓励有条件的乡镇建设养殖小区，畜牧业生产方式转变，规模化程度不断提高，家畜品种改良加快，复合饲料用量增加。规模化养殖场户逐渐增多。同时近几年出现了新型的养殖方式——养殖小区。2012年底，全国已有养殖小区8万多个，涌现了一大批畜产品养殖加工龙头企业。牧区和半农半牧区、舍饲半舍饲养殖方式逐步推广。退牧还草工程促进了草原畜牧业生产方式的转变。畜牧业发展正在由产量扩张向产量、质量和效益并重转变。

畜牧业规模化、集约化和组织化程度不断提高。20多年来，各种畜牧产品由最初全国各地的分散养殖，到目前逐渐形成了猪肉、牛肉、羊肉、禽肉等各种产品的优势养殖产业带。在东、中、西部的畜牧业发展过程中，各种畜禽产品的区域分布发生了较大的变化，各产品逐渐向优势产业带集中。根据2005年中国肉类工业发展情况报告，从肉类产业区域经济看，已逐步形成以长江中下游为中心向南北两翼扩散的生猪生产带、以中原和东北为主的肉牛生产带、以西北牧区和中原及西南为主的肉羊生产带、以东部省份为主的禽肉和以中原省份为主的禽蛋生产带；以东北、华北及京津沪等为主的奶业生产带。肉类工业生产随着畜禽生产集约化及市场拓展而调整组合，形成了有机联动，产生了良好的社会和经济效应。农业部统计，2005年我国13个生猪主产省区猪肉产量已占全国的76.8%，肉牛产业带8个省区牛肉产量占全国的66.3%，7个奶业主产省区牛奶产量占全国的62.2%，10个家禽主产省区禽蛋产量占全国的79.2%。

3. 畜产品质量安全水平稳步提升

通过实施“无公害食品行动计划”，饲料和畜产品质量安全水平不断提高。截至2005年，全国通过无公害畜产品产地认证的有3 526个，通过无公害认证的畜产品有1 841个，涉及企业1 600家。市场上安全优质畜产品不断增加，供给充足。饲料生产环节瘦肉精等违禁药品检出率从2000年专项整治前的19.8%降至0.08%；生猪养殖环节瘦肉精检出率从10.1%降至1.7%。畜禽良种普及率和畜禽生产水平显著提高，26个新品种（配套系）通过鉴定，主要生产性能普遍比现有品种提高10%以上。

4. 饲料工业快速发展

中国饲料工业产品产量年均增长7%左右。2008年饲料产值超过2 600亿元，产品产量突破1亿t大关，饲料产量连续多年居世界第二位。饲料产品结构日趋合理。在配合饲料稳步发展的同时，浓缩饲料和添加剂预混合饲料发展迅速，初步形成了适合中国养殖业实际的产品结构。中国年产10万t以上的饲料企业有80多家，中国排名前十位的饲料企业集团生产饲料已超过中国总产量的20%。但是，随着市场对畜产品需求的日趋旺盛以及畜牧业产业化、规模化发展，对饲料粮和优质饲料的需求不断增加，导致

部分饲料原料出现较大缺口。首先是蛋白质饲料长期短缺。我国优质蛋白质饲料原料主要依靠进口，其中重要的动物蛋白饲料——鱼粉一直以来进口达到70%；而饲用大豆明显不足，每年用于豆粕生产的大豆需进口近70%；氨基酸依靠进口占50%以上。

5. 草原保护建设步伐加快

我国有草地面积$4\times10^8hm^2$，占世界草地的13%，居世界第一，占全国陆地总面积的41%，是耕地的3倍、林地的4倍。草地是陆地生态系统的重要组成部分，是畜牧业基地，是生态环境的屏障，是各民族生存的家园。对生态环境的保护、人类的生存与发展起着巨大的作用。据统计，1996年全国累计保留人工种草和改良草地面积1 482.4万hm^2，飞播牧草133万hm^2，建成高质量草地围栏913.2万hm^2，建优良牧草种子基地30万hm^2，年治鼠虫面积400多万hm^2，建立草地类自然保护区13个。我国认真贯彻实施新修订的草原法，积极推行草原家庭承包经营、草畜平衡和天然草原禁牧休牧轮牧制度，保护天然草场，健全草原监理体系，加大草原执法力度。同时组织实施了退牧还草、京津风沙源治理等重大工程。截至2007年，种草保留面积超过0.27亿hm^2，草原围栏超过0.33亿hm^2，禁牧面积超过0.33亿hm^2。通过推广牧区和半农半牧区舍饲半舍饲养殖方式，使2 000多万头牲畜从依赖天然草原放牧转变为舍饲圈养。

6. 重大动物疫病防控能力增强

加入WTO后，我国动物疫病防治管理要求从“不流行、不成灾”转变成“不发生”的防疫策略，相应地对动物防疫的技术手段和防疫措施的落实也提出了更高的要求，必须从满足国内畜牧业发展需要转变为构造具有国际竞争能力的动物防疫工作，并且需要在无规定动物疫病区、动物疫情监测、免疫指标三方面加强工作。初步统计，自1980年以来，从国外传入或国内新发现的动物疫病达30多种，在我国曾发生过的传染病有200多种、寄生虫有900多种，大多数疫病没有被消灭，每年给畜牧业造成巨大经济损失，广大农牧民损失惨重。据估计，全国每年因病死亡造成的直接经济损失达238亿元，畜禽生产性能下降、饲料浪费、防治费用增加等损失更大。经过不懈努力，我国动物防疫法律法规趋于完善，基础设施建设明显加强，无规定动物疫病区建设稳步推进。兽医管理体制改革全面启动，一些地方改革取得重要进展。兽医科研取得进展，一些关键技术研究取得重大突破。禽流感防控取得成效，控制了猪链球菌病等重大动物疫情的扩散和蔓延，血吸虫病等人畜共患病疫情明显下降。

三、甘肃省现代畜牧业发展现状

甘肃畜牧业资源丰富，历史悠久，经过现代开发与发展，已成为甘肃特色产业与优势产业。畜牧业长久以来在甘肃经济社会发展中具有举足轻重的地位。当代的甘肃畜牧业已有了很大的发展。甘肃畜牧业正在向着多种经营、产业化、商品化、市场化、科技化方面转变，正在由粗放经营向集约经营转变，正在努力向着现代化发展方向迈步。

中华人民共和国成立以来，特别是改革开放以来，甘肃畜牧业一举扭转了畜产品供给绝对短缺的局面，从生活型家庭副业发展成为农牧业诸部门中市场化、产业化特征最为突出和最具活力的产业，为农村牧区经济发展、社会进步以及全省整个国民经济发展做出了重要贡献。目前，甘肃牛、羊、猪和鸡良种化程度分别达到73%、77%、85%和95%；肉蛋奶总产量142.27万t，水产品产量1.23万t。2005年，甘肃大牲畜饲养量达614.69万头（只）；猪、羊存栏量分别达到685.79万头和1 532.17万只，分别比上年增长3.2%和8.7%；猪、牛、羊肉产量达79.53万t，比上年增长9.2%。农民人均牧业纯收入达到177.54元，占农民家庭经营收入的14.05%，畜牧业已成为促进农民增收的亮点之一。截至2005年，甘肃各类畜产品加工产业化组织已达721个，带动农户80万户。甘肃西开实业集团有限公司、平凉市景兴清真食品有限责任公司、甘肃首曲生态食品有限公司、临夏市清河源清真食品有限责任公司等19家国家和省级龙头企业，年加工能力达50万头（只），生产的牛羊肉系列产品打入甘肃或全国市场；武都陇雄劲牛有限责任公司、宁县兴旺牧业有限责任公司等生产的黄牛已走向国际市场。2005年，甘肃各地继续引进西蒙达尔、利木辛等品种，改良黄牛28万头；利用道赛特、波德代等新品种，杂交改良土种羊110万只，生产杂种肉羊120万只。在加快畜种改良的同时，各地还努力改变养殖方式，扩大舍饲养殖的规模。通过舍饲养殖，实现了统一品种、统一改良、统一防疫和统一服务，使畜牧业生产由传统向科学、由粗放向集约发展，大大提高了畜牧业的综合效益。

改革开放以来，随着我国畜牧经济体制改革的不断深化以及畜牧业生产的高速增长，甘肃畜牧业发展、畜产品产量及主要畜禽的存栏量、出栏量等主要指标呈高速增长、蓬勃发展的态势，甘肃畜牧业已基本实现了由家庭副业到支柱产业，从短期经济到买方市场、由传统经营向产业化经营的重要转变。

1. 养殖区域相对集中，产业带初步形成

甘肃肉羊产业被纳入全国优势产业布局规划，全省已初步形成了以平凉、甘南、武威、庆阳、临夏5市（州）为主的肉牛基地，年出栏量占全省的70%；形成了以甘南-临夏传统肉羊产区，白银、定西肉羊产区和河西肉羊产区，出栏羊和羊肉产量占全省的85%以上；形成了以兰州、酒泉为主的奶牛基地，年存栏近6万头，占全省的75%以上；形成了以河西4市为主的瘦肉型猪生产基地，年优质猪肉产量达到15.23万t，占全省猪肉总产量的31.9%。紫花苜蓿保留面积46.7万hm^2，居全国第一位，其中甘南及河西牧区是甘肃乃至全国重要的牛羊肉生产基地和细毛羊基地。

2. 产品产量稳步增长，天然绿色畜产品已成为甘肃特色“品牌”

截至2016年，甘肃已确定肉牛产业大县18个，肉羊产业大县31个，49个牛羊产业大县被建设成为重点县。据统计，2010年上半年甘肃全省牛存栏489万头，出栏67.5万头，同比2009年分别增长8.2%和8.8%；羊存栏1 867万只，出栏494万只，同比2009年增长7.1%和8.2%；牛羊肉产量达到了14.8万t，同比2009年增长7.5%；奶牛存栏22.5万头，同比2009年增长6.1%；牛奶产量19.6万t，同比2009年增长6.7%。来自天然草场原始“风味”和地方“特色”的草食畜产品日益被市场看好，如牦牛、藏羊、滩羊羔羊肉市场货紧价扬，“临夏手抓肉”“东乡手抓

肉”“靖远羊羔羊”和“天祝白牦牛”系列产品已被市场认可，成为甘肃特色佳肴和陇货精品。

3. 产业化发展步伐加快，龙头企业带动力不断增强

目前，全省各类畜牧产品加工产业化经营组织达到721个，带动农户80万户，其中在省重点农业产业化龙头企业中，畜牧企业有平凉西开公司、景兴公司，甘南首曲公司、临夏八坊青河源公司等19个，占36%。全省具有加工较高档次牛肉的标准化屠宰生产线7条，具备年屠宰22万头牛的生产能力，3家企业已取得了对港出口活牛证书；在羊肉餐饮和加工方面，有800余家“靖远羊羔肉”餐馆，“德赛”“首曲”已成为甘肃品牌羊肉产品；全省已形成了庄园乳业等44个乳品加工企业，年产值达到7.40亿元；玉门大业公司等20多家龙头企业不断发展壮大，实际加工草产品25万t，部分草块、草颗粒已打入国际市场，已成为农民增收的新途径。

4. 产业发展的政策投资环境进一步得到改善，效应明显

国家和省上先后实施了牧区示范工程、畜禽良种工程、动物保护工程、世行畜牧业综合发展项目和龙头企业补贴等一批重大项目，各市、县根据省委省政府提出的将草食畜牧业发展成战略性主导产业要求，陆续出台了加快草畜业发展的意见，草畜业发展政策环境进一步得到改善，投入渠道越来越多，发展势头强劲。截至目前，在世界银行、中央项目办的大力支持和帮助下，总投资达到了6.03亿元。2008年甘肃用于畜牧业财政投资达5.2亿元；2009年总投入达到了13.8亿元，同年实施的草食畜牧业发展行动，推动畜牧业产值增加到150亿元，占到农业总产值的26%，有力地改善了草食畜牧业生产条件，成为拉动农牧民增收的重要力量。

四、甘肃省现代畜牧业发展模式

按地域特征可将甘肃畜牧业分为两大基本类型：一是以甘肃中南部、陇东地带为主的农区畜牧业；二是以河西、甘南地带为主的牧区半牧区畜牧业。

（一）农区畜牧业发展模式

甘肃发展畜牧业的农区主要有榆中、永登、靖远、秦州区、麦积区、清水、秦安、肃州、临潭、通渭、陇西、崆峒区、灵台、庄浪、静宁、会宁、镇原等17个县市。这些县市畜产品生产能力强，县均种植饲草面积为33.87万亩，比全省县均高出12.09万亩，说明此类农区主要以饲草种植发展为支撑，通过圈舍养殖来发展当地畜牧业。

1. 家庭分散小规模经营模式

家庭分散小规模经营模式的特点是饲养规模小，一般羊在50只以下，饲料主要为家庭的生产和生活废料，辅之以草料、精饲料，畜牧业的生产、经营、管理、销售等绝大多数由农户自己进行。它不仅能够节省农户开支，调节市场供给，取得经济收益，更使生活废弃物得到合理的利用。但同时由于以传统饲养方式为主，存在着饲养方式落后、良种化程度低、技术落后等问题。

就甘肃目前情况看，家庭分散的小规模经营模式在甘肃陇南、陇东、陇中等部分农区普遍存在，在畜牧业发展中占据着主要地位。以定西市生猪的家庭小规模养殖为例来说明家庭分散养殖。如图 11-1 所示，农户在春天到市场买上猪仔，然后以残汤剩饭和农作物附属物对生猪进行饲养，当到冬天生猪出栏时，有的农户用于自给，有的农户投放到市场带来数百元的收益。目前在定西市农村 90%的家庭养有生猪。

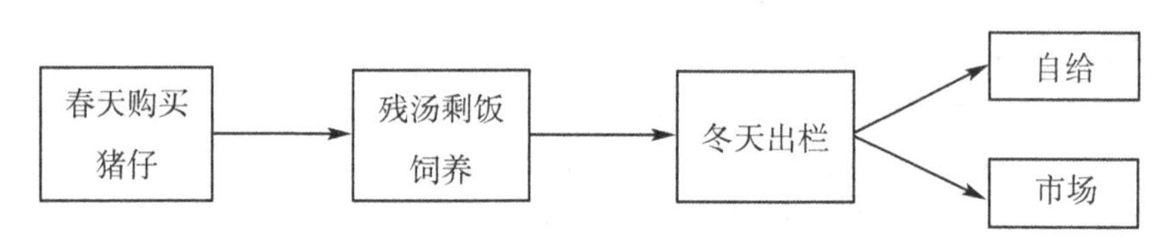

图 11-1　定西市家庭生猪养殖流程

2. 家庭规模化经营模式

家庭规模化经营模式的特点是以家庭为经营单位，一般养鸡规模在 1 000～2 000 只，养猪 50～60 头，养牛 20～30 头。它既具备了散户饲养的灵活性又具备了集约化饲养的规模性与专业性，是现阶段甘肃发展家庭农场的雏形，具有很大的发展空间和发展前景，但同时也存在专业化程度不高，饲养技术落后等问题。

这种养殖模式在甘肃农区畜牧业中分布较广，是甘肃畜牧业发展的主要方向之一，现以陇南市康县特种养殖为例来具体说明。陇南市康县充分利用大鲵生长的优越地理位置和气候资源，加快发展大鲵的家庭规模化养殖，全县存塘种鲵，达到了 7 500 尾，年繁殖幼鲵达到了 6 万尾以上。位于康县白杨乡境内袁项村的贾桂英夫妇在 2008 年买进幼鲵 50 尾在家中饲养，并于 2009 年再次购进 200 尾，目前，贾桂英夫妇饲养的有 4 龄、3 龄、2 龄的大鲵共 200 尾，产值 30 万元以上，俨然成为小型养殖场，为实现当地农民增收提供了渠道和基础。

3. 集约化畜牧业经营模式

(1) 公司独立经营模式　公司独立经营模式是公司运用自有资金建立养殖场，聘用专业饲养员进行饲养，然后由公司进行加工、销售的一种模式。这种模式的特点是公司投入较大的固定资产和较多的劳动力，采用专业化的方式进行饲养。饲养人员也具有较高的文化技术水平，使得公司经营管理和疫情风险降到了最低，食品安全得到了保障。

目前，这种模式在甘肃畜牧企业中采用较少，并不普遍。如甘肃永靖县玉丰养殖有限公司采用自有的资金、技术、人员进行经营，以无公害标准化养殖示范园为龙头，实行公司独立经营模式。采用统一技术、统一管理、统一饲料、统一兽药使用、统一预防等标准化管理措施，为所养殖产品及其副产品提高了产品附加值，增加了企业收益。

(2) 公司+农户经营模式　公司+农户经营模式又称为温氏模式，此模式一般是以一个技术先进、资金雄厚的公司或企业为龙头，以分散养殖户为原料生产基地，通过合同形式把养殖户与企业的加工、销售联结在一起，建立起一种较为稳定的长期交易关系。它的特点是将技术含量高、设备投资大，规模效益十分明显的种苗培育、饲料生产、产品加工以及技术服务和产品销售等，由具有一定的经济技术实力和生产经营规模的龙头企业来生产经营，而将畜禽饲养置于千家万户中。

这种模式在甘肃畜牧企业中比较常见，如甘肃华羚乳品集团公司建立的企业+奶户模式，企业向奶户提供种畜、养殖技术和销售服务，并按合同付费以获得稳定的资源，奶户按合同要求进行养殖，出栏后出售给企业，两者之间是用契约关系来约束的松散联合。将企业与奶户的利益绑在了一起，增强了奶户的抗击风险能力。

（3）公司+基地+农户经营模式　公司+基地+农户经营模式的特点是企业组织管理养殖基地，养殖活动则由企业雇佣的当地养殖户进行。养殖户由独立的养殖专业户转变为企业的产业工人。企业向养殖户支付工资，养殖户为企业工作。此种模式形成了企业和养殖户的利益共同体，由企业和养殖户共承担企业的风险，延长了畜牧产品的价值链条，有益于畜牧业收益水平的提高。

甘肃目前投资规模最大的兰州庄园乳业有限公司就是采用公司+基地+农户运作模式。目前已发展养殖户近800户，并与养殖户签订合同，公司负责向无力发展奶牛生产的农户无偿投送良种奶牛，义务为农户提供防疫、技术指导等工作，从投放后第一次产奶开始，按保护价收购。这种模式不但使公司奶源有了保障，而且提高了养牛效益，带动周边150 000多户农民及下岗职工科学养殖，增加农民收入。

（4）养殖小区经营模式　养殖小区经营模式的特点是把许多养殖户联合起来，在一个共同的园区内统一饲养、经营、管理，它是一种新型的畜牧业组织生产方式。建立养殖小区一方面可以提高养殖户的组织化程度，有效地抵御市场风险；另一方面直接提高了养殖户养殖水平，使养殖户由传统养殖向科学养殖转变，扭转了养殖户饲养管理不科学、单产低的不良局面，减少了企业运作成本，提高了畜产品质量。目前这种模式在兰州、定西、白银、武威、平凉等地区都有分布，例如红古区已建成奶牛养殖小区2个，存栏500头。庄园乳业也在养殖基础较好的兰州、定西、平凉等6个地市的14个县建设了30~40个“公司+奶户”的标准化奶牛养殖小区，每个小区规划奶牛数量1 000~3 400头，极大地带动了当地养殖业，促进了畜牧业的产业化发展。

（5）专业合作社经营模式　专业合作社是牲畜规模化养殖、良种繁育、技术服务、产品销售为一体的农民经济合作组织。合作社的特点是成立了理事会、监事会，制定了合作社活动章程，积极为会员及周边农民提供农资、农产品销售、良种购销等服务。它不但增强了农民抵御风险的能力，而且还引导农民进入了市场。

目前，甘肃成立较为成功的合作社有会宁县的鸿达獭兔养殖合作社、华池县的宏昊种鸡养殖专业合作社、凉州区的大柳乡鸿翔畜牧专业合作社及凉州区的金岸养殖合作社。此外，在通渭、清水、山丹、华池、庆城、古浪县和酒泉市、敦煌市也有分布。

以会宁县的鸿达獭兔养殖专业合作社为例，鸿达獭兔合作社现养殖獭兔400只，凡是愿意加入合作社的农民都可以加入。采用公司+合作社+农民的发展模式，按照经营规模化、管理企业化理念，推动獭兔产业进一步扩张升级。由合作社牵头，专业商品兔饲养户为骨干，就近供种，生产、供、销各环节都有机结合，优势互补，利益共享，共同发展。合作社通过扶持专业养殖户，既解决了种源、技术、饲料、药物、防疫等方面的困难，又保证了有关企业的货源供应。

4. 生态畜牧业经营模式

生态畜牧业经营模式就是利用生态学、经济学、系统工程和清洁生产的思想、理论和方法进行畜牧业生产过程，其目是在达到保护环境、资源有效利用的同时，生产优质畜产品。但由于生态畜牧业成本过高，技术要求严格，在家庭规模化养殖及集约化养殖中较少应用。目前较为成熟的有发酵床养殖模式、猪—沼—果—观光养殖模式、种草养畜型养殖模式。

(1) *发酵床养殖模式* 发酵床养殖模式的特点是环保，清洁，零排放，省工省电，节煤无污染，节省饲料，节约劳动力，提高了资源的利用效率，自动满足舍内猪对保温、通气及微量元素的生理性需求。清洁、环保，同时也存在着成本过高，技术要求严格等问题。

这种模式在甘肃庆阳、武威、皋兰、武山都有应用。以武山县取得成功的实例来说明。如图 11-2 所示，2009 年武山县引进了微生物发酵床养殖技术，将塑料大棚园艺技术有机地运用到养猪生产中，不仅使猪舍的造价大幅下降，而且节约了大量用于清洗粪便的水资源，改善了生猪的生活环境，提高了猪肉品质。据武山县畜牧局测定，采取此项技术可以省工 30%~50%，节水 90%，省料 10%，比常规养猪增重 4%，育肥猪 100 d 可出栏。经过几年的推广，全县的生态养猪小区和养殖场已发展到 18 个，建设生态养殖猪圈 2. 8 m^2，存栏量已超过了 1. 2 万头。

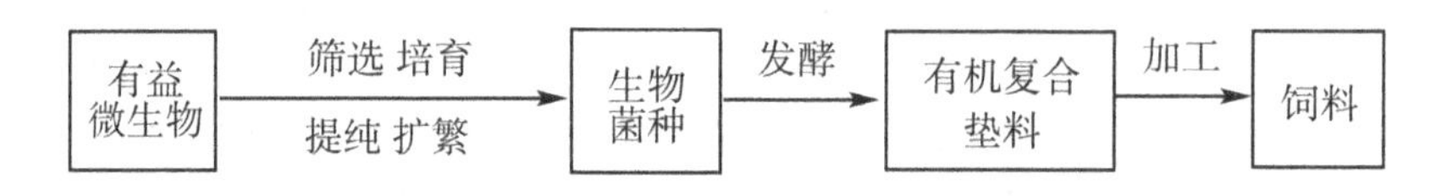

图 11-2 武山县发酵床养殖模式

(2) *猪—沼—果—观光养殖模式* 猪—沼—果—观光养殖模式特点是将饲料加工、畜禽养殖、沼气生成、苹果种植、观光园区不断转化增值，提高了资源的利用效率，畜禽养殖的废弃物通过加工转化为沼气，沼气生成废料用于果树施肥，最后苹果再用于观光，实现物质能量的循环。

这种模式在天水秦川和张家川都有应用。如天水市秦川区采用猪—沼—果—观光养殖模式，如图 11-3 所示，从陕西西安市引进陕西中菲集团 10 万头 “苹果猪”，使果品品质提高 1~2 个等级，增产幅度可达 15%，生产成本下降 40%。这种模式不仅促进了当地农民增收，而且提高了资源的回收率，保护了环境。

(3) *种草养畜型养殖模式* 种草养畜型养殖模式的特点是农户或企业通过种植苜蓿、高粱、玉米、燕麦、红豆草、草谷子等农作物来喂养牲畜。它节约了饲料成本，土地资源得到了有效利用，但是由于其主要以土地作为生产资料，经常受到天气状况的影

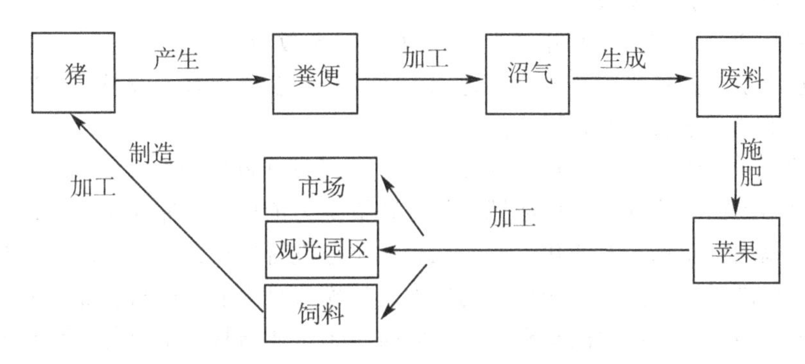

图 11-3　天水市猪—沼—果—观光养殖模式

响，饲草产量容易产生波动。

这种模式在康县、通渭、民乐、民勤、积石山县都有应用，以康县为例来说明。陇南市康县碾坝乡崖家湾村发挥自然优势，积极种草养畜。2006 年共发展种草养猪户 20 户，并成立了兴更草养殖有限公司，建成可容猪 10 万头的猪圈。全村共建成标准猪圈 21 间，建成“三位一体”（猪舍、厕所、沼气合为一体），养殖范围从单一的养猪发展为多畜并养。全村共种奇可利、紫花苜蓿等优质牧草 560 亩，户均 1. 83 亩，年产草 2 900 t，有 5 头以上养猪户 23 户，存栏牛 149 头，猪 824 头，鸡 1 296 只，出栏牛 20 头，出栏肥育猪 360 头，鸡 1 800 只，出售猪仔2 600头。

（二）牧区半牧区草原畜牧业发展模式

甘肃牧区草场面积约有 1. 5 亿多亩，居全国第五位，包括甘南藏族自治州的玛曲、碌曲、夏河、卓尼、迭部 5 县，祁连山地的天祝、肃北、肃南、阿克塞 4 个少数民族县，河西地区的永昌、民勤、山丹等，其中碌曲、玛曲、天祝、肃北、肃南、阿克塞为纯牧县，其余的为半牧县。甘南牧区位于青藏高原与黄土高原的过渡带，地跨长江、黄河两大水系，是黄河的主要支流洮河、大夏河及长江重要支流白龙江的发源地，祁连山地牧区位于河西走廊以南，其高山地带是甘肃的主要林区，森林面积占全省面积的 28. 6%。因此该地区畜牧业的发展同甘肃生态平衡、经济繁荣息息相关。

1. 传统放牧经营模式

传统的放牧经营模式是指在一些边远山区的广大牧户，利用当地天然草场广阔、牧草资源丰富的特点，进行自由放牧来养殖牛羊。这种模式的特点是成本低，不需要饲料，但由于饲养管理方式粗放，牛羊的生产效率常随着天然草场的盛衰荣枯发生变化，生产极不稳定。它在甘肃草原退化严重的牧区半牧区偏远地带分布，如肃南县。

2. 依托放牧养殖的产业化经营模式

（1）专业市场+牧户经营模式　专业市场+牧户是产业化发展初始阶段采用的一种模式。牧区在政府的领导下，建立专业市场，通过拓展牲畜的销售渠道，带动分散的牧户规模化养殖。它的特点是以市场需求为导向，通过规模化养殖，降低了市场交易的风险，提高了牧户的养殖积极性。

阿克塞县通过“羊羔交易市场”带动了本地畜牧业的产业化发展。这种模式在一定程度上解决了牧民销售困难的后顾之忧，牧民为了获得更好的收益，必然会扩大养殖规模，极大地调动了牧民的积极性。

（2）企业+牧户与企业基地+牧户经营模式　企业+牧户与企业基地+牧户经营模式的特点是以市场需求为导向，以区域优势畜牧资源为依托，依靠龙头企业带动，通过规模化养殖、基地化布局、专业化生产、社会化服务进行生产，将牧户的利益与企业紧密联系起来，提高了牧户抵御市场风险的能力。该模式是当前甘肃畜牧业产业化经营的主要模式，极大地调动了农户的积极性，但同时由于企业与牧户都以各自利益为中心，存在着具体运作不规范、牧户与企业联系不紧密等问题。

以甘南藏族自治州为例，甘南藏族自治州应用企业+牧户与企业基地+牧户经营模式（图 11-4）。该州有 1/3 的牧户与企业签有订单式的生产、销售合同。例如玛曲县阿万仓乡的 104 户牧户就与草原兴发、玛曲清真食品厂签订了订单；华羚乳品的部分原料是以订单的形式与各地中介组织签合同实现收购，另外通过给牧户支付一定的种草资金来收购原料。还有一些其他畜产品的生产企业尚未直接形成与牧户的关系，但是绝大多数通过个体中介商来满足企业与牧户的需求。

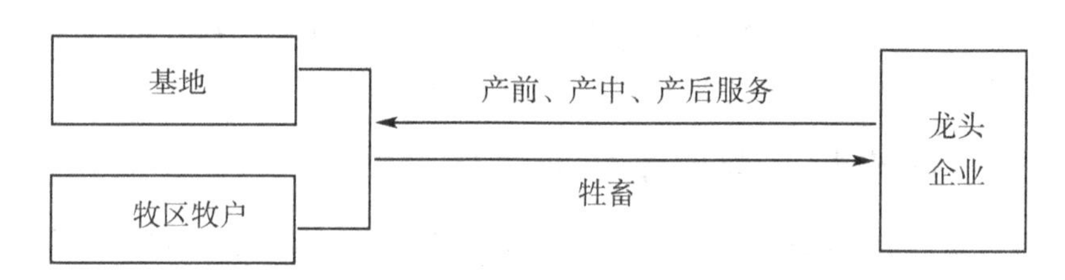

图 11-4　甘南藏族自治州企业+牧户与企业基地+牧户经营模式

（3）公司+合作组织+牧户经营模式　公司+合作组织+牧户经营模式的特点是合作组织由牧户组织成立，组织代表牧户利益协调农牧户与龙头企业的关系。龙头企业与合作社签订购销合同，统一支付收购款，并给予适当的资金、技术支持和必要的人才培训，合作组织为牧户提供饲养管理技术。这种模式提高了牧户的组织性，节约了牧户直接进入市场与龙头企业交易的巨额费用，有效地解决了“小农户”与“大市场”的矛盾，提高了牧户的养殖积极性。

以肃南县为代表来说明产业化经营状况。肃南县产业化经营模式如图 11-5 所示，经过几年发展逐步形成了以里城、康乐、大河、马蹄 4 个乡为主的 4 万只高山细毛羊生产基地，以祁丰、明花两乡为主的 15 万只绒山羊生产基地，以里城、康乐、大河乡为主的 4 万头牦牛生产基地，以县鹿业公司为主的 8 000 头祁连山马鹿驯养基地和以明花乡为主的3 260 km^{2}优质牧草种养基地；组建了养羊 120 只以上、养牛 30 头以上的规模养殖大户 4 337 户，规模饲养量 46.4 万头；培育牛羊肥育大户 1 727 户，年育肥出栏牛羊 30 多万头（只）。

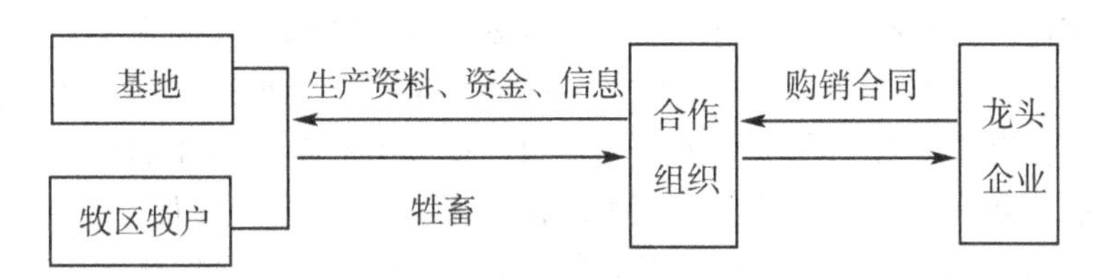

图 11-5　肃南县公司+合作组织+牧户经营模式

3. 草原生态畜牧业经营模式

草原生态畜牧业是在不破坏草原生态系统自然生产力及其功能完整性的前提下，通过畜牧部门，高效利用草原资源的一种向市场提供符合绿色食品要求的畜牧业发展模式。甘肃牧区草原草质较好，牧草丰茂，水源丰富，在畜种结构上有甘南高原的细毛羊、藏羊、牦牛等优良品种，具有发展草原生态畜牧业得天独厚的条件。

（1）退化草地恢复重建经营模式　甘肃草场退化严重，退化面积已达 8 000 万亩，占全省可利用草场面积的 33%。草场退化是畜牧业的持续发展最大的威胁，为了保护草场，甘肃近年来实施了退化草场恢复重建经营模式。它的特点是坚持草场的开发利用和保护建设相结合，以草畜平衡、以草定畜、增草增畜，对退化草场改良并实施划区轮牧、季节畜牧业和定期围栏封育等。

甘南牧区在实行退化草场恢复重建经营模式中，实施封山禁牧和轮牧、休牧政策，给予牧民每亩 400 元的经济补偿，支持农牧民压缩牲畜养殖数量，解决超载过牧，减轻草场压力。同时对有些牧场进行划区轮牧、定期围栏封育，根据调查实行划区轮牧可提高 20%的载畜量，能增产 30%的畜产品，在保护草场的同时，提高了牧户的收益。

（2）山上牧区山下农区经营模式　山上牧区山下农区经营模式的特点是将山上繁殖与山下育肥相结合，发挥牧区饲养成本低和农区饲料粮食丰富的优势，大幅度提高畜产品的数量和质量。此外，农区的交通条件比较便利，市场信息比山区灵敏，养殖形成规模后可更好地吸引外地市场。这种模式在减少草原压力的同时可以提高山区畜牧业的经济效益。

肃南县养牛协会充分利用这种模式，将山上出栏仔畜转移到农区进行短期育肥（据调查，目前出栏一头肥牛可盈利 800～1 000元，出栏一头肉羊可盈利 60～80 元），提高了当地的经济收入。

五、甘肃省现代畜牧业发展思路和措施

（一）甘肃省发展现代畜牧业的思路

1. 结合甘肃实际，实行农牧结合，走可持续发展之路

甘肃是个缺粮的省份，这就决定了单纯依靠农业致富是不实际的，同时甘肃特殊的

地理环境又决定了它在畜牧业尤其是草食畜产业的发展上有很大前景。因此，甘肃要把畜牧业与种植业、林业有机结合起来，统筹规划，调整结构，全面发展农村经济，确保农产品的有效供给和农民收入的持续增长。同时，推行三元种植结构，实行农牧、果牧和渔牧相结合，有效配置和利用资源，为畜牧业持续发展奠定可靠的基础。

在农牧业发展的同时，要以科学发展观为指导，走绿色环保之路。将控制草原“三化”为主，与治理草地“三化”相结合，坚持退耕还草，保护草地生态环境，提高环保意识，消除畜产品生产和加工中的环境污染。

2. 调整畜牧业内部结构，走优质高效之路

市场经济条件下，产业只有面向市场，才能提高经济效益。选择适合市场的新品种、新技术，控制动物疫病和畜产品有毒有害物质残留，保证畜产品安全；大力发展畜产品加工业，提高产品档次，实现畜产品的多次增值，是甘肃畜牧业得以长足发展的必然选择。同时在畜牧业内部结构中，要结合甘肃实际，优先加快发展生态型草食畜产业。草食畜产业占甘肃畜牧业的40%，且在国际上具有明显的竞争优势，使其逐步发展成为甘肃的强势产业，带动其他产业的发展。

3. 大力推广“服务体系+农户”的产业化模式，走产业化经营之路

畜牧业的创新突破，在于畜牧业生产性服务业的发展。有了服务体系的强大支持，才能改变畜牧业在市场化、国际化环境中的处境。小型规模化种养结合的新型农户，在市场化环境中，有较强的适应能力，但同时需要建设社会化的畜牧业服务体系，来解决农民单门独户无法解决的问题。没有服务体系就没有新型农户，就没有畜牧的现代化。“服务体系+农户”的产业化模式，是以畜牧生产性服务业做支柱的创新型产业组织形式。在服务体系中，有以盈利为目的的商业性组织，也有公益性的非盈利组织。有政府、工厂、个体户等中介，也有提供资金的信用社等金融机构。这些产业链上的成员，构成了社会化的产业服务体系。它们是社会化的，也是专业化的，通过信息化链接形成有分有合的网络体系。“服务体系+农户”的产业化模式，搭建了一个平台，让社会各方面的资源都能投身进来，使其扮演适当角色，促进生态畜牧业的发展。

甘肃的省情决定了本地区目前只能走农户家庭经营的模式。世界畜牧业强国的国情是地多人少，它们多是土地、资本、技术密集型畜牧业，是以量取胜的大型规模化畜牧业。甘肃的省情正好相反，是地少人多，在规模上没有竞争力。因此，甘肃必须走种养结合的小型规模化农户的模式，精耕细养，发展种养结合的小型规模化农户，利用有限的农牧业资源向生产的深度与广度进军，生产劳动密集型的有机食品，生产有传统优势的美味食品，生产多样化的特色食品，满足消费者多样化需求。另外，众所周知，畜牧业生产要经历养殖、加工、流通3个环节，其中加工、流通收入占70%，可见增值增收的主要环节在加工、流通上。因此，甘肃只有以创建名优产品为突破口，瞄准国内外市场的多种需求，促进畜产品向深加工转变，提高畜产品的总体效益。

4. 实行科教相结合，加强畜牧业科学技术的推广应用，走科技兴牧之路

现代生物技术已成为人类彻底认识和改造自然，克服自身所面临的一系列重大问题的可靠手段和工具，它的发展将从根本上改变农牧业的面貌。生物技术在畜牧产业化上

的开发和应用，不仅可以推动畜牧业生产向更高的层次、更宽广的领域发展，而且将使畜牧业生产原有的内涵和外延都发生重大变化，加快畜牧业产业化、生态化的步伐。当前，许多农牧业发达的国家都已从传统农业向以生物技术为基础的未来农业转变，全球畜牧生物技术正在向产业化方面迅猛发展。据美国国会技术评价办公室估计，今后7年内，美国农牧业因普遍采用生物技术而增加的总产值在1 000亿美元以上。因此，甘肃在将应用技术推广和畜牧管理人才培养作为当前最紧迫的任务的同时，必须将着眼点放在畜牧生物工程方面，科教相结合，加强畜牧业科学技术的推广应用。

（二）甘肃省现代畜牧业的发展措施

1. 统一思想认识，加强领导

发展现代畜牧业，是市场经济条件下畜牧产业发展的必然选择，是全面提高动物疫病防控水平的有力保障，是推动社会主义新农村建设的客观要求。各级领导进一步提高思想认识，把推进畜牧业生产方式转变作为一项全局性的重大工作予以重视，采取扎实措施，研究出台相关扶持政策，利用以奖代补等方式鼓励畜禽规模养殖的发展。通过行政手段和经济手段逐步减少千家万户零散养殖的数量，发展畜禽适度规模养殖。要出台畜禽规模养殖工作意见、畜禽规模养殖技术规范等文件，规范养殖行为。同时加大畜牧业发展宣传力度，采用典型示范、科技入户、百名专家进百村等多种途径，围绕“规模养殖、健康消费”，通过多种媒体进行宣传，提高农民养殖技术水平，引导市民科学消费，帮助农民拓展销售渠道，提高农民发展规模养殖的积极性。

2. 吸引投资主体，健全投资体系

畜牧业资金主要来源于政府、企业、金融机构、农户等方面。随着畜牧业的快速发展，应建立政府、企业、金融机构、农户四者紧密协作的资金投入机制。首先，国家应重点支持符合国家产业政策导向，对加快畜牧业发展影响大的关键项目，落实改良站点、动物保护工程、养殖小区、龙头加工企业等项目的补助金与畜禽良种补助金；其次，应创造良好的投资环境，对向畜牧业提供金融支持的机构提供政策优惠，吸引民间资本，民营企业投资草畜产业，加强产业基础建设，增强发展动力；最后，多渠道为养殖户提供畜牧养殖技术培训、畜产品销售信息，引导农户改变传统养殖业发展模式，增加畜产品附加值，降低农户养殖失败无法盈利的风险，增强农户追加投资的积极性与能力。

3. 加强良种繁育体系建设，确保畜牧业可持续发展

应建立和健全全国或区域性的畜禽良种繁育体系，进一步完善育、繁、推、养良种推广网络，加快畜禽良种引进步伐。更新现有品种保护和开发利用优良种畜资源，加速繁育和推广适合不同资源与生态条件的优良畜禽品种，充分利用杂交优势，提高畜禽生产率。良种是提高畜禽产品率，提高劳动生产率的前提，也是实现畜牧现代化的先决条件。在良种选育上，首先要对已有的畜禽品种在质量上继续选育提高，在数量上加速繁育推广。其次，从省外、国外引进一批良种，对甘肃地方低产品种进行杂交改良，尤其要引进肉牛、肉羊品种，以培育肉乳兼用牛和毛肉兼用羊为重点。改造并兴建一批国家

级和省级种畜禽场，提高良种扩散能力。逐步使引进、选育、推广形成体系。

4. 加大发展规模养殖力度、夯实畜牧产业化基础

目前，甘肃应加强河西瘦肉型商品猪基地、河西奶肉牛基地、河西百万只细毛羊基地、河西肉羊基地，兰州畜蛋奶基地，陇东肉牛基地，甘南临夏奶肉牛基地，中部肉羊基地，河西骆驼基地及陇中陇南蜂产品基地的建设，使十大商品基地向市场提供畜产品占全省畜产品商品总量的份额达到50%以上，成为全省畜牧产业化的主导力量。并建造一批牧业强县作为商品基地建设的突破口，在政策、投资、技术、信息服务等方面给予倾斜。

在实现规模养殖方面，最重要的一条就是大办龙头企业。龙头企业一头连市场，一头连农户，是畜牧产业化链条的中心环节，起着主导作用，同时也是农村劳动力转移的一个重要领域和农村城镇化的重要内容。办好龙头企业，一是要确立主导产品，培育名牌和精品，以特色开拓市场，以优质占领市场。二要引导龙头企业以产权制度改革为核心走联合经营之路，建立一批上档次、上规模的企业集团。三要提倡龙头企业与农户实行产销联合，建立稳定的利益共享机制。甘肃当前首先要兴建高档次的肉类深加工企业和乳品集团，形成规模优势，增强竞争能力，并对分布相对集中、分散经营的个体洗毛、梳毛厂点，要促其向股份合作制方向转变。

5. 加强畜禽产品精深加工能力建设

畜牧业增值增收的主要环节在加工、流通上。在养殖、加工、流通3个环节中，流通、加工收入占70%。据测算，一头400 kg的牛屠宰后，肉、皮、骨、血分别出售，可增值200多元，牛皮经深加工后又可增值100多元。可见深加工对畜牧业来说多么重要。精细供给管理计划就是从国外进口初级产品经深加工后到国际市场赢利。美国的鸡腿出口到中国并去骨后，转口销到日本市场，中国从中获得转口贸易中的加工费。因此，只有以创建名优产品为突破口，以生产营养、卫生、新鲜、美味、加工成品与半成品，目标瞄准国内外市场的多种需求，促进畜产品向深加工转变，提高甘肃畜产品的竞争力。要利用各种经济成分，高标准、高起点、高水平的建设加工厂，才能提高畜产品的总体效益。

6. 加大饲料资源的开发力度，为畜牧业可持续发展奠定基础

第一，积极引进与推广饲料玉米、饲用大麦、苜蓿等高产饲料作物，实施种植业三元结构的改革。

第二，大力开发利用秸秆资源。甘肃秸秆资源丰富，大力发展草食畜禽，开发秸秆养畜过腹还田，实行农牧结合是一条符合市情的发展战略。秸秆资源的开发利用要与结构调整，发展草食畜禽结合起来。同时要大力推广应用青贮（玉米全株青贮）技术，搞好试验示范，加快秸秆资源开发利用的进程。

第三，重视开发与利用糠麸、饼粕等蛋白质饲料资源。

第四，加快饲料工业和饲料原料工业的建设，重点解决好各种饲料添加剂和工业饲料蛋白质的生产，使配、混合饲料的产量达到一定规模。进一步扩大饲用玉米种植，优化饲料配方，研制开发各类添加剂预混料和浓缩饲料。

7. 加强现代牧业基础设施建设力度

积极争取项目和资金，加强种牛场、种羊场、胚胎移植站、人工授精站等建设，健全牛羊良种繁育体系；加强动物疫病防治体系、畜牧产品质量安全检测体系和畜牧业信息化体系等方面的建设；加强各类畜产品基地建设；加强草原基础设施建设，为现代畜牧业的发展提供良好的基础条件。

8. 大力发展无公害生产，提高产品竞争力

依托甘肃良好的环境条件，严格按照无公害生产规程进行畜、草产品的标准化生产，实行无公害农产品、绿色食品和有机食品的认证。在乳、肉加工企业中强制推行ISO 9000质量管理体系及HACCP食品安全管理等认证体系。打造一批具有国际竞争力的知名品牌，以无公害、绿色和有机畜草产品，在国内国际市场占有一席之地。

9. 提高集约化程度、延长产业链条

首先，应将分散的养殖户联合起来，着手培育一批畜牧业生产专业，逐步实现规模化、标准化生产；其次，在畜牧业生产中统一组织、科学饲养管理，建立“企业+协会+农户”的产业化经营模式，通过龙头企业的带动和基地组织，提高畜牧业产业化水平，促进农民增产增收；再次，在延长产业链条方面，进一步规范生产经营领域各个环节的规程，规范大畜、种畜、后备母畜的选育标准，以统一、规范的标准推动畜牧业发展。应将国内外市场和众多分散的养殖户连接起来，使畜牧业生产、收购、加工、贮藏、运输和销售等活动紧密衔接，进而使养殖户的小生产形成大群体进入市场，减少养殖户生产的盲目性，增强其抵御市场风险的能力，解决生产和市场脱节的矛盾；最后，还应做好肉食品加工企业原产地标识和无公害食品认证工作，鼓励引导企业参加国内各种农畜产品博览会，实现畜牧业产业化经营。

10. 切实提高畜牧业从业人员的素质

提高畜牧业从业人员素质是提高畜牧业生产能力、增强畜牧业经济效益和产品竞争力的一项重要的基础性工作。因此，要加强“阳光工程”、创业型农民培训等工作，加大对畜牧业从业人员的培训力度，切实提高畜牧业从业人员的素质，提高养殖业经济效益，增加农牧民收入。

11. 加强动物防疫体系建设

各级政府应加大对重大动物疫病防治专项经费的投入，建立动物疫病防控基金，加强对动物疫病控制的技术支持和物资保障。要加强各级畜牧兽医基础设施建设，从根本上改善各级畜牧兽医部门在动物疫情诊断、监测、防疫监督和兽药、兽医监察等方面的基本条件。尤其是加强县、乡、村三级动物防疫网络建设，充实基层动物防疫科技人员。要实施官方兽医体制，建立执业资格认证制度，发挥好官方兽医在动物疫病防控方面的重要作用。制定重大动物疫病防控预穿，建立动物疫病防控的物资储备制度。

12. 加强畜禽质量安全监管

从畜禽生产、销售、加工等各环节，确保质量安全监管工作到位。要积极开发优质饲料资源，提高我国饲料工业产品质量。要加快饲料质量安全体系建设，健全饲料安全

预警体系，改善各级饲料监测机构的基础设施。要建立健全各级动物检疫检测体系，完善检疫检测手段和设备设施，加大对畜禽及其产品的质量安全监控力度。要加快畜禽标识溯源信息系统建设，有效防止重大动物疫情传播。

13. 依托环境优化，促进畜牧业产业化健康持续发展

第一，努力营造安全的畜牧业生产环境。完善动物疫病防控体系，努力提高防范、监测、预警重大动物疫病的水平。第二，不断优化政策环境。建立财政引导扶持资金稳定增长机制，加大对公共防疫、标准化小区建设、龙头企业发展等方面的投入力度。第三，不断优化畜牧业生产的生态环境。大力推广循环经济生产模式，逐步实现病死禽处理规范化、粪便处理无害化、资源利用再生化。第四，不断优化畜牧执法环境。加强检疫监督，强化产地检疫、屠宰检疫、市场监督和畜牧投入品的监管，保证畜产品质量安全。

14. 加大对科技的投入，提高服务水平

依托项目和专项资金，加大对牛羊育种、品种改良、高效饲养技术、配方饲料研究等的投入，充分发挥省内农牧大专院校、农牧科研院校的科技优势，积极开展畜牧、兽医、草原建设等方面的科学研究及攻关，解决草食畜牧业发展方面的技术“瓶颈”，稳定畜牧科技队伍，为他们搞好科技推广创造有利条件；加强各级服务组织和重点服务设施的建设，建立较为完善的生产销售、科技推广、信息反馈相配套的社会化服务体系。

15. 培育壮大中介合作组织

通过行业合作组织规范市场发育，充分发挥合作组织的作用，把农户、生产企业和市场连接起来，向农户提供科学的养殖和防病防疫技术服务和信息，制定行业标准，搭建与政府对话的平台，为政府的决策提供依据，推动产业发展进程。实行种养加、产加销一体化运作方式，农户通过协会、合作社等中介组织组成联合体，协调生产经营活动，统一面对市场，以便确保生产者基本利益。龙头企业可与农户间以合同契约、生产资料供应、技术与资金支持以及股份制经营等方式相联系，实现畜牧业一体化经营，以提高组织化程度，促进畜牧业的大发展。

16. 大力推进科技兴牧

传统的农业科学必须利用现代生物技术的新理论、新思路、新方法和新技术，开辟新的研究领域，以解决农业生产长期存在的一些难以解决的问题，提高农产品的产量和质量，以满足人类对生活必需品不断增长的需求。生物技术在畜牧产业化上的开发和应用，不仅可以推动畜牧生产向更高层次、更宽广的领域发展，而且将使畜牧业生产原有的内涵和外延都发生重大变化，加快畜牧业产业化的步伐，促进传统的粗放型畜牧业朝集约化现代畜牧业方向发展。当前，许多农牧业发达的国家都已从传统农业向以生物技术为基础的未来农业转变，全球畜牧生物技术正在向产业化方面迅猛发展。

我们将把应用技术推广和畜牧管理人才培养作为当前最紧迫任务的同时，必须将着眼点放在畜牧生物工程方面，要立足于省情，以科技为依托，稳定发展生猪和禽蛋生产，加快发展肉牛、肉羊、肉禽生产，突出发展奶牛和优质细毛羊生产，争创名牌，开拓国内外市场；调整结构、种草养畜，培育新的增长点，加速畜牧业现代化进程。

17. 创新项目实施和督查机制，提高政策落实和项目管理水平

制定政策和项目实施及督查办法，明确实施规范和违规处置程序，提高政策和项目的实施效果。制定各项政策和项目的实施步骤、管理规范，加强政策落实和项目督查，重点对畜禽良种工程、良种补贴、标准化建设、病死猪无害化处理等项目开展监督检查，及时通报存在问题，提出整改措施和要求，并以书面通知形式要求实施单位限期整改，提高项目的实施效果。

18. 增加科技投入，加快高、强人才建设，保证畜牧业科技创新

科技是硬通货，没有投入，就没有技术手段，科技人才就没有用武之地。近年来科技资金投入不足的矛盾一直得不到解决，畜牧业科研尤其是基础研究和基础性工作受到严重影响，致使投入生产的牧业技术要素（如配合饲料、防疫能力等）减弱，推广应用效果降低。为此要在国家不断增加畜牧业基础设施和畜牧业科技投入的同时，充分发挥市场和社会需求对畜牧科技进步的导向和推动作用，鼓励企业投资畜牧业科技开发。要高度重视科技队伍建设，加速培养一批中青年高水平、强素质的学科带头人，进而促进和带动整个畜牧科技队伍素质的提高。在科技投入上，既要有立法保证，又要有内部倾斜政策，还要拿出切合实际的可操作计划。

参考文献

金海，郭雪峰，薛树媛，等，2005. 内蒙古农牧交错区澳洲牛饲养现状及改善点［C］//中国畜牧兽医学会养牛学分会，河北省畜牧兽医学会. 养牛科学技术研究进展：全国养牛科学研讨会文集：50-53.

郎侠，李国林，王彩莲，2014. 甘肃省绵羊生态养殖技术［M］. 兰州：甘肃科学技术出版社.

郎侠，吴建平，王彩莲，2017. 绵羊生产［M］. 北京：中国农业科学技术出版社.

郎侠，吴建平，王彩莲，等，2018. 甘肃省草食畜牧业生产技术［M］. 北京：中国农业科学技术出版社.

荣威恒，田春英，1999. 现代畜牧业的根本出路在于推进畜牧业科技革命［J］. 内蒙古畜牧科学（3）：25-28.

钟旭，钟霞，2007. 内蒙古农牧业经济发展的现状、问题及对策［J］. 内蒙古农业科技（5）：11-13，29.